游戏专业概论

（第4版）

刘 炎 编 著

清華大学出版社
北京

内容简介

本书融入了游戏动漫行业众多专业人士的项目制作经验，结合市场需求，从游戏行业的各个层面系统地、多角度地介绍了游戏行业的发展历史、开发流程、内部分工、专业技术等相关知识。由游戏概述、游戏策划、游戏程序、游戏艺术、职业之路五个部分组成。作者具备相当丰富的游戏策划实践经验和教材编写经验；结构新颖、紧凑；文字通俗、易懂。可供游戏行业从业人员和游戏开发爱好者阅读，也可供各大专院校相关专业的学生、教师和研究人员参考。

希望通过本书，能给所有游戏从业人员及渴望进入游戏开发行业的读者提供一些借鉴，帮助所有读者更快地跨进游戏设计与开发的殿堂。

图书在版编目（CIP）数据

游戏专业概论 / 刘炎编著 . —4 版 . —北京：清华大学出版社，2023.1（2024.11重印）

ISBN 978-7-302-62328-1

Ⅰ . ①游… Ⅱ . ①刘… Ⅲ . ①游戏—软件设计 Ⅳ . ① TP311.5

中国国家版本馆CIP 数据核字 (2023) 第 010049 号

责任编辑：张彦青

封面设计：李　坤

责任校对：徐彩虹

责任印制：曹婉颖

出版发行：清华大学出版社

网　　址：https://www.tup.com.cn, https://www.wqxuetang.com

地　　址：北京清华大学学研大厦 A 座　　**邮　　编：**100084

社 总 机：010-83470000　　**邮　　购：**010-62786544

投稿与读者服务：010-62776969，c-service@tup.tsinghua.edu.cn

质 量 反 馈：010-62772015，zhiliang@tup.tsinghua.edu.cn

课 件 下 载：https://www.tup.com.cn，010-62791865

印 装 者：北京同文印刷有限责任公司

经　　销：全国新华书店

开　　本：185mm × 230mm　　**印　　张：**18.25　　**字　　数：**435 千字

版　　次：2010 年 1 月第 1 版　　2023 年 2 月第 4 版　　**印　　次：**2024 年 11 月第 2 次印刷

定　　价：68.00 元

产品编号：096136-01

前　言

电子游戏是科技发展到一定高度后诞生的新娱乐形式。其核心在于通过一定的软硬件技术手段实现人和计算机程序的互动，并在此过程中带给玩家精神上的愉悦。使用电子计算机虚拟的游戏世界按照何种规则构建、人机交互的进程如何发生、游戏的故事如何展开，怎样设计的游戏才能使玩家获得更多的快乐和满足，在市场上取得骄人的表现，这在很大程度上是由游戏设计师决定的。因此，可以说游戏设计师杰出的工作带来了今天电子游戏行业的繁荣。

游戏设计师（Game Designer）在中国普遍称为“游戏策划”，与企业策划的工作类似，游戏策划主要进行游戏产品的设计工作。

什么是游戏设计工作？游戏设计工作包括了哪些内容呢？

游戏设计工作的范畴广泛复杂，涵盖了诸多学科、领域和专业技术的运用。在游戏发展的不同阶段，游戏设计工作的内容也在不断变化，但是唯一不变的基本原则就是：满足并吸引玩家参与游戏，使游戏玩家在游戏过程中产生快乐和激情。

随着游戏复杂度的不断提高和软件产业的逐渐规范化，游戏设计工作的主要内容也开始表现出相当的学科性，本书将通过对游戏专业设计及相关工作内容的讲述，引导读者进入游戏设计的大门。

通过本书，读者将会了解和掌握游戏策划设计的基础知识，包括游戏行业的发展和演变，游戏设计的理论和概念，游戏开发的内部分工和专业技能等，结合相关的数据，可以为以后进一步学习游戏策划设计、游戏美术设计和游戏程序开发提供一定的支持。

在本书编写的过程中很多专业人士提供了宝贵的意见和相关的帮助，特在这里表示感谢！同时，希望本书编者的绵薄之力可以给中国游戏产业的发展带来一定的帮助。

编　者

目　录

第9章　从创意到提案 / 097

第10章　游戏组成结构分析 / 102

第11章　游戏设计文档 / 112

第12章　成为优秀的游戏设计师 / 126

第21章　动画设计 / 230

第22章　成为优秀的美术设计师 / 241

第23章　成为游戏公司的一员 / 250

第24章　团队协作与项目管理 / 257

第1章 游戏的定义

教学目标

- 了解游戏的定义
- 掌握规则游戏和电子游戏各自的特点和它们之间的区别
- 了解虚拟环境的概念及其与游戏的关系
- 了解互动的概念，理解不同的互动在游戏中所起的作用

教学重点

- 规则游戏和电子游戏各自的特点和它们之间的区别
- 虚拟环境与游戏的关系

教学难点

- 游戏中的社会互动行为

游戏是什么？电子游戏具有什么样的内涵？一般意义上的游戏和玩家讨论的游戏之间有何差异，是如何界定的？本章通过对规则游戏和虚拟环境的分析，初步界定电子游戏的内涵与外延。

1.1 游戏的一般定义

“什么是游戏？”这是个看似简单实则非常难以回答的问题。早在战国末期，韩非子就在《难三》一文中有“游戏饮食”之言，而在宋代苏轼的《教战守策》一文中也曾写出“游戏酒食”一词，本意都是“嬉戏、玩耍”。到现在，“游戏”一词已经被人们广为使用了，像幼儿园老师会说“小朋友，今天我们来做个游戏，好不好？”。虽然使用如此广泛，但似乎没有人特别关心“游戏”这个词的具体定义，在现代汉语小词典和新华字典里，“游戏”查无此词，倒是在厚厚的《汉语大词典》（北京：汉语大辞典出版社，2001年9月1日第2版）中可以看到如下的解释：“文娱活动的一种。分智力游戏（如拼七巧板、猜灯谜、玩魔方）、活动性游戏（如捉迷藏、抛手绢、跳橡皮筋）等几种。如在公园的草坪上，幼儿园的孩子们正在愉快地做游戏。”图1–1所示的“魔方”不但是一种老少皆宜的益智类玩具，而且带有娱乐竞技的属性。

图1–1　益智类玩具——魔方

关于“游戏”的定义，国外学者的研究更深入一些。德国古典哲学创始人康德认为“游戏是内在目的并因而自由的生命活动”，他在《判断力批判》一书里写道：“劳动是被迫的活动，而游戏则是与劳动相对立的自由活动。”精神分析学创始人弗洛伊德（奥地利，1856—1939）则认为游戏是“人借助想象来满足自身愿望的虚拟活动”，游戏的对立面不是真正的工作，而是现实。

约翰·赫伊津哈和弗里德里·希格奥尔格·容格尔在《游戏的人》和《玩游戏》这两本书中对“游戏”下的定义是：“没有明确意图、纯粹以娱乐为目的的所有活动。”这一定义以目的（效用）为出发点，以此来看，任何能为人们带来快乐且人们能够主动参与的活动都属于游戏的范畴，如跳舞、弹钢琴、玩玩具、堆雪人等，如图1–2所示。

图 1-2　广义的游戏——堆雪人

德国人沃尔夫冈 • 克莱默归纳出了所有游戏的如下几点共性。

1. 共同经验

游戏把不同种族、不同性别、不同年龄的人聚集在一起，令他们拥有一种共同的经验，这种共同经验即便在游戏结束后依然存在。

2. 平等

所有参与者都拥有平等的地位和同等的机会，没有人享有特权。儿童在与成人玩游戏的过程中很容易体验到这种平等的感觉。

3. 自由

人们玩游戏完全是出于自愿，在被经济系统和政治系统异化的社会中，人们通过玩游戏解放自己的身心。约翰 • 费斯克曾将大众文化对受众的影响分为“逃避”和“对抗”两种，他认为“逃避和对抗是相互联系的，二者互不可缺少。二者都包含着快感和意义的相互作用，逃避中快感多于意义，对抗中则意义较之快感更为重要”，而“游戏，除了是快感的一个源泉外，也是权力的一个来源。”

4. 主动参与

游戏的主动参与包括生理上的和心理上的，这一点也是游戏与小说、音乐、影视等其他娱乐方式的区别所在。

5. 游戏世界

在玩游戏的过程中，参与者完全沉浸于游戏世界中而将现实世界抛诸脑后。一方面，游戏世界与现实世界有许多共同点，如规则、运气成分、主动参与的精神、竞争精神、进程与结局不可预测性等，可以说游戏世界源于现实世界；另一方面，游戏世界又独立于现实世界而存在，两者不容混淆。例如，游戏世界的结果不应直接影响现实世界，一旦产生影响，就应把它放入现实世界而非游戏世界中去考察。赌博、体育比赛以及所谓的真人 PK 等，从某种意义上讲都是对游戏精神的破坏。

无论是“以娱乐为目的的活动”还是“劳动的对立面”，这些定义虽然反映了游戏的本质，但所涵盖的范围太大。本书的讨论基础是一种有明确目标的规则游戏（Games with Rules）。以打雪仗为例，该游戏的目标是把雪球掷向对方身上并避开对方掷来的雪球，但如果没有设定任何规则（如双方不得跨越某一界限）的话，便不能归入本文的讨论范畴。沃尔夫冈•克莱默在前人的基础上总结出了如下的“规则游戏”要素。

（1）必须有道具和规则。道具是指玩家在游戏过程中所用的物品（包括所处的空间），规则是指玩家在游戏过程中所必须遵循的行为守则。其中道具是硬件，规则是软件，两者可以独立于对方存在，同一套规则可以应用于不同的道具，同一套道具也可以使用不同的规则，但两者分开之后即无法构成一个完整的游戏。在绝大多数情况下，规则比道具重要得多，但在某些以动作为主的游戏中，道具比规则更重要，道具有时也内含规则，如国际象棋的棋盘或者跳皮筋时的皮筋，如图 1-3 所示。需要注意的是，有些规则无法言说，只有在游戏过程中通过玩家的参与才得以自我呈现。

（2）必须有目标。包括取胜的条件或要求，以及取胜所需的策略，这些可以理解为规则游戏的方向性。

（3）游戏进程必须具有变化性。这是游戏区别于小说、电影、音乐等其他娱乐媒体的地方，你可以反复读一本小说、看一部电影或听一首音乐，它的进程始终不变，而游戏的进程则不可能每次都相同，这是由游戏规则和运气共同决定的，不确定性和未知性是游戏的乐趣所在。规则与运气必须均衡，过于依赖规则或过于依赖运气都难以达到娱乐的目的。

（4）必须具有竞争性。这包括参与者彼此之间的竞争以及同游戏规则之间的竞争。竞争需要一个能够对最终结果进行明确比较的评定系统。

图 1-3 规则游戏——国际象棋和跳橡皮筋

道具与规则是规则游戏存在的基础，而方向性、变化性、竞争性这三个要素则共同构成了规则游戏的游戏性。游戏性源于游戏规则，是游戏规则在游戏进程中的具体表现。

综上所述，规则游戏的完整定义可以归纳为：一种由道具和规则构建而成、由人主动参与、有明确目标、在进行过程中包含竞争且富于变化的以娱乐为目的的活动，它与现实世界相互联系而又相互独立，能够体现人们之间的共同经验，能够体现平等与自由的精神。

1.2 电子游戏

当规则游戏中的道具由计算机等电子设备担任，游戏世界也是由电子设备构建和展示的时候，这种规则游戏就演化成了我们今天所熟知的电子游戏。20世纪30年代中期，当著名的科学家“计算机之父”——冯·诺依曼提出了计算机的体系结构（如图1–4所示）时，恐怕没有人会想到它同时还改变了人们玩游戏的方式。计算机技术的出现使电子游戏成为可能，即便在今天，手机、家用游戏机、掌上游戏机等新游戏设备的体系结构都脱胎自计算机技术。除第1章外，本书谈论的大部分内容都是电子游戏，简称为“游戏”。

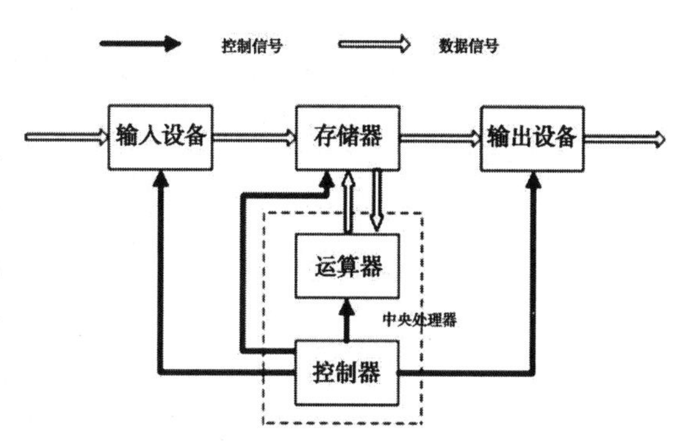

图 1–4　冯·诺依曼提出的计算机体系结构

按照竞争方式进行分类的话，规则游戏可以分为个人与规则的竞争（如华容道）、个人与个人的竞争（如象棋、拳击）、多人与规则的竞争（如大型多米诺骨牌游戏）、多人与多人的竞争（如桥牌、足球）以及个人与多人的竞争（如斗地主）五类，电子游戏即是以计算机或电子游戏设备为媒介对上述五种竞争形式的再现。

与传统规则游戏相比，电子游戏主要有以下四个特点。

第一，电子游戏大大拓展了游戏的外延，而不只是对传统规则游戏的数字化克隆。例如，个人与规则竞争的解谜游戏，个人与个人竞争的射击游戏，即便是电子游戏中的一些比较简单的内容，也是传统游戏所难以表现的；而大型网络游戏（MMOG）更是借助互联网技术，把游戏的五种竞争形式有机地融合在一起，将成千上万的玩家聚集一处，这在传统游戏中是难以想象的。外延的拓展与电子游戏所具有的虚拟环境的特性有关，电子游戏通过计算机技术为传统意义上的道具和规则拓展出了一个全新的维度。《光环5》中表现的未来科幻战争的虚拟环境如图1–5所示。

图 1-5　《光环 5》中表现的未来科幻战争的虚拟环境

第二，玩家并不能直接参与游戏，而是必须借助人机界面对游戏进行操控，并且在很多情况下这种操控需要借助替身（即玩家在游戏中所扮演的角色）来实现，这一特点往往使玩家产生“控制”游戏而非传统意义上的“玩”游戏的感觉，但自己做“上帝”有时更具吸引力。

第三，计算机技术不仅为电子游戏创造了虚拟环境，创造了道具和规则，还创造了游戏中的竞争与合作。在上述五种竞争形式中，除玩家以外，无论是竞争者还是合作者，均可由计算机担任，打开计算机或游戏机就可以开始游戏。

第四，电子游戏强调对脚本的应用。传统游戏的进程大多数情况下是由参与者、规则、机遇三方共同作用的结果，从“龙与地下城”（简称 D&D，世界上第一个商业化的纸上文字角色扮演游戏，后发展为世界上最完善、最流行、最有影响力的角色扮演系统）设立专门负责讲述故事的地下城主开始，出现了“脚本”的概念；而许多电子游戏，从早期的文字冒险游戏开始，包括由“龙与地下城”衍生出的计算机角色扮演游戏以及此后的动作射击游戏，都非常注重脚本的编写，如《博德之门》《魔兽世界》等，也就是说，这些电子游戏的进程是预先受到限制的，是由参与者、规则、机遇和脚本四方共同作用的结果，完全自由进程的电子游戏目前并不存在。

近年来，游戏内容体量变得愈发庞大，游戏的复杂度也在不断提高。一部分优秀的游戏设计师试图打破这一传统的束缚，搭建出脚本在内的平台，让广大玩家也能参与到游戏设计中来，这样就使得游戏进程变得丰富多样，充满了不确定性，使得每一名玩家的游戏结果都是不同的，最终取得了极为成功的市场效益，如《我的世界》《孢子》等类型的游戏。显而易见，有了庞大玩家群体的支撑，开发商只需要通过出卖道具、虚拟货币并定期发布任务，就足以吸引足够的流量，获取可观的回报。

由以上特点可以知道，计算机技术为电子游戏创造出了虚拟环境，而且人们要参与这种游戏必须借助计算机设备与虚拟环境产生互动，所以虚拟环境与互动是电子游戏的两个基本支撑点。

1.3　虚拟环境

虚拟现实既能模拟现实世界的信息（如虚拟博物馆、虚拟景点等），也能模拟尚未出现的环境（如天体物理系统），还能用于表现并不存在的时空世界，以及抽象的或非实体的概念。虚拟环境（Virtual Environment，VE）在很多场合下即等同于虚拟现实，本书之所以采用"虚拟环境"这一称谓，主要是因为"虚拟现实"一词很容易让初学者误以为其只能对现实事物进行虚拟，所以使用"虚拟环境"一词可以避免误解。

虚拟环境的概念最早由美国的 J. 拉尼尔（Jaron Lanier）在 1989 年提出，它是指"用计算机技术生成一个逼真的三维视觉、听觉、触觉或嗅觉等感觉世界，让用户可以从自己的视点出发，利用自然的技能和某些设备对这一生成的虚拟世界客体进行浏览和交互考察。"这一定义过于强调对输入输出设备的依赖，过于强调对技术的运用，它所注重的是逼真的感觉（视觉、听觉、触觉、嗅觉等）、自然的交互（运动、姿势、语言、身体跟踪等）、个人的视点（用户的眼、耳、身所感受到的信息）和迅速的响应（感受到的信息跟随视点的变化和用户的输入即时更新），用户在其中所体验到的是一种浸入式的、多重感官刺激的经验。如果按此定义划分，目前的多媒体模拟系统有很多都将被排除在外。

1991 年，拉塔（Latta）提出虚拟环境的三要素：真实度、可感测的环境和个体的控制。他认为其中的"真实度"应该同时包含主观与客观的成分在内，也就是说，真实度可以通过多种途径实现，并不一定要通过浸入式的、多重感官刺激的经验。同年，格兰尼也在其论文中把虚拟环境归结为一种体验而非技术，他认为虚拟环境应以用户为主，技术只是手段之一，最终的决定权掌握在用户手里，即用户是否愿意放弃他们的不信任感，或是否愿意相信他们在虚拟空间内所做的事。

1996 年，韦特默在《虚拟空间与现实世界》一文中为"虚拟环境"作出了更为宽泛的定义："一个由计算机生成的、可与主体产生互动的模拟空间"。尽管韦特默并未规定互动的范围和程度，但从他的文章中我们可以看出这里所说的"互动"已经脱离了纯粹的生理层面，而更多地涉及了心理层面。1999 年，古斯皮 • 里瓦在《从技术到沟通：虚拟环境构建中的心理社会问题》一文中把虚拟环境的精髓归结为一种"精神上的体验"，即让用户相信"他 / 她在那儿"，他 / 她不是旁观者而是参与者。这种现场感和参与感并不一定需要通过“逼真的三维视觉、听觉、触觉或嗅觉”获得，它可以借由用户的想象力得到体现，这一观点进一步削弱了虚拟环境对技术的依赖。韦特默对互动的定义以及里瓦对互动定义的扩展与1994年伯尔迪和考菲特提出的虚拟环境的三要素——沉浸感、互动性和想象力完全吻合。游戏中的虚拟环境，如图1–6所示。

1–6 《原神》中的虚拟环境

由此，我们可以归纳出构成虚拟环境或虚拟现实的两个基本条件。

（1）必须存在一个由计算机生成的虚拟场景，这个虚拟场景能令用户暂时脱离现实世界，产生一种现场感。

（2）用户必须能与这个虚拟场景进行互动，产生一种参与感，这种互动可以是感官上的，也可以是心理上的。现场感和参与感均以用户的主观心理为衡量标准。

1.3.1 规则游戏与虚拟环境

比较一下规则游戏和虚拟环境，我们会看出两者之间存在着许多共通之处。规则游戏中的道具和规则这两个基本元素已经构建起了一个脱离现实世界存在的游戏世界，而玩家玩游戏的过程实际上就是与游戏世界进行互动的过程。所不同的是，与虚拟环境相比，游戏的世界并不一定全部通过计算机生成，在计算机的软硬件技术尚未成熟之前，它主要是借助参与者的思维力和想象力达成的。

当计算机技术达到足以创造道具和规则的时候，1961年，第一款电子游戏——《太空大战》（Space War）在麻省理工学院的PDP–1（程控数据处理机）上诞生了（见图1–7）。这款游戏有着明确的道具和规则，停泊在屏幕的右上角和左下角的针形物和楔状物分别代表两艘宇宙飞船，两名玩家操纵各自的飞船相互追逐、相互射击；飞船在起飞前需要一段加速时间，减速时须调转船头，将火箭推进器朝向另一方向；飞船上装有导弹发射器，导弹的射程有限；屏幕的中央有一颗死星，死星的引力辐射至整个屏幕，无论飞船停泊在哪里，如果不使用火箭推进器的话就会被引力吸走而撞在死星上；超空间飞行可以使飞船在走投无路的情况下跳入四维空间消失无踪，一段时间后再在另一位置出现，此时飞船的速度和方向与消失时保持一致。

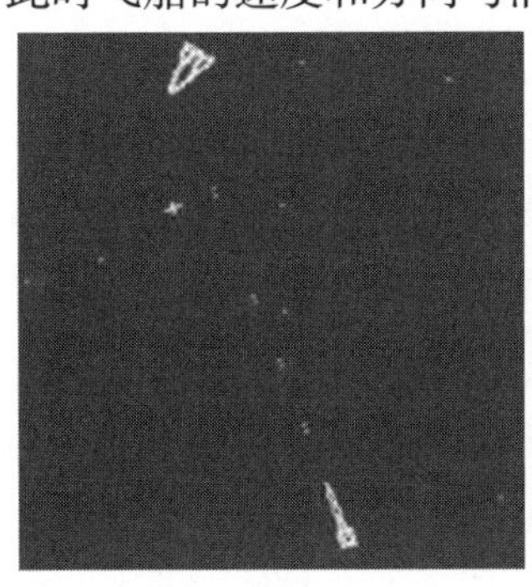
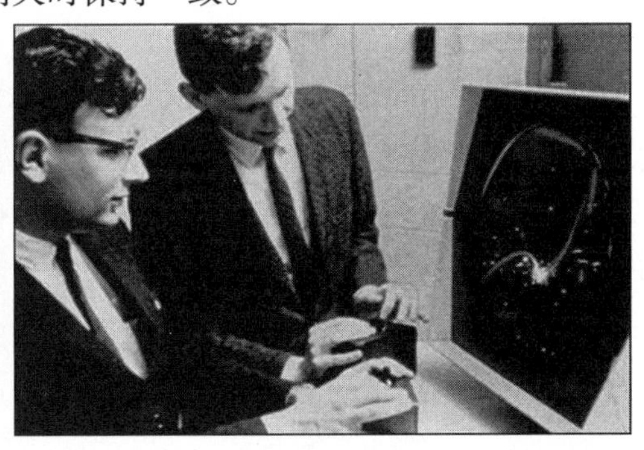

图 1-7　第一个电子游戏——《太空大战》

虚拟环境这一概念被正式提出前二十多年，电子游戏已经在尝试构建虚拟环境。虚拟环境的三要素——沉浸感、互动性和想象力在电子游戏的发展过程中得到了充分的体现，从《太空大战》开始，研究者就为这类新的娱乐方式确立了三条基本原则，其中之一便是“务必使观者积极、愉快地参与进来”。无论是古老的文本游戏、新款的图形游戏，还是网络游戏，都将这一原则奉为自己的最高守则。

电子游戏通过计算机技术为传统意义上的道具和规则拓展出了一个全新的维度，结合前面的介绍我们可以看出，电子游戏实际上是规则游戏与虚拟环境相结合的产物。

1.3.2　网络虚拟环境与增强现实

网络虚拟环境（Network Virtual Environment）与增强现实（Augmented Reality）是虚拟环境的两种重要的延伸和应用。桑蒂普·辛哈尔与迈克尔·齐达在《网络虚拟环境：设计与应用》一书中为网络虚拟环境下的定义是：“一套可供多个处于不同地点的用户相互之间实现实时互动的软件系统”（迈克尔·齐达是美国加州海军研究院模型、虚拟环境与模拟研究中心主任，2002 年 7 月发布的团队合作射击游戏 America’s Army 即由他担任主创）。

桑蒂普·辛哈尔与迈克尔·齐达认为，一套网络虚拟环境应该包括以下 5 个基本特征。

（1）空间的共感（置身于同一场景内）。

（2）在场的共感（彼此能感知对方的参与）。

（3）时间的共感（以实时方式互动）。

（4）沟通的方法（多种互动渠道）。

（5）共享的方法（可与之产生互动的动态场景）。

这5个基本特征所强调的是不同个体之间的共感（Shared Sense）与沟通（Communication）。可见，同一般的虚拟环境相比，网络虚拟环境更注重个体与个体之间的互动而非个体与虚拟场景之间的互动，这一特点反映出游戏中多人游戏（包括联机游戏与单机多人游戏）与单人游戏之间的区别。如果说电子游戏是规则游戏与虚拟环境的结合物，那么多人游戏则可以视为规则游戏与网络虚拟环境的结合物，它兼有规则游戏与网络虚拟环境的特点。

网络虚拟环境与普通虚拟环境的区别在于互动的重点不同，而增强现实与普通虚拟环境的区别则在于虚拟场景的不同。增强现实是指通过计算机将虚拟的信息叠加在现实的场景上，如把一个三维的虚拟茶杯放在一张真实的桌子上，并通过头盔显示器显示在用户的面前，系统的跟踪系统会自动跟踪用户的位置和头部转动的方向、角度，因此无论用户如何移动，这个虚拟茶杯都会固定在同一位置。增强现实系统采用的部分硬件技术与虚拟现实相同，两者的本质区别在于："VR（Virtual Reality，虚拟现实）企图取代真实的世界，而AR（Augmented Reality，增强现实）却是在实境上扩充信息。"（斯蒂文·费纳，文章发表于刊物《科学美国人》）。

澳大利亚的Wearables计算机实验室（WCL）正在进行一项以增强现实的实现和应用为目的的研究课题——ARQuake，该课题以第一人称射击游戏《雷神之锤》（Quake）为主要工具，用户佩戴头盔显示仪、全球定位器、数字罗盘和一把有着真实后坐力和音响效果的电子枪，消灭出现在真实场景内的虚拟怪物，如图1-8所示。尽管该系统以真实的物理空间为背景，但用户的行为客体，即与之产生互动的主要对象——怪物是虚拟的，因此在本质上它仍符合电子游戏的基本特征，当然能否成为游戏还需要看研究者是否有意将这项技术应用于娱乐。

图1-8　工作中的WCL工作人员及增强现实的游戏效果

1.4 互动

互动（Interaction）一词在各个领域内被广泛引用，因研究领域和研究角度的不同，它的内涵也很不一致，例如行为学、教育学在互动的定义和研究方法上与工程学、信息处理学之间就存在着很大的差异。

国内著名游戏制作人赵挺曾提到，“互动”的基本含义是“共同作用以相互影响的状态或行为”，它的主体和客体为同一领域、同一系统或同一概念下的多个不同事物。具体到电子游戏，互动主要体现在两个方面，一是虚拟环境（单人游戏）下的人机互动（Human-Computer Interaction）和社会互动（Social Interaction）；二是网络虚拟环境（多人游戏）下的人机互动和社会互动。

根据北京大学计算机科学系图形研究室编写的《人机交互》教材中的定义，人机互动是指用户与计算机系统之间的通信，它是人与计算机之间各种符号和动作的双向信息交换。这里的“互动”被定义为一种通信，即信息交换，而且是一种双向的信息交换，可由人向计算机输入信息，也可由计算机向用户反馈信息。其信息交换可以用多种方式实现，如敲击键盘、移动鼠标、触碰屏幕上的符号或图形，以及声音、姿势或身体的动作等。

需要指出的是，人机互动的基本组成元素不仅仅是用户与计算机两方，还包括工作任务（Task）。也就是说，人机互动的研究重点并非如我们一般理解的那样放在人机界面，而是放在用户、计算机和任务这三者的互动关系上，它是用户与计算机共同完成任务的过程。

与单人游戏相比，多人游戏中的互动更强调网络虚拟环境下的社会互动，即上文所说的不同个体之间的共感和沟通。尽管这种虚拟的社会互动仍以人机互动为基础，但它的研究目的已经由用户与计算机共同完成任务转移到了用户与用户共同完成任务上，研究方法也由技术领域更多地转向了社会心理学的领域。

1.4.1 人机互动的过程

1997 年，加伯德（Joseph L. Gabbard）和希克斯（Deborah Hix）从可用性工程的角度详细阐述了虚拟环境下人机互动的全过程，他们把人机互动分为了以下四个组成部分。

（1）虚拟环境用户与用户任务（VE User and User Task），包括虚拟环境用户、运动和位移、目标的选择、目标的操作、虚拟环境用户任务。

（2）虚拟环境用户界面的输入机制（VE User Interface Input Mechanisms），包括

跟踪用户的位置和方向、语音辨认和自然语言的输入、轨迹球/鼠标以及现实世界的工具、支持自然位移的设备、数字手套和手势辨认。

（3）虚拟模型（The Virtual Model），包括虚拟环境系统信息、用户的表达和呈现、替身的表达和行为、虚拟的环境和设定。

（4）虚拟环境用户界面的呈现部分（VE User Interface Presentation Components），包括视觉反馈、触觉反馈、听觉反馈、场景反馈以及其他内容的呈现。

这4个组成部分相互作用，构成了人机互动的完整循环。可以看出，加伯德和希克斯在这里依然是从浸入式的、多重感官刺激的经验出发对虚拟环境进行研究，但其中的基本过程无论对于狭义的虚拟环境还是广义的虚拟环境都是适用的。美国信息处理研究者托尼·曼宁南以此为基础，把4个组成部分之间的相互作用进一步概括为3个技术环节：互动技术（Interaction Techniques）、虚拟环境系统（VE System）和呈现设备（Display Device）。其中互动技术用于处理输入设备捕捉到的信号，如身体各部位的位置、语音、手部的动作等，并将其转换为相应的控制动作和指令；虚拟环境系统在接到控制指令后对虚拟场景的状态做出相应的改变，如修改其形状、位置、颜色以及其他属性；最后这些变化再借由呈现设备，通过刺激用户的视觉、听觉和其他感官系统，向用户提供知觉反馈。加伯德和希克斯提出的人机互动流程如图1–9所示。

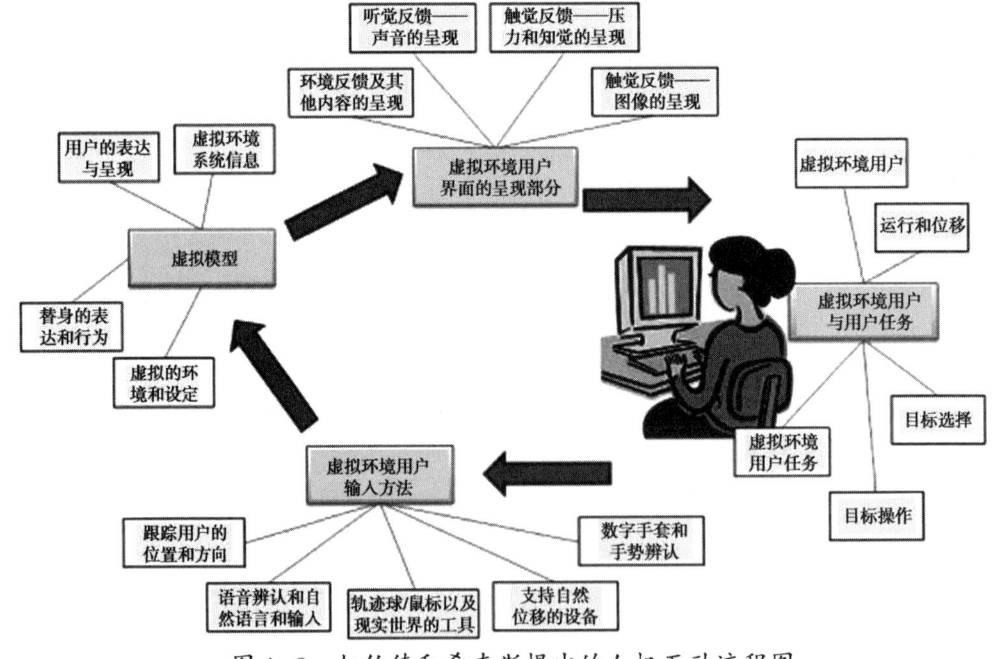

图1–9　加伯德和希克斯提出的人机互动流程图

1.4.2 电子游戏中的人机互动过程

根据加伯德和希克斯的阐述，我们可以把电子游戏中的人机互动分为 4 个模块：角色与角色任务的设计、输入系统的设计、虚拟模型的设计、输出系统的设计。

其中虚拟模型受游戏引擎的控制，而一套复杂的游戏引擎由渲染系统、物理系统和碰撞检测等子系统构成，它控制着游戏的基本功能（包括与输入、输出系统之间的通信），是游戏的躯体；而角色与角色任务则相当于游戏的灵魂，是对游戏目标和游戏规则的设计；这两个部分通过输入、输出设备结合在一起并与玩家产生互动。一般情况下，虚拟环境的考察者主要把研究的重心放在人机互动的后三个模块——输入系统、虚拟模型和输出系统的构建上，但对于电子游戏而言，第一个模块——角色与角色任务的设计同样非常重要，因为电子游戏是规则游戏与虚拟环境的结合物，二者缺一不可。

进行游戏的时候，玩家首先需要通过学习了解游戏的目标和规则，然后在规则许可之下对游戏的虚拟模型进行有目的的改变，并借由虚拟模型的反馈情况结合既定目标对自己的行为进行调整。根据托尼·曼宁南的阐述，我们可以把这 4 个模块之间的关联分解为 3 个环节：玩家利用互动技术作用于输入设备；输入设备利用虚拟环境系统作用于游戏世界；游戏世界利用呈现设备反馈给玩家。

电子游戏的输入设备目前主要包括键盘、鼠标、手柄和摇杆等常用的几种，各输入设备的功能在特定的游戏类型中也已基本确定，例如第一人称射击游戏从《德军司令部 3D》（Wolf 3D）开始，即时战略游戏从《沙丘 2》（Dune 2）开始，其操作模式十多年来基本没有发生什么大的变化。除非在这一环节能有重大突破，如语音识别技术、动作识别技术以及其他定位技术的加入，否则玩家与游戏世界之间的互动不会发生质的飞跃。

电子游戏的输出系统除了常见的显示、声响设备外，还包括力回馈设备、头盔显示器以及其他类似的技术产品。

我们暂时抛开游戏的其他构成元素，从人机互动的角度去审视一些作品的得失。Lionhead 工作室的《黑与白》(如图 1–10 所示)，在角色与角色任务的设计和虚拟模型

图 1–10 游戏《黑与白》中的场景

的构建上非常成功，无论是场景的建模还是怪物、村民的人工智能都达到了一个相当高的水准（据报道，该游戏里的怪物全部通过了图灵测试），主创莫里纽克斯曾把游戏带至麻省理工学院，向学生展示这些怪物在学习、成长和理解方面的能力。这部作品在2002年3月的互动艺术与科学学院（AIAS）第五届互动成就大会上获得“年度最佳游戏”和“电脑类游戏创新奖”两项大奖，但玩家对它的抱怨却非常多，这有些出人意料，其主要原因就是它在输入系统这一环节上表现不佳，操作模式烦琐而不自然，令游戏的乐趣大打折扣。

与《黑与白》相比，《地牢围攻》（Dungeon Siege，如图1-11所示）在输入系统和虚拟模型这两个环节上做得都不错，但在角色与角色任务的设计方面却难以令人满意，也就是说，它并没有充分体现游戏规则这个要素。对此，《龙与地下城》中文站的站长Gecko有一段精辟的评述：“其实《地牢围攻》并不是在角色发展方面给了玩家太多自由，而是完全剥夺了玩家在角色发展上的自由……。游戏世界中的事物远没有现实世界那么多细致微妙的互动关系，其存在是基于人为设定而非自然演化而形成。作为上帝的游戏设计师需要通过各种规则来限制从而塑造这个世界，或者通过大量细微规则进行动态地模拟而产生现实世界的表象。《地牢围攻》角色发展的问题就是它既否定了繁复的、需要玩家参与的‘幕前规则’，又没有使用（至少没有体现出）一系列细微规则来紧密地模拟人物与周边互动中产生的特性。”

图1-11　游戏《地牢围攻》中的场景

1.4.3　人机互动的等级

按一般理解，人机互动的密切程度和等级越高，人对虚拟环境的浸入感也会越强，游戏的吸引程度也会更强，那么评价人机互动等级的条件是什么呢？

旧金山州立大学沟通学教授谢尔诺曾经指出，一个具有互动性的沟通必须具备三个条件：首先，信息必须是针对明确的对象而发出的；其次，在交换信息的同时，双方都应该按照对方的回应而随时调整其所传递的信息；最后，沟通的渠道必须是双向的，这样才能保持其顺畅性。

在此基础上，美国亚利桑那大学信息系统管理系主任努纳麦克为互动等级的高低设立了 3 个变量：一是响应速度，即从用户输入信号到虚拟环境发生的变化反馈至用户感官这一过程所需的时间；二是用户可能进行的互动范围，即用户在任意特定时间所能做出的决定的数量；三是操控的设定，即用户、输入设备之间的物理互动与虚拟环境中的变化之间的对应关系。其中第三个变量——操控的设定是提高互动等级最困难的一个环节，根据斯托尔的说法：操控设定的最理想方式应该是“自然的”并且“结果可预测的”。

把影响互动等级的这 3 个变量放入电子游戏中进行考察，我们可以看出，第一个变量在 CS Source（如图 1-12 所示）之类的动作射击游戏中表现得最为充分。第二个变量即通常所说的“自由度”的问题，例如角色扮演游戏《上古卷轴》系列侧重于世界的开放（可以前往游戏中的任何地点）、情节的开放（可以游离于主线之外）、结局的开放（只要玩家愿意，可以一直进行下去）和选择的开放（可以以不同的方法实现同一目标）；策略游戏《模拟城市》（包括《模拟人生》）系列则侧重于行为的开放和游戏本身的可扩充性，游戏不设定具体的目标，玩家可以按自己的想法去建设城市或发展人生；赛车游戏《疯狂摩托》系列侧重于场景的开放，游戏中没有固定的赛道，玩家可以选择不同的驾驶路径。第三个变量即前面提到的输入系统的问题，输入系统设计得越简便，玩家越容易上手，人机互动的等级也就越高。

图 1-12　强调响应速度的 FPS 游戏——CS Source

1.4.4　社会互动

哈贝马斯（Juergen Habermas）曾把人与人之间的社会行为分为以下 4 种类型[①]。

---

① 郑召利，哈贝马斯的交往行为理论 [M]. 上海：复旦大学出版社，2002.

（1）目的论行为，这是行为者通过选择一定的有效手段，并以适当的方式运用这种手段，而实现某种目的的行为。目的论行为专注于某种既定目标与达到目标的手段间的联系。这种行为在不同场合又可扩张为带有功利主义色彩的“策略性行为”和“工具行为”。策略性行为至少涉及两个目标为指向的行为主体，它们之间都力图以某种方式影响对方的决策过程，从而使整个策略游戏的结果对自己有利。工具行为旨在影响一个客体。

（2）规范调节的行为，这是一种社会集团的成员以遵循共同的价值规范为取向的行为。“规范表达了在一种社会集团中所存在的相互意见一致的状况”“遵循规范的中心概念，意味着满足一种普遍化的行动要求”。

（3）戏剧行为，这是一种行为者通过或多或少地表现自己的主观性，而在公众中形成一定的关于他本人的观点和印象的行为。这种行为“既不涉及孤立的行为者，也不涉及一种社会集团的成员，而是涉及相互构成自己公众的内部活动参与者”。

（4）交往行为，它指的是“两个以上的具有语言能力和行动能力”的主体之间通过符号协调的互动所达成的相互理解和一致的行为。解释与认同是理解交往行为的中心概念。

在单人游戏中，只存在工具行为和不完备的戏剧行为。之所以称之为“不完备的戏剧行为”，是因为游戏中玩家的主观行为所呈现的对象不是观众，也就谈不上对观众的思想和意念的控制，但玩家可以借由游戏内部的奖励系统和游戏外部玩家之间的沟通来实现这种戏剧行为的效果。

与单人游戏相比，多人游戏除了工具行为和戏剧行为外，在策略性行为、规范调节行为和交往行为等方面也有明显的表现，并且参与人数越多，这些行为的影响力越大。团队合作游戏《反恐精英》即是一个典型的例子，与工具行为和戏剧行为相比，它更强调策略性行为、规范调节的行为和交往行为。

需要注意的是，目前的许多大型多人角色扮演游戏（MMORPG），无论以文本形式还是图形形式，在社会交往方面均已脱离了规则游戏的范畴而成为一种单纯的道具，这一问题直接导致了游戏内部的混乱。幸运的是，越来越多的设计师正在关注MMORPG规则的建立，从经济系统到政治系统，力求使之成为一种真正的游戏。

这里特别关注一下MMORPG的法治问题。许多人对建设MMORPG中的法律系统持有异议，国内著名游戏制作人赵挺在《网络角色扮演游戏中的法治》一文中已经从社会合理化的角度对法律系统的必要性作了简单分析，而社会合理化的提出实际上也是源于哈贝马斯的交往行为理论，如复旦大学郑召利教授所说：“在关于交往行为合理化和商谈伦理学普遍化原则的论证中，核心的问题就是让行为主体之间在没有任何强制和压力下进行平等、诚实的交往与对话，在相互承认的基础上达到‘谅解’和合作。那么，要做到这一点，首先应当建立良好的对话和交往的环境，也就是说，要实现交往行为的合理化，至关重要的一步是达到‘社会合理化’。”

1.5 本章小结

本章从广义的游戏开始逐步介绍到今天的电子游戏和网络游戏，分析了不同范畴和时代的游戏定义，并重点针对电子游戏这种特殊的游戏形式，介绍了电子游戏在虚拟环境和互动方面的独特性。

1.6 本章习题

1. 什么是游戏？什么是规则游戏？
2. 电子游戏有什么特点？
3. 为什么说电子游戏是规则游戏与虚拟环境相融合的产物？
4. 影响人机互动等级的因素有哪些？
5. 请描述游戏中的人机互动过程。
6. 单人游戏和多人游戏都包含哪些社会互动行为？请举例说明。

第2章 电子游戏的类型

教学目标

- 掌握游戏的不同分类方法和标准
- 掌握不同类型游戏的特点和区别
- 了解各种类型游戏的典型代表作品

教学重点

- 游戏分类方法和标准

教学难点

- 分析不同类型游戏的特点

经过数十年的发展，游戏的规则与人机交互模式也逐渐丰富，由此产生了具有不同特点的游戏类型。例如，按人机交互模式可分为单机游戏和网络游戏，按运行平台可分为 PC 游戏、控制台游戏、掌上游戏机游戏、手机游戏、街机游戏等。最广泛的分类方法是按游戏内容架构分类，可分为角色扮演类、即时战略类、动作类、第一人称视角射击类、冒险类、模拟类、运动类、休闲类等。下面给出比较流行的游戏类型分类作为参考。

2.1 按运行平台分类

玩家需要沉浸在游戏世界中去获得体验与快乐。与传统真人游戏不同的是，电子游戏中的游戏世界是虚拟的，必须通过一定的硬件平台才能为用户展现这个虚拟世界，常用的游戏硬件平台包括电子计算机、控制台游戏机、掌上游戏机、手机、街机等。每种游戏装置几乎都符合电子计算机之父——冯·诺依曼提出的计算机体系结构。

2.1.1　PC 游戏

当计算机作为实现游戏的手段时，计算机主机作为核心计算主机提供计算能力，游戏内容存储在光盘或硬盘上，显示器为标准显示设备，声卡、音箱和耳机为音响设备，键盘和鼠标是主要的输入控制设备，网络连接设备由网卡担任。PC（Personal Computer，个人计算机）游戏类型，如图 2-1 所示。

图 2-1　以计算机为游戏硬件平台

由于 PC 本身的开放性，在 PC 上开发游戏没有入门障碍，所以 PC 上的游戏品种很多。尤其在中国，PC 游戏占有大部分的市场份额。《传奇》等常见游戏都是 PC 游戏。

2.1.2　控制台游戏

常见的控制台游戏机在国外称为 Console，在其上运行的游戏国内称为“电视游戏”或 TV Game，而国外称为 Console Game。典型的控制台游戏机有 SONY 公司出品的 PS 系列和 Microsoft 公司出品的 XBOX 系列产品，如图 2-2 所示。

图 2-2　Microsoft 出品的 XBOX 360 配置

从本质上来说，控制台实质上是特殊的计算机，类似 PC，也包括 CPU、内存、显示设备、声音设备和输入、输出设备等，只不过由于其专一的目的性，主机内的设备集成度很高，不能像 PC 硬件那样随意插拔。控制台的显示设备一般由电视机担当，游戏内容存储在专用卡带或光盘上，控制杆或手柄成为了标准输入控制设备，声音设备依然是音箱和耳机。

控制台游戏开发商需要从控制台制造厂商处取得授权和支持，并支付“授权费”，这是控制台游戏开发与 PC 游戏开发最大的区别。虽然这有利于保证控制台上的游戏都是精品，但无疑提高了在控制台上开发游戏的“门槛”。

《山脊赛车》《最终幻想》等游戏是最典型的控制台游戏，如图 2-3 所示。

图 2-3　PS3《山脊赛车 7》和 PS4《最终幻想 12》游戏画面

2.1.3　掌上游戏机游戏

大部分中国人认识掌上游戏机都是从俄罗斯方块开始的，由于其便携性好，曾经有一段时间，在中国的街头巷尾到处都是它的影子。如今的掌上游戏机已经非常通用化，除了 new3dsll、psp3000、psv1000、ndsi、snk mini、switch 这些主流品牌，还有许多国产开源掌机，如 gkd350h、rg350m、rg351p 等。其中任天堂 3ds 如图 2-4 所示，它有裸眼 3D 功能，而且兼容 nds 游戏，索尼 psv 也是当时推出的较新机型。

图 2-4　任天堂 new3dsll 是当时流行的掌上游戏机之一

早期的掌上游戏机中的游戏大部分是比较简单的益智类游戏，随着掌上游戏机功能的加强，《极品飞车》《三国志》等游戏也已经被移植到掌上游戏机上。

2.1.4　手机游戏

手机如今已成为最受欢迎的便携式游戏装置，卓越的芯片计算能力，超大的存储容量和优异的触摸体验，无疑让手机拥有了媲美普通家用电脑的性能，如图 2-5 所示。而日益出众的网络速度，也为游戏厂商的产品移植提供了保障，同时对掌机、主机市场形成了一定的冲击。

图 2-5　强大的性能让手机成为主流游戏平台

2.1.5　街机游戏

街机曾经是最流行的电子游戏装置，如图 2-6 所示，它在一个 1 ~ 2 米高的壳体下集成了几乎全部的模块。街机体积大，使其不适合家用，只能用于经营性营业。但街机的体积也为其留下了巨大的发挥空间，大屏幕、高质量音响是街机吸引玩家的重要因素。

图 2-6　以街机为游戏硬件平台

街机游戏中有很多经典作品，如《吞食天地》《街霸》《铁拳》（如图 2-7 所示），是很多玩家的启蒙游戏。

不同的游戏平台有不同的特点，它们在各自的领域具有独有的优势，但游戏本身是可以在不同平台间移植的，这也是很多企业扩大产品影响力和销售额的一种做法。

图 2-7　经典街机游戏——《铁拳 7》游戏画面

2.1.6　VR 游戏

虚拟现实技术是利用电脑模拟产生一个三维空间的虚拟世界，提供关于视觉、听觉、触觉等感官的模拟，让使用者感受到身临其境的体验；同时使用者能够自由地与空间内的事物进行互动，近年来已经在医学模拟手术、军事航天模拟训练、工业仿真、应急推演以及电子游戏等多个领域有了实际应用。虚拟现实游戏，英文名为 Virtual Reality Game”，是通过电脑和外设（如虚拟现实头盔），来让玩家进入一个可交互的虚拟现场场景中，此时，玩家眼中看到的就是游戏的世界，不管怎么转动视线，都仿佛置身于游戏里（如图 2-8 所示）。

图 2-8　VR 游戏效果演示

2.2　按内容架构分类

从内容架构的角度，电子游戏分为角色扮演、即时战略、动作、格斗、第一人称视角射击、冒险、模拟、运动（桌面）等多个类别。

2.2.1　角色扮演类游戏

角色扮演类游戏（Role Playing Game，RPG）又可以分为以下几种。

（1）ARPG（Act Role Playing Game）：动作型角色扮演游戏。

（2）SRPG（Strategy Role Playing Game）：战略型角色扮演游戏。

（3）MMORPG（Massively Multiplayer Online Role-Playing Games）：大型多人在线角色扮演游戏。

角色扮演类游戏提供给玩家一个游戏中形成的世界，这个神奇的世界中包含了各种各样的人物、房屋、物品、地图和迷宫。玩家所扮演的游戏人物需要在这个世界中通过到处旅游、跟其他人物聊天、购买自己需要的东西、探险以及解谜来揭示一系列故事的起因和经过，最终形成一个完整的故事。

RPG 游戏中比较有代表性的是《魔法门》系列和《最终幻想》系列，而国内经典 RPG 游戏就是《仙剑奇侠传》，其后也出现了像《金庸群侠传》《轩辕剑》系列这样非常优秀的作品。RPG 游戏经过多年的发展和演变，渐渐出现了非传统意义上的 RPG 游戏，大致分为战略型角色扮演游戏、动作型角色扮演游戏和大型多人在线角色扮演游戏。《暗黑破坏神》就是一款非常经典的动作型角色扮演游戏，《火焰纹章》系列是最成功的战略型角色扮演游戏，而《传奇》则是大型多人在线角色扮演游戏的代表。

角色扮演类游戏的代表作品包括《最终幻想》《仙剑奇侠传》等，如图 2-9 所示。

图 2-9　经典的 RPG 游戏——《仙剑奇侠传 7》《剑侠情缘 3》

2.2.2　即时战略类游戏

即时战略类游戏 RTS（Realtime Strategy Game），就是玩家需要和计算机对手同时开始游戏，利用相对平等的资源，通过控制自己的单位或部队，运用巧妙的战术组合来进行对抗，以达到击败对手的目的。即时战略类游戏要求玩家具备快速的反应能力和熟练的控制能力。

即时战略类游戏早期的知名作品是《沙丘魔堡II》，其后又出现了《魔兽争霸》《红色警戒》这些游戏作品，尤其值得一提的是几乎影响了一代人的《星际争霸》。这些优秀 RTS 游戏的不断涌现，逐渐完善了此类游戏在平衡性和多样性方面所存在的缺陷，同时也促进了联网游戏甚至电子竞技类游戏的发展。如今已被列为 WCG 大赛比赛项目的《魔兽争霸 3》，就是这类游戏不断发展和完善的证明。

即时战略类游戏的代表作品有《魔兽争霸》系列、《帝国时代》《红色警戒》系列、《星际争霸》系列，如图 2-10 所示。

图 2-10　著名的 RTS 游戏—《星际争霸》

2.2.3　动作类游戏

动作类游戏简称 ACT 游戏（Action Game），是由玩家所控制的人物根据周围环境的变化，利用键盘或者手柄、鼠标的按键做出一定的动作，如移动、跳跃、攻击、躲避、防守等，来达到游戏要求的相应目标。

动作类游戏是最传统的游戏类型之一，TV GAME 初期的作品多数集中在这个类型上。早期动作类游戏的剧情一般比较简单，通过熟悉操作就可以进行游戏，一般是为了过关，《雷曼》就是早期动作类游戏的代表作品。通过几代游戏机的变化和发展，现在的动作类游戏中已经融入了更多新鲜的元素、更完整的剧情、更复杂的机关解谜使动作类游戏逐渐成为所有游戏类型中款式最丰富的一种，像《波斯王子》这类游戏中的仿真效果几乎可以做出和真人一模一样的动作。当然，这些华丽的动作效果还是需要通过玩家操作键盘和鼠标才能实现。

动作类游戏的代表作品有《波斯王子》《古墓丽影》，如图 2-11 所示。

图 2-11　被搬上银幕的游戏——《古墓丽影》

2.2.4　格斗类游戏

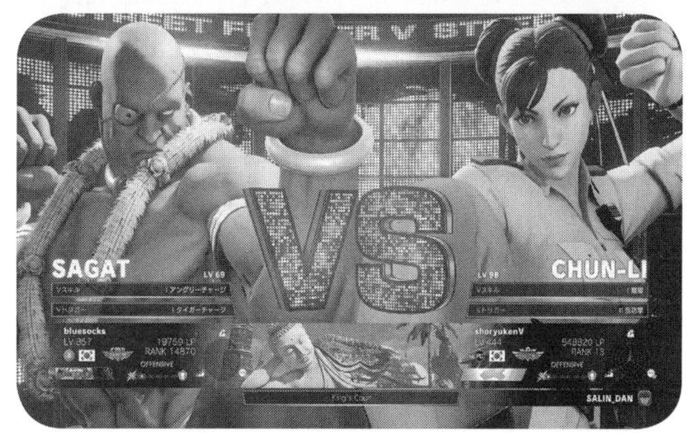

图 2-12　格斗类游戏经典作品

格斗类游戏（Fighting Game，FTG）是从动作类游戏中分化出来的特殊类别，就是指两个角色一对一决斗的游戏形式。现在此类游戏又分化出 2D 格斗类游戏与 3D 格斗类游戏。早期的格斗类游戏主要出现在街机上，后被普及到各种游戏设备上。

格斗类游戏的代表作品包括《街头霸王》《拳皇》《三国志武将争霸 2》等，如图 2-12 所示。

2.2.5　第一人称视角射击游戏

第一人称视角射击游戏（First Person Shooting，FPS）是动作类游戏的特殊形式，顾名思义，就是以玩家的主观视角进行的射击游戏。玩家不再像别的游戏一样操纵屏幕中的虚拟人物来进行游戏，而是身临其境地体验游戏带来的视觉冲击，这就大大增强了游戏的主动性和真实感。

早期第一人称类游戏带给玩家的一般都是屏幕光线的刺激，简单快捷的游戏节奏。随着游戏硬件的逐步完善，以及各类游戏的不断结合，第一人称视角射击游戏提供了更加丰富的剧情以及精美的画面和生动的音效，当然最重要的还是高度综合的可玩性。在FPS游戏经典作品中，最具有影响力的是已经出现在WCG大赛上的《反恐精英》，此款游戏将FPS游戏快捷的游戏节奏、激烈的对抗、仿真的游戏场景表现得淋漓尽致。

第一人称视角射击游戏的代表作品包括《反恐精英》《荣誉勋章》《使命召唤》《战地》等系列作品，如图2–13所示。

图2–13　FPS游戏代表——《反恐精英》和《使命召唤》

2.2.6　冒险类游戏

冒险类游戏（Adventure Game，AVG）一般会提供一个带有故事情节的场景给玩家，并要求玩家必须随着情节发展进行解谜和冒险，以此推动后续的游戏进程。

早期的冒险类游戏主要是通过文字叙述及图片展示来进行，著名作品有《亚特兰第斯》系列、《猴岛小英雄》系列等。此类游戏的目的一般是借故事主角的冒险、解谜来锻炼玩家的解谜能力，因此常被设计成侦探破案的类型。一般来说，游戏中并没有提供与敌方对抗的战术策略和操作技巧，而是让角色在不断发生交互行为的基础上探索真相，从而形成紧张刺激的游戏环境，加上美术效果的营造，成功吸引了一批忠实玩家。冒险类游戏的代表作品有《奥日与黑暗森林》《雷曼：起源》等，如图2–14所示。

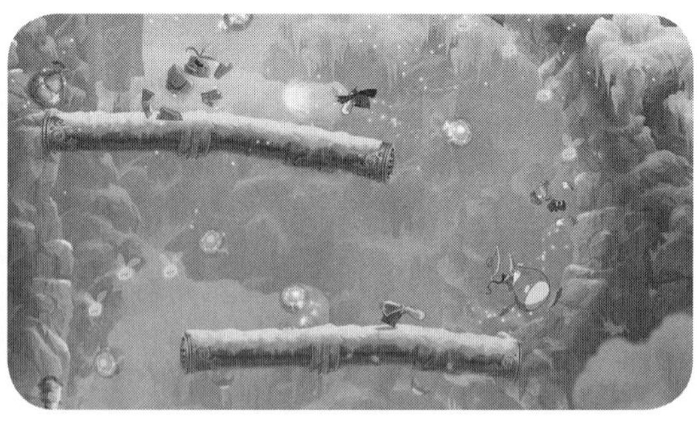

图2–14　冒险类游戏《奥日与黑暗森林》《雷曼：起源》

2.2.7　模拟类游戏

模拟类游戏（Simulation Game，SLG）给玩家提供几乎真实的处理较复杂事情的环境，允许玩家自由控制、管理和使用游戏中的人或事物，通过玩家开动脑筋想办法来达到游戏所要求的目标。

模拟类游戏又分为两类。一类游戏主要通过模拟我们生活的世界，让玩家在虚拟的环境里经营或建立一些医院、商店类的场景，玩家要充分利用自己的智慧去努力实现游戏中建设和经营这些场景的要求。这类游戏的主要作品有《主题医院》《模拟城市》等。另一类游戏主要模拟一些现实世界的装备，让玩家操纵这些复杂的装备，以真实性取胜，追求身临其境的感受，如《傲气雄鹰》系列、《微软模拟飞行》系列、《苏 -27》、《猎杀潜航》，《钢铁雄师》等。

模拟类游戏的代表作品有《模拟城市》《微软模拟飞行》《模拟人生》，如图 2-15 所示。

图 2-15　《模拟人生 4》使玩家开始第二种生活

2.2.8　运动类游戏

运动类游戏（Sport Game，SPG）是通过控制或管理游戏中的运动员或队伍模拟现实体育比赛的游戏类型，大家熟悉的大众运动项目几乎都可以在游戏中找到。由于体育运动本身的公平性和对抗性，运动类游戏已经被列入 WCG 电子竞技的比赛项目。

运动类游戏的代表作品有 NBA 系列、《实况足球》系列、《极品飞车》系列、FIFA 系列，如图 2-16 所示。

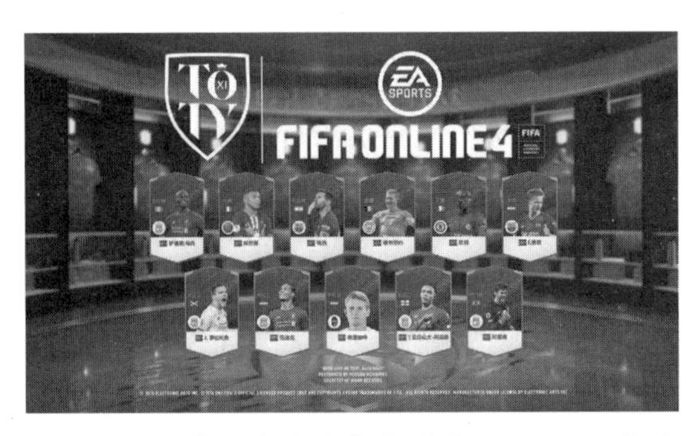

图 2-16　最经典的体育类游戏——FIFA 系列

2.2.9　桌面类游戏

有些游戏体量小且随时可玩（不需要大段时间消耗），所以称为桌面类游戏（Table Game，TAB），也称为休闲类游戏或 Casual Game。

桌面类游戏给玩家提供一个锻炼智慧的环境，需要玩家努力开动脑筋思考问题。玩家必须遵守游戏所设定的规则来进行游戏，达成游戏目标。

早期的桌面类游戏一般是棋牌类，像《万智牌》就是其中比较著名的一款。随着游戏本身的发展，一些以娱乐为主，需要玩家进行简单逻辑判断的游戏逐渐被归入桌面类游戏，或者说桌面类游戏的种类得到了扩展。像《大富翁》系列就可以归入这一类游戏。

桌面类游戏的代表作品有《万智牌》《升级》《大富翁》系列，如图 2-17 所示。

图 2-17　曾经风靡一时的桌面类游戏——《大富翁》系列

2.2.10　其他类型游戏

相对主流类型游戏而言，很多游戏并没有一个非常显著特点以供分类，或者说它虽然与各种主流游戏有着极为相似的特征，却又存在着某些不同，我们称为其他类型游戏（Etc. Game，ETC）。比如《怪物农场》这个游戏，如图 2-18 所示，从严格意义上讲，它具有策略游戏的特征，但玩家又只能对游戏中有限的人物或场景进行控制，同时它既包括养成系统，存在冒险解谜成分，还具有动作类游戏的特点。所以，当一款游戏融合了多种游戏类型的特征，无法按常规游戏类型划分，就把它列为其他类型游戏。如今，游戏产品如此丰富，各种游戏类型的核心玩法正被彼此借鉴、融合，所谓分类也只是相对意义上的划分，其主要目的是为了方便大家更好地理解不同的游戏。

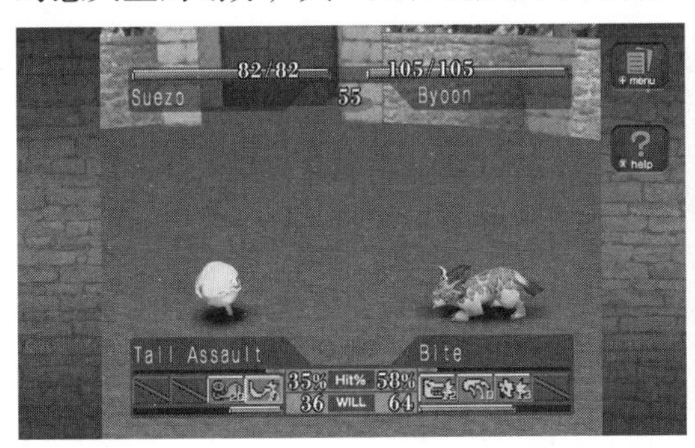

图 2-18　兼有多种游戏类型特征的《怪物农场》

值得关注的是，新的游戏类型的产生，往往意味着经典游戏的出现，这在游戏发展史上已经多次得到验证。在手机游戏流行、爆发的今天，这个问题更值得思考。

2.3　本章小结

本章介绍了两种主要的游戏分类方式。通过介绍运行平台分类，使读者快速地了解各种电子游戏的运行平台以及在这些平台上运行的经典游戏；通过介绍游戏内容分类，使读者快速地了解各种不同风格和特点的电子游戏。

2.4　本章习题

1. 简述控制台的主要产品及其经典游戏。
2. 简述按内容分类的主要游戏类型及各类型的特点。
3. 请描述你所认为的网络游戏在游戏类型上可能的发展方向。
4. 不同平台间是否可以进行游戏移植？能完全移植吗？为什么？

第3章 游戏产业的沿革与发展

教学目标

- 了解游戏产业发展的历史沿革

教学重点

- 电子游戏发展的各个重要阶段
- 不同发展时期典型电子游戏代表作品

教学难点

- 了解不同电子游戏平台的诞生历程

前面章节介绍的那些游戏并不是一夜之间就产生出来的，电子游戏也有自己的发展历程；随着计算机技术的发展，游戏在飞速进步。从第一个游戏《太空大战》，到现在大型的 MMORPG，无论是显示效果、游戏的趣味性还是参加游戏的人数，都发生了质的变化。下面就来看看电子游戏的发展历程。

3.1 基础

计算机的诞生是电子游戏诞生的前提。

1956 年以前的计算机都是昂贵的恐龙，由一位被尊称为“操作员”的白衣人饲养着，这情形颇似教徒对神像的膜拜，如图 3-1 所示。可以想象，一排灰色的“神像”呆立南墙，肚中发出嘎吱嘎吱的神秘怪音。“白衣巫师”是唯一可以接近它的人，他满怀敬畏地站在“神像”前，不时地操作机器上的一些按钮。一群资历较浅的“信徒”垂手站立两旁，在“白衣巫师”的指示下照看边上那堆咔嚓咔嚓作响的东西。外面的“朝拜者”通过“信徒”把成堆的打孔卡交到“白衣巫师”手中，再由“白衣巫师”呈至“神像”面前，大约一两天后，便会由神像嘴里缓缓吐出一堆印有奇怪文字的纸，这便是伟大的“神谕”——计算结果。

图 3-1　第一代计算机 ENIAC

1954 年，美国贝尔实验室的研究小组为美国空军设计制造了一台全晶体管计算机，称为 TRADIC，如图 3-2 所示。这是世界上第一台全晶体管计算机，该机包括大约 700 个点接触晶体管和 10000 个二极管。当该试验机型工作在 1MHz 的频率下时，功耗仅不到 100W。1956 年 4 月，麻省理工学院林肯实验室的先进技术发展小组在使用来自 PHILCO 公司的高速锗开关晶体管搭建了速度达 5MHz 的通用计算机，也就是众所周知的 TX-0。它有着三大特点：用晶体管取代电子管，占用空间小（不过看上去仍然酷似发电厂的控制台）；将键盘、打印机、磁带阅读机和打孔机集成在一起，操作员可以通过键盘编程，生成印好的磁带后直接输入机器；配有一台可编程显示器。TX-0 的这三大特点启动了计算机由神至人的转变，普通信徒们不必再去忍受“白衣巫师”的傲慢，他们可以安静地坐在计算机前，编写属于自己的程序。正是通过这台 TX-0，第一批程序员和设计师被培养了起来。

图 3-2　贝尔实验室的 TRDIC 计算机

1961 年的夏天，世界第一台 PDP-1（程控数据处理机），被安装在 TX-0 的隔壁，事情发生了实质性的变，如图 3-3 所示。

图 3-3　PDP-1 控制台

PDP-1 的体积只有冰箱那么大，它和显示屏一起被组装在一个落地框架里，这在当时的计算机业中是前所未有的。尽管 PDP-1 只有 9KB 的内存，每秒只能进行 10 万次加法运算，无法匹敌大型计算机，但它那 12 万美元的价格与动辄数百万美元的庞然大物相比还是具有相当大的优势。更重要的是，PDP-1 真正把自己交到了用户手中，编程者可以很方便地通过键盘、显示器同它对话。

3.2 诞生——20 世纪 60 年代

计算机的技术发展终于带来了游戏的诞生。

1961 年的夏天，麻省理工学院一个著名的学生团体——铁路模型技术俱乐部（Tech Model Railroad Club，TMRC）的成员在看到 PDP-1 时，立即成立了一个小组来研究如何用这台有趣的机器创造出一款真正意义的电子游戏。小组成员史蒂夫 · 拉塞尔具备出色的编程能力，于是负责编写整个项目的程序。他们受到爱德华 · 埃尔默 · 史密斯的科幻小说《透镜人》和《宇宙云雀号》的灵感启发，决定做一个关于太空大战的游戏。于是，这一年的整个圣诞节，史蒂夫 · 拉塞尔都在研发《太空大战》电子游戏，最终用 6 个星期的时间完成了这个人类历史上的第一个电子游戏。在次年举行的麻省理工学院科学座谈会上，《太空大战》（Space War），引起了空前的轰动，其拷贝通过互联网的前身——ARPAnet 快速地传遍美国的其他教育机构，如图 3-4 所示。以之为核心的讨论持续了很长一段时间，当时的计算机精英为电子游戏归纳出了以下三条基本原则。

（1）尽可能地充分利用现有硬件资源，并将其推至极限。

（2）在一个时段内，尽可能提高程序的变化性。

（3）务必使观者积极、愉快地参与进来。

这三条原则成为了整个游戏业的奠基石。

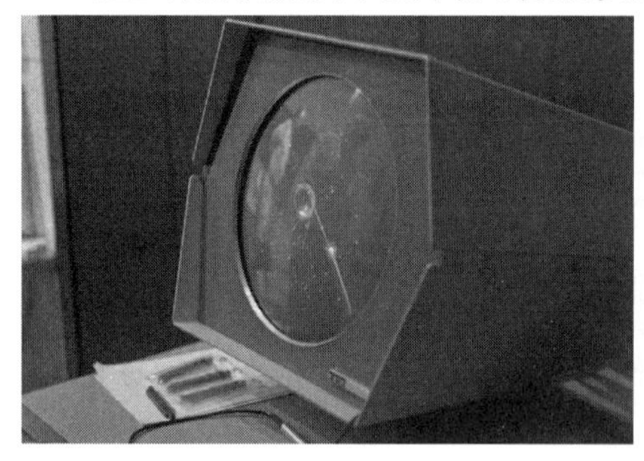
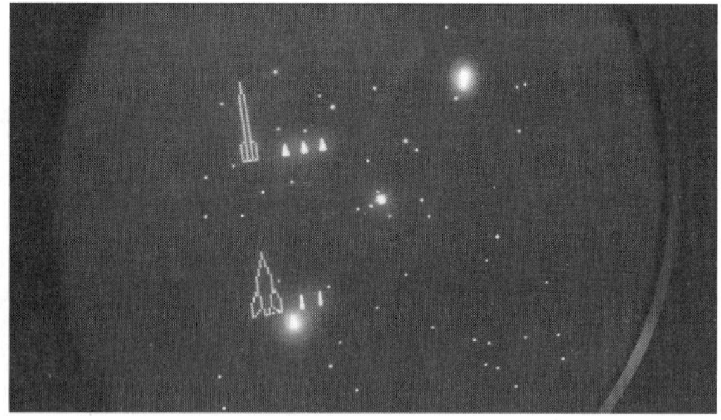

图 3-4　PDP-1 上的《太空大战》

3.3 成长——20世纪70年代

1972年，在大型机统治地球的最后岁月里，《猎杀乌姆帕斯》（Hunt the Wumpus）成为继《太空大战》之后另一部广为流传的电子游戏。《猎杀乌姆帕斯》的开发者为美国马萨诸塞大学的格雷戈里•约伯，这是一部运行于分时系统上的纯文字冒险游戏，内容大致如下：你装备着5支箭，进入一个纵横相通的山洞，寻找游荡其中的怪物乌姆帕斯。每进入一个洞穴，游戏都会提供一些文字线索，例如“你感觉到一股穿行于无底深渊中的气流”（表示前方有陷阱），“你听见前面有一群扑扇着翅膀的蝙蝠”（可以把你引往一处随机洞穴）；当游戏提示“你闻到了乌姆帕斯的气息”的时候，你就可以拉开弓，向藏有乌姆帕斯的洞穴射箭，射中后游戏便会结束。

《猎杀乌姆帕斯》在ARPAnet上流传一时，其代码公布于1975年的《创意化计算》杂志上，如图3-5所示，此后又繁衍出许多不同的版本。直至今日，依然有不少痴迷者延续着乌姆帕斯的传奇，例如波士顿大学的格伦•布雷斯纳汉制作的《网络版猎杀乌姆帕斯》就是一款嵌有图片且供多人共玩的游戏，不过，此游戏服务器目前已经关闭。

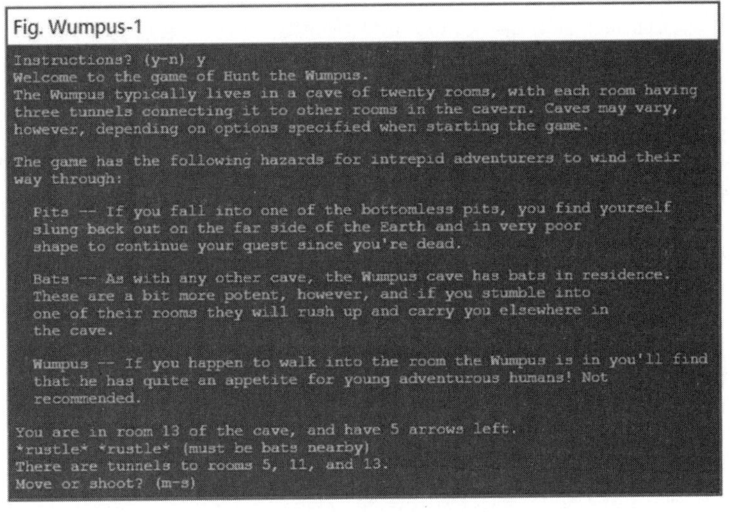

图3-5 《猎杀乌姆帕斯》界面

严格地说，《猎杀乌姆帕斯》并非交互式游戏，因为在整个过程中不必输入任何指令，只要选择不同的洞穴进入，最后射出致命的一箭即可。那么，第一款真正意义上的交互式文字游戏究竟是如何诞生的呢？

20世纪60年代的最后一年，互联网的前身ARPAnet在波士顿的BBN公司（Bolt Beranek & Newman）诞生。BBN公司的成员大多为麻省理工学院的研究生和程序员，其中有一位名叫威利•克劳瑟的工程师，专门负责用汇编语言为 ARPAnet 路由器开发程序。

克劳瑟是一名狂热的攀岩爱好者和洞穴探险者，他曾与妻子帕特一同前往肯塔基州的 Mammoth 和 Flint Ridge 洞穴探险，帮助洞穴研究基金会绘制地图。此外克劳瑟还是一名《龙与地下城》纸上游戏迷，在游戏中常常扮演“盗贼威利”的角色。这两大爱好成为了第一部交互式文字冒险游戏的创作源泉。

1972 年，克劳瑟与妻子黯然分手，女儿的渐渐疏远使他苦恼不已，于是想到了编写一个有趣的程序以吸引她们的注意，第一部交互式文字游戏——《探险》（Adventure，又名《巨穴》）由此诞生。游戏用 FORTRAN 语言在 PDP-10 上编写而成，以克劳瑟早年的洞穴探险经历为素材，加入了一些奇幻角色扮演的成分。游戏的目标是探索整个“巨穴”，带上尽量多的财宝返回起点。玩家可以输入不同的指令，如“向西转”“进入山谷”等，指令所采用的语法结构是原始的“动词 + 名词”形式，这在很长一段时间内一直是冒险游戏的标准指令结构。游戏中的洞穴大多根据克劳瑟早年收集的地图和数据等真实的洞穴资料制作而成，其中还夹有一些专用术语，如“Y2”（第二个入口）。

1976 年，斯坦福大学斯坦福人工智能实验室（SAIL）的程序员唐•伍兹在实验室的一台计算机上发现了《探险》这个程序，运行后立即被它的内容所吸引，他随即发了封电子邮件给克劳瑟，希望允许自己继续拓展游戏的内容。当时托尔金的奇幻小说，如《魔戒之王》等，在欧美相当流行，伍兹也是个托尔金迷，他把小说里的许多角色和地名搬进了《探险》，如精灵、侏儒、巨人，以及索伦锻造权力之戒的那座火山。

随后这部游戏便像野火一样在 ARPAnet 上迅速蔓延开来，几乎每台与 ARPAnet 相连的计算机上都有一份拷贝，大家陷入其中无法自拔，甚至有人戏称《探险》使整个计算机业的发展停滞了至少两个星期。同年，Rand 公司的吉姆•吉尔罗格里用 C 语言将《探险》移植到 UNIX 系统，1981 年又由沃尔特•比罗夫斯基移植到 IBM 个人计算机平台。游戏历史上最著名的文字冒险游戏之一《魔域大冒险》（Zork），就是根据《探险》的原理制作出来的，如图 3-6 所示。Zork 的首个版本由麻省理工学院动力模型组成员蒂姆•安德森、马克•布兰克、布鲁斯•丹尼尔斯和大卫•莱布林于 1977—1979 年

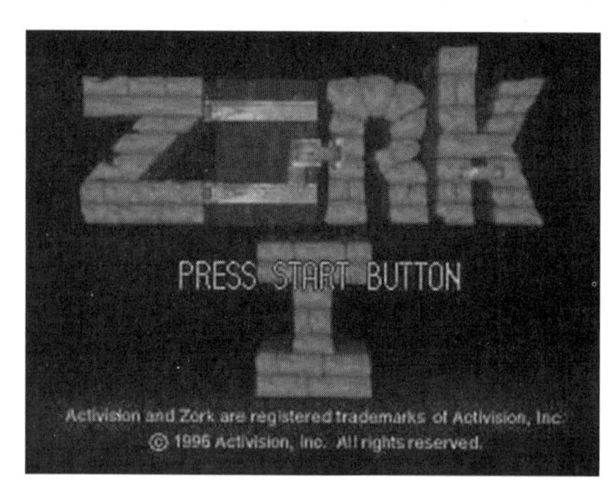

图 3-6 《魔域大冒险》界面

间在 PDP-10 电脑上以 MDL 程式语编写，1980 年由 Infocom 公司发行，它有很多平台的版本，也有许多忠实的玩家群，甚至公司被 Activision 收购之后，仍然推出了许多续作，并由文字界面发展到图形界面。随后出现的带有图形的冒险游戏，诸如《国王秘史》和《猴岛小英雄》，它们的祖先都是《探险》；在英国，一些学生在打通这个游戏后，希望能制作出这个游戏的网络版，于是 MUD（俗称网络泥巴，即多用户网络游戏）就此诞生，而 MUD 又是图形网络游戏的先驱。

随着电子游戏的产生及流行，以游戏为核心的专用设备也开始出现。真正的电子游戏专用机诞生在20世纪70年代初。它是以《太空大战》为蓝本设计的，名字叫“电脑空间”（Computer Space），如图 3-7 所示。这台游戏机用一台黑白电视机作为显示屏，用一个控制柄作为操纵器，摆在一家弹子房里。可惜的是，这台游戏机遭到了惨痛失败，原因是当时的玩家认为这个游戏太复杂。与当时美国流行的弹子球相比，这个游戏确实复杂了一点。至此，历史上第一台业务用机以失败告终。

图 3-7　“电脑空间”

1972 年，“电脑空间”的制作者与朋友一起用 500 美金注册成立了自己的公司，这个公司就是电子游戏业的始祖——Atari（雅达利）。成立之初，Atari 的业务重点仍然放在了街机上。他们获得了成功，世界上第一台被接受的业务用机就是 Atari 推出的以乒乓球为题材的游戏 Pong，如图 3-8 所示。据说当年 Atari 的工程师把这台机器放在加利福尼亚 Sunnyvale 市的一家弹子房内，两天之后弹子房的老板就找到 Atari 公司说机器出了故障，无论如何不能开始游戏了。Atari 的维修人员惊讶地发现故障的原因竟是机器被玩家投入的游戏币塞满了。无论从何种意义上说，“电脑空间”都意味着电子游戏产业的真正开始，因为它是第一台商用的游戏机，是第一个让大众接触电子游戏的工具。

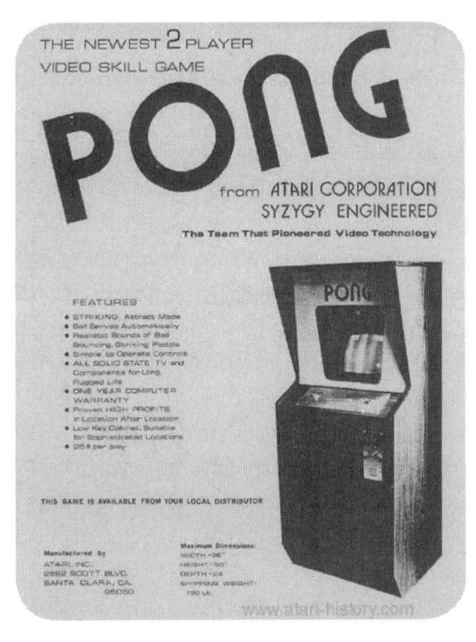

图 3-8　Pong 游戏的操作台

20 世纪 70 年代是现在计算机的耀眼明星的童年时代，很多人在当时已经崭露头角，表现出对计算机和计算机游戏的惊人驾驭能力。这其中最具代表性的应该是 Ultima（创世纪）之父——里查德·加利奥特，当时还在上高中的他对纸上 RPG 和 AD&D 的迷恋达到了痴狂的程度。1979 年，他推出了 Ultima 的第一部游戏——Akalabeth，并受到了热烈的欢迎。另外，著名的比尔·盖茨当时在湖滨中学的计算机房里学习计算机，费劲地与机器下国际象棋。值得一提的是，当代游戏业“教父”席德梅尔当时正在大学学习，他当时的志向是做一名硬件设计师或者是分类学专家，当然，他成功了，席德梅尔在《文明》里表现出的分类能力足以让任何一个分类学专家汗颜。

在这十年里，游戏界的明星是前面提到的 Atari 公司。1976 年 10 月，Atari 公司发行了一个名字叫《夜晚驾驶者》（Night Driver）的游戏机游戏，如图 3-9 所示，这个游戏为黑白屏幕，自带框体（即方向盘、油门、刹车等），玩家则扮演一个黑夜里在高速公路上驾车狂奔的疯狂车手。这个简陋作品是游戏史上第一个 3D 游戏，它用简单的透视效果（近大远小）来表现汽车前进和道路景物后退的效果，除此之外，它还是历史上第一个主视角游戏，是 Need for Speed（极品飞车）、Quake（雷神之锤）和一切 3D 游戏的始祖。

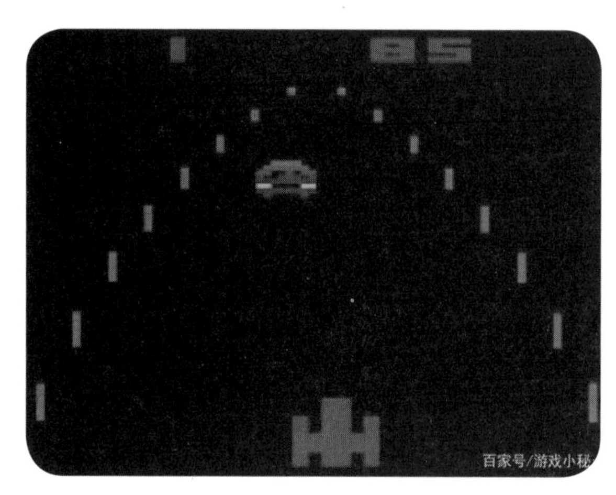

图 3-9　Atari 的《夜晚驾驶者》界面

需要说明的是，Atari 公司在开发街机市场之后，又把目光转向了家用机（FC）市场。1977 年，Atari 公司推出了 Atari 2600 型游戏主机，如图 3-10 所示，这是世界上第一台家用专业游戏机。1980 年，这种机器占据了 44% 的市场份额，几乎成为家庭计算机游戏机的代名词。而在这之后，任天堂和世嘉迅速崛起，彻底击败了 Atari。在多次被收购后，Atari 于 1998 年退出了市场。

图 3-10　Atari 2600 型游戏主机

3.4 发展——20 世纪 80 年代

20 世纪 80 年代是一个计算机蓬勃发展的年代，也是电子游戏蓬勃发展的年代，在这期间，游戏业开始真正从贵族的神坛上走下来，深入到民众之中。

在这十年之中，电子游戏改变了全世界的娱乐观念。

1981 年 8 月 12 日，IBM 推出了他们的个人计算机——就是我们现在面对着的 PC，如图 3-11 所示。在最初的几年，PC 上的软件数目还无法与 Apple II 抗衡，不过，PC 有一个最大的优势，那就是它是完全开放的。短短数年间，PC 就成为了最重要的游戏平台。

图 3-11　世界上第一台 PC——IBM 5150

在这十年间，比较著名的计算机游戏有 Origin Systems（起源系统公司）的《创世纪》（Ultima）系列。《Ultima Ⅰ》，如图 3-12 所示，是 1981 年理查德 • 加略特开始编写的一款经典角色扮演游戏，于 1986 年在 Origin Systems 的协助下进行复刻并正式发行。在此后《创世纪》系列一直出下去，它可以说是计算机史上最著名的 RPG 游戏。这一系列游戏历史悠久，而且每次总是站在技术的最前沿。《创世纪》系列在世界范围内发行的版本超过十个，具体销量无法统计。

图 3-12　《Ultima Ⅰ》游戏画面

必须说明的是，纸上游戏为 RPG 提供了发展的基础，事实上，在很早以前，欧洲和美国的孩子们就热衷于在纸上玩一种冒险游戏。这种冒险游戏就是由 TSR（Tactical Studies Rule，战略技术研究规范）公司推出的 D &D（Dungeons and Dragons，龙与地下城）系列纸上角色扮演游戏（TRPG）。这类游戏需要几名玩家、一些纸片道具和一个主持人，进行游戏的时候，游戏者通过掷骰子来决定前进点数，由主持人来告诉玩家他遇到了什么。当年的 RPG 游戏大多数都是纸上 RPG 的计算机版，也就是说，让计算机代替了主持人的角色。1984 年有两人写了一本叫《龙枪编年史》的小说，起初的目的是为 TSR 的 AD&D（Advanced Dungeons and Dragons，高级龙与地下城）提供一个背景，结果推出之后极其轰动，不停再版，而 TSR 的各种作品也受到了空前的欢迎。直到现在，AD&D 仍深入人心，比如说 Baldur's Gate（柏德之门）用的就是 AD&D 2 Edition 规则，如图 3-13 所示。这些基础都是当年打下来的。

图 3-13 《博德之门》游戏启动画面

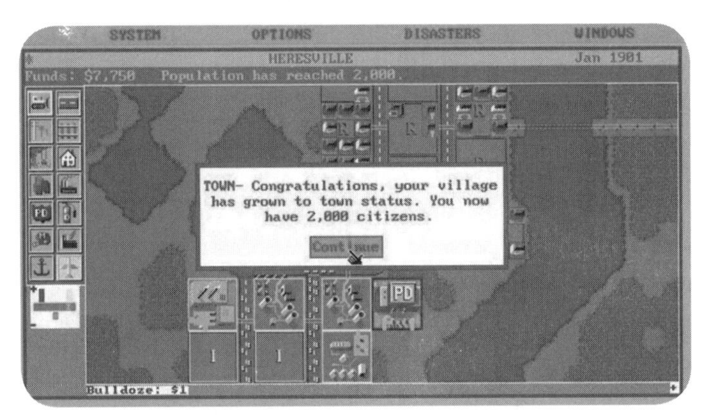

图 3-14 《模拟城市》游戏画面

在20世纪80年代，大出风头的还有威尔•莱特和他的MAXIS。据威尔•莱特回忆，1980年他就在谋划一个城市规划的游戏，这就是Sim City（模拟城市）的雏形。1987年，威尔•莱特和他的朋友杰夫•布朗共同创建了MAXIS。MAXIS成立之后的第一个游戏就是《模拟城市》，如图3-14所示。在这个游戏里，玩家可以安安静静地建设自己的城市，规划工业区和商业区。这个游戏推出之后，开始没有多大反响，后来经过一家资深计算机杂志报道才大获成功，并陆续推出了一系列版本。

在游戏机领域，自从Atari取得成功之后，无数家电子公司都认准了这个市场，他们纷纷进入电子游戏领域，想从中分一杯羹。由此，电子游戏产业进入了昏天暗地的群雄逐鹿时代。

1983年，日本的任天堂（NINTENDO）和世嘉（SEGA）分别推出了自己的家用游戏主机。世嘉推出的两台游戏主机名字叫作SG-1000、SG-3000，而任天堂推出的主机名字是Family Computer（简称FC），如图3-15所示。这台红白色的家用游戏机（FC），当时的售价是14800日元（折合人民币1300元左右），采用6502芯片作为主CPU，还有一块专门处理图像的芯片。FC可以显示52种颜色，同屏可以显示最多13种颜色，内存合计为64KB，矩形波2音，三角波1音，杂音1音。这样低劣的配置在现在看起来是很可笑的，但在当时却可以算得上是首屈一指，就是依靠这些配置，任天堂拥有了任何其他家用游戏机都无法比拟的优势。同时任天堂也决定了“以软件为主导”的指导思想，不断推出有趣的软件吸引玩家。1983年底，FC售出44万台，1984年哈得森

（HUDSON）、南梦宫（NAMCO）等游戏公司分别加入FC制作者阵线。1984年底，FC总销售量达到150万台。

1985年9月13日，任天堂公司发售了一款真正的游戏巨作——Super Mario（超级马里奥），如图3-16所示，这个游戏讲述了一个意大利管子工打败魔王拯救世界迎娶公主的故事。任天堂凭借这台游戏机确立了自己在游戏界霸主的地位。在1985年的家用机市场上，任天堂的市场占有率为98%。同年，任天堂向海外发售了FC的出口型NES（NINTENDO Entertainment System），当年的销量就突破了500万台。

1985年的FC几乎代表整个游戏界，当年的任天堂在游戏界具有相当大的影响力。要知道，当年ID公司的汤姆·霍尔和约翰·卡马克在计算机上做出连续的演示动画的时候，首先做的事情就是和任天堂联系。但是，任天堂拒绝了他们的提议，理由是不想涉足计算机领域。这对于玩家来说，也算是个好事情，否则的话，很可能就看不到Quake了。

另外值得一提的是光荣公司。1988年，日本的光荣（KOEI）公司推出了第一版《三国志》，当年这个游戏又分别推出了FC版和PC版。《三国志Ⅰ》是英文版的，画面自然且简陋，但是如果没有《三国志Ⅰ》，就不会有后来著名的《三国志》系列，如图3-17所示。

图3-15　俗称红白机的任天堂FC

图3-16　全球风行的《超级马里奥》

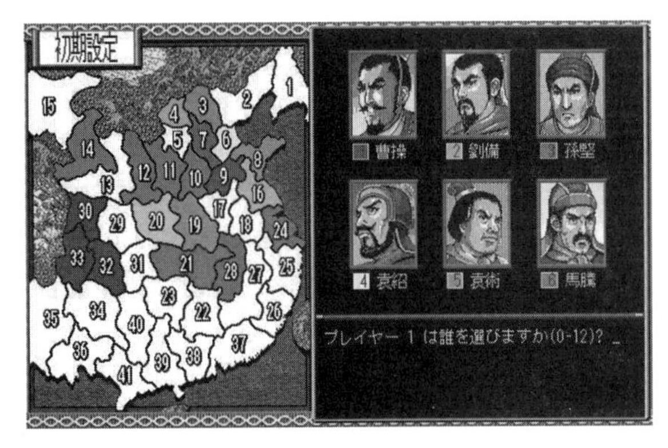

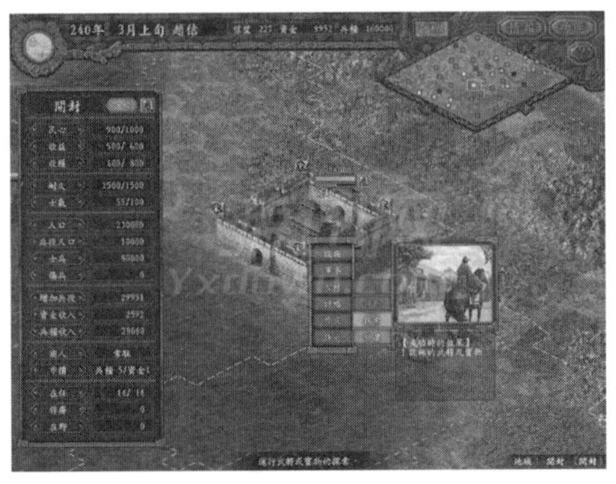

图 3-17　1989 年光荣公司所制作的历史模拟游戏《三国志 II》

当前的很多游戏界名人都是在“游戏”度过少年时期的十年后，开始游戏制作生涯的。席德 • 梅尔从通用仪器公司辞去了系统分析员的职务，与比尔 • 史泰利一起创立了 Microprose。约翰 • 卡马克当时正在自学计算机技巧。而罗伯塔 • 威廉姆斯女士正在准备和丈夫筹建 On-Line Systems 公司，这个公司就是著名的 Sierra Online 公司的前身。还有一位大家都比较熟悉的人，那就是布莱特 • W . 斯帕里，著名游戏制作小组 Westwood 的创始人。当年布莱特 • W . 斯帕里是一个不名一文的自由程序员，而 Westwood 的另一位创始人路易斯 • 卡斯尔则是一个学生。他们两个在内华达拉斯维加斯的一个名为 23th Century Computer 的计算机商店工作。在工作中两个人逐渐兴起了制作游戏的念头，于是布莱特 • W . 斯帕里的父亲为他们两个人改造了自家的车库，Westwood Associates 就在这个车库内成立了。实际上，Westwood 是加利福尼亚的一个城市，Westwood 的创始人路易斯 • 卡斯尔非常喜欢这个城市，虽然他没有去过，但制作组的名字仍然被确定为 Westwood。

当历史的时钟走过 1989 年的最后 24 小时的时候，全世界都在期待 20 世纪最后 10 年的来临，他们对未来的岁月充满了美好的憧憬，当年的人们已经预料到未来的计算机可以代替人类进行重要的工作，但是他们绝对没有想到计算机的发展速度会如此之快。

3.5　壮大——20 世纪 90 年代

回顾历史的时候会发现，计算机游戏真正的发展和强大是在 1990 年到 21 世纪初的这段时间里。欧美在电脑游戏领域披荆斩棘，而日本则在电视游戏领域独领风骚。很多游戏公司从小到大、从几个人的程序组发展到几百个人的开发公司，游戏产业用 10 年时间经历了其他行业用 100 年时间经历的兴衰变化。

1990 年，微软公司的图形界面操作系统 Windows 3.0 上市，个人计算机的图形化时代到来了。

1991 年，暴雪公司的前身 Silicon&Synapse 公司成立，1994 年以暴雪（Blizzard）之名推出 War Craft，如图 3-18 所示，并一举成名，此后，暴雪陆续推出了一系列享誉世界的经典巨作。

图 3-18　War Craft 重制版

1992 年，ID 发布第一人称射击游戏 Wolfenstein 3D，如图 3-19 所示。它使用前所未有的图形算法和逼真的视角，改变了整个游戏界，正式确立了 FPS 这一游戏类型。Wolfenstein 3D 成功的分销模式（免费下载和远程付费注册），也证明了好游戏可以通过共享软件方式获利。

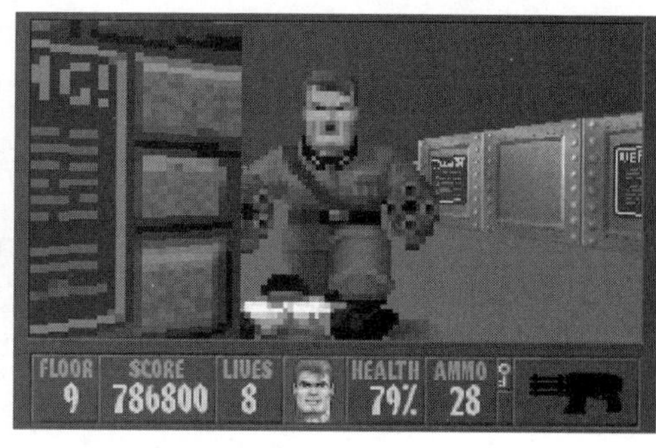

图 3-19　Wolfenstein 3D 画面效果

1993 年，DOOM（如图 3-20 所示）的成功发售让 ID 公司登上了业界之巅，共享版游戏的最终发行量突破三千万套，正式版游戏的销量也达到了三百万。该游戏至今仍保持在计算机游戏历史累计销量榜上的前五名。

图 3-20　ID 公司巅峰之作 DOOM

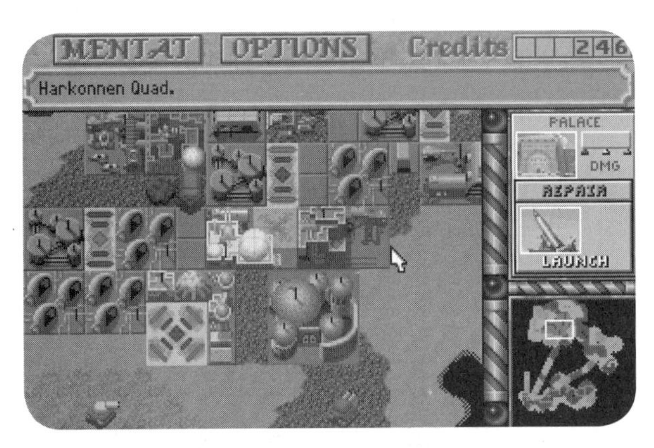

图 3-21　Westwood 划时代的作品 Dune 2

图 3-22　Myst 创下了当时计算机游戏史上的最高销量

1993 年，Westwood 推出了 Dune 2，如图 3-21 所示，随后又陆续开发《命令与征服》《红色警戒》等经典游戏作品，开创了 RTS 游戏时代。

1994 年，Myst（神秘岛）创下了当时计算机游戏史上的最高销量，如图 3-22 所示。这一年，多媒体家用计算机的销售进入腾飞期，全球游戏软件领军企业 EA（Electronic Arts）在美国纳斯达克上市，至 2003 年公司市值上升约 58 倍，超过美国股市平均涨幅 20 余倍。EA 目前在全球游戏软件公司中仍居于领先地位。

1995 年，微软公司推出 Windows 95 环境的 DirectX 游戏软件应用程序开发接口 API（Application Programming Interface），伴随着个人计算机的降价与普及，个人计算机发展为一个重要的游戏平台，并一直在全球游戏软件市场中占有重要份额。

1996 年，位于北美的 Blizzard（暴雪）公司发布了《暗黑破坏神》游戏，这款由 Blizzard 独创的 ARPG 风格游戏，创造了“杀怪 + 收集装备 +PK”的游戏模式，成为网络游戏的标版。即便是在今天，依然可以在绝大多数网络游戏中看到《暗黑破坏神》的基因。

1997 年，Intel 宣布推出增加 57 条多媒体指令的 MMX，CPU 对游戏的支持能力得到显著增强。同年 10 月，一家名为 3Dfx 的美国公司推出了一块叫作 Voodoo 的电脑显示加速卡，将家用游戏机上的 3D 技术带入到电脑游戏领域，让真实漂亮的 3D 画面开始出现在电脑游戏中，从此，电脑游戏进入了 3D 时代。

与此同时，真正对游戏业产生革命性影响的是互联网和宽带技术。分布在全球各地的计算机通过高速网络彼此连接起来，游戏开发商们很快开始利用这一新技术让玩者不再孤独地面对电脑，而是在网络游戏中自由驰骋。

1997 年，EA 发行了欧美第一个 MMORPG（Massively Multiplayer Online RPG）游戏《网络创世纪》（Ultima Online），如图 3-23 所示，游戏中创造了一个极为真实的虚拟世界，玩家可以在这片虚拟的大陆上做任何想做的事情。这种开放性的结构给全世界网络游戏玩家一个全新体验，使得它拥有约 19 万付费用户。

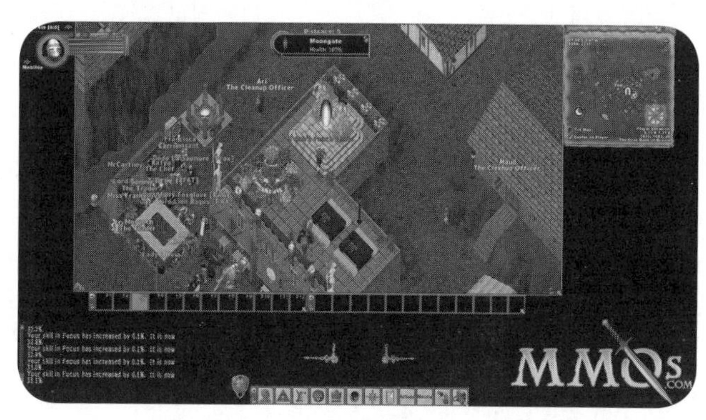

图 3-23　Ultima Online 游戏画面

1997 年，NC Soft 在韩国成立，次年推出 MMORPG 游戏《天堂》（Lineage），如图 3-24 所示，《天堂》于 2000 年由游戏橘子引进台湾地区，取得了辉煌战果，造就了游戏橘子在当时台湾地区第一游戏股王的地位。

图 3-24　《天堂 1》游戏重制版画面

1999 年，Sony 发行《无尽的任务》（Every Quest），收费

会员达 20 余万人。

3.6 飞速发展——21 世纪

2000 年初，游戏产业的规则悄然发生了变化。韩国在金融危机后迅速转型，探索出对网吧计费的全新收费模式，建设起拥有 3 亿美元出口规模、1400 多家游戏制作经营商、4 万 6 千多家游戏服务商、8 个游戏协会、10 家游戏大学、世界第二大的游戏产业群。

2000 年 7 月，第一款商业化运营的网络游戏正式登陆内地，它是台湾地区开发的《万王之王》，如图 3-25 所示。不久，第一款韩式网游《千年》由亚联游戏引入中国内地，《龙族》《传奇》《奇迹》等一个个韩国网游也紧随其后，相继进入中国市场。

图 3-25　《万王之王》是大陆第一个正式运营的网络游戏

图 3-26　《传奇》手游移植版游戏画面

2001 年 11 月，一个传奇般的网游奇迹开始诞生。谁也没有想到，一个在众多网络游戏精品中并不惊艳的产品，被盛大公司引入内地后，在独创的 IDC 合作运营、网吧直销系统等新模式的协助下，迅速抢占了内地的网游市场，并在两年内成为中国内地网络游戏市场中的最大赢家，这款游戏就是《传奇》，如图 3-26 所示。2002 年 7 月，《传奇》同时在线人数突破 50 万，成为世界上规模最大的网络游戏。

网络的开放世界让玩家有了全新的感官体验，带给玩家的是一个与现实截然不同的虚拟生活。对游戏的过度投入和游戏所带来的社会问题也引发了一场空前的社会大讨论。 网络游戏的成功，在于它创造了一种全新的商业运营模式，催生出一种充满生机的新兴产业。

与此同时，索尼公司于 2000

年推出游戏主机 PS2（Playstation 2），如图 3–27 所示，同年，微软公司公布 Xbox 计划，由此大举进入游戏领域。而任天堂公司随后宣布了 128 位主机 GC（Game Cube）计划。

2002 年，Xbox 上市引发三大游戏机相继降价后，电视游戏机竞争更加激烈，索尼公司的 PS、PS2 全球累计出货量已经超过了 1.3 亿台，打破了历代游戏机销量纪录。微软公司宣布五年投入 20 亿美金为 Xbox 建立网络游戏帝国 Xbox Live。根据 NPD Group 统计，2002 年全球游戏市场总产值达到 300 亿美元，而游戏产业的变化已是人所共知。

此时的网络游戏依然保持着迅猛的发展势头。2002 年，网易代理《精灵》这款韩式 3D 网络游戏，游戏公测时即创下相当高的上线人数。然而《精灵》在原厂设计时疏忽了对外挂的防范，导致游戏失去了公平性，成了毫无意义的数字游戏。《精灵》也因此销声匿迹。

同样，《传奇》服务器源代码流出，使得每一个拥有源代码的人都可以建立起自己的服务器。传奇私服一夜间遍地开花，成为网吧传奇玩家的新宠，大量的传奇玩家流失到私服之中。私服和外挂的寄生行为，打破了网络游戏赖以生存的商业模式，极大影响了中国网络游戏产业的正常发展。

此后，中国游戏市场饱经风雨，

图 3–27　游戏主机 PS2

图 3–28　《大话西游 ONLINE II》游戏画面

发展也逐渐稳定。网易《大话西游 ONLINE II》（如图 3-28 所示），曾在 2002 年春节前后突破了在线 20 万人的大关，挤入大陆网游的前 3 强。2003 年网易财报上，网游收入已经超越短信，成为网易的主营业务。经历了版权之争的盛大，也在运营《传奇》的同时立足自主开发，建立了国内最大的网游开发基地，推出《传奇世界》《神迹》等大型网游。而目标、金山等老牌开发厂商更是不甘落后，相继推出《天骄》《剑侠情缘》等大型网络游戏，瓜分游戏市场份额。

自此，觉醒中的中国游戏业已经摆开自主开发的战局，群雄并起、硝烟弥漫，韩国开发巨头 Ncsoft、Nexon 等也宣布成立大陆研发基地，更为这场大战火上浇油。大陆网游自主开发阵营的崛起，已经不再如十年前那样羸弱，当本土研发厂商在资本、技术方面有长足进步后，本土化优势将发挥无疑，我们可以预期，未来的中国游戏市场将会更加多姿多彩。

3.7 本章小结

本章从20世纪60年代第一款电子游戏的诞生，到20世纪后期电子游戏的繁荣发展，再到 21 世纪初电子游戏的飞速发展，详细介绍了电子游戏的发展历程。本章还对电子游戏发展史上具有革命性意义的典型事件进行了简单剖析，从宏观角度上分析了电子游戏发展的历史机遇和必然性。

3.8 本章习题

1. 简述第一个电子游戏的产生历史及电子游戏的三条基本原则。
2. 什么是《龙与地下城》规则？它是如何产生和发展的？
3. 请收集资料并研究暴雪公司的发展史及其企业特点。
4. 请收集资料并研究 Westwood 的发展史及其企业特点。
5. 请收集资料并研究大型网络游戏的起源。

第4章 中国游戏产业

教学目标

- 了解中国游戏产业的发展历程

教学重点

- 中国游戏产业发展历程
- 不同时间段中国游戏的典型案例

教学难点

- 单机游戏时代到网络游戏时代的产业变化

虽然目前中国的游戏产业还落后于世界领先水平，但是中国现在的游戏市场是巨大的。当前，中国几代游戏人正非常努力地追赶着世界游戏产业发展的步伐。

4.1 起点

1983 年 10 月，宏碁公司的创始人施振荣把旗下的媒体事业部划分出来，成立了第三波文化事业股份有限公司（后改名为“第三波资讯股份有限公司”），主营期刊杂志、图书、教育休闲软件和商用软件的代理发行。经典游戏《英雄无敌》（如图 4-1 所示），就是通过第三波代理进入国内的，华语地区第一家游戏公司由此诞生。

1984 年 4 月，第三波创办“第三波金软件排行榜”，以优厚奖金（约 5000 旧台币一套）鼓励大家自制游戏，优秀者还代为发行。这一活动促进了台湾地区原创游戏的发展。

1984年6月，四位年轻人决定成立一家专门从事中文游戏手册的出版和发行业务的公司，这就是精讯资讯，其中一位创始人就是大宇资讯的创始人李永进。

图4-1 经典SLG游戏《英雄无敌》

1984年12月，以沿街卖磁带起家的王俊博开始第三次创业，智冠科技有限公司在台湾地区高雄市成立。

1986年，精讯在台湾地区发布了中国人自制的第一款商业游戏——《如意集》。在欧美计算机游戏泛滥的游戏市场上，这款小游戏并未引起太多人的关注，但站在历史的角度审视，却能清楚地感受到它的分量。从这一天起，中国人学会了用游戏这种全新的媒体去表述我们的思想，诠释我们的文化。

之后的两三年间，智冠科技陆续签下30多家国外游戏公司的代理经销合约，成为亚洲地区最大的游戏发行商。

1988年4月，精讯创始人之一的李永进宣布脱离精讯自立门户，组建大宇资讯。《仙剑奇侠传》《大富翁》《轩辕剑》等经典游戏作品都出自大宇资讯，如图4-2所示。

图4-2 大宇资讯经典游戏《轩辕剑外传：云之遥》

1991年，台湾地区计算机游戏市场呈现智冠、第三波、大宇、精讯四方争霸的格局。

1992年9月，智冠在广州成立分公司。1994年5月，智冠北京分公司成立。

台湾地区游戏厂商之所以选择在大陆设立研发中心，除了看中大陆的市场潜力外，更重要的是为了获取廉价的人力成本和相应的优惠政策（当时大陆开发人员的薪资不到台湾地区的三分之一）。分工方面，通常是由总公司负责游戏的策划，以及高级动画、场景和人物的设计，大陆分公司则进行细部的设计和雕琢。

大陆最早的一批专业游戏开发人才就是在代工中成长起来的，通过代工，这些制作小组积累到了发展所必需的经验和资金，成为日后大陆游戏厂商的骨干力量。

4.2 成长

1993年，清华大学国家光盘中心下属的金盘公司，开始涉足游戏开发。1994年10月，国内第一款原创游戏《神鹰突击队》问世。

1995年3月，前导公司成立。同时，以开发WPS名声大噪的金山公司开始开发游戏《中关村启示录》，并在5月成立了“西山居”创作室，专门负责游戏的开发。同年，目标软件（北京）有限公司成立。

1996年2月，金山公司完成了游戏《中关村启示录》，在北京、上海、广州三城市同时举行首发式，如图4-3所示。作为一款模拟经营类的游戏，该游戏对现实的模拟十分逼真：股票、代理、贷款、研发，甚至挖墙脚。虽然在今天看游戏的制作水准很一般，但是在当时IT业刚刚兴起的年代，在国产游戏的启蒙时期，在欧美制作大规模涌进国内的前期，这个国产游戏的质量还是不错的。

图4-3　《中关村启示录》游戏

1996年5月，金山公司发行了求伯君策划与开发的一款游戏《中国民航》，该游戏仅用3个月就开发完成了。初期的国产游戏，都有很大的模仿成分，《中国民航》就和1995年光荣发行的《航空霸业2》有很多相似之处。模仿在初期是很正常的行为，借鉴他人的优点更有利于发展自己的游戏。

前导公司于1996年5月份发布的《官渡》取材于中国三国时期的官渡之战，如图4-4所示。《官渡》的发行，也奠定了前导公司在国产游戏中的地位。与当时的

图4-4　《官渡》游戏首发版

国内其他游戏公司相比较，前导公司因为拥有素质较高的人力资源，有开发大型软件项目的经验和实力，逐渐成为国产游戏公司中为数不多的成功者和中流砥柱。但是，游戏的成功并不代表公司能赢利。产品上市后，一直困扰国内游戏公司的问题——盗版软件铺天盖地而来，如果不是有海外版税收入，前导公司可以说并不赢利。同时，管理不善的问题也暴露出来，这些都为前导公司后来的危机埋下了伏笔。

1996年，游戏界最吸引公众目光的不是某款游戏，而是一个特殊的事件。8月的时候，日本光荣公司中国天津分公司发行了《提督之决断》。作为光荣的经典作品之一，这款游戏的游戏性不容置疑，但是由于该游戏在情节设计与情感倾向上存在着明显的对历史的背离与歪曲，故而发行之后引发了广泛的争议。事件发生后，中央电视台《焦点访谈》节目、《北京青年报》等主流媒体先后对此做了采访报道，并就此引发了以“正视电脑游戏的文化属性”“发展我国自己的游戏文化”等为主题的大规模讨论。整个社会开始对游戏以及游戏业真正关心、关注起来。

4.3 涅槃

1996年以前，内地比较规范的游戏研发公司只有金盘电子、西山居、前导软件、腾图电子和尚洋电子五家，以及一些合资公司设于大陆的制作组，如立地公司旗下的创意鹰翔、北京智冠公司旗下的红蚂蚁等。

1996年是大陆游戏市场的黄金时期，当时一款中等以上品质的游戏即可售出一万套，品质突出的更是可以卖到五万套以上。于是从1997年开始，大批知名或不知名的公司涌入游戏市场，其中既有出版社、硬件厂商、软件厂商，也有许多根本不具备研发实力的兴趣小组。他们前赴后继，掀起了一股单机游戏热，可惜无论投资者、运营者还是研发者，均缺乏对市场环境和游戏研发的基本认识，这为泡沫的破裂埋下了伏笔。

1997年4月，国内游戏业发生“血狮事件”。尚洋电子迫于各种压力，将不成熟的产品《血狮——保卫中国》推向市场，如图4-5所示。但前期市场宣传的到位使用户对此产品的期望度很高，强烈的反差使玩家开始不信任制作组，甚至抵制国产游戏制作组。

1997年，金山公司西山居工作室推出《剑侠情缘》，受大环境影响，业绩并不突出。

1997年下半年，国产游戏的大环境急转直下，大批中小公司甚至尚未有产品问世即告解体。这一年，退出者远远超过进入者，吉耐思、捷鸿软件、麦思特电脑、智群软件、辉影软件、大恒光盘、万森电子、鸿达电子、金钟电子、雷神资讯、雄龙公司等数十家公司先后退出，进入的只有金仕达、苦丁香、金智塔、盘古、北极星等不多的几家。

在产业的最底层，还有更多原本就没有资金支持的制作组在苦苦挣扎。

1998 年，随着金盘电子、腾图电子和前导软件的退出，国产游戏全面亮起红灯。

图 4-5　《血狮》的宣传画

4.4　重生

经过一年时间的调整和整顿，国产游戏开始渐渐恢复元气，相继有一些优秀的作品推出。

1999 年 4 月，金山公司西山居工作室的《决战朝鲜》发行，如图 4-6 所示，这是以朝鲜战争为背景的回合制战略游戏，且加入了一些即时的成分。游戏上市后在短时间内异常火爆。

图 4-6　《决战朝鲜》游戏画面

1999年9月，沉寂两年的尚洋电子携《烈火文明》而来。《烈火文明》是以未来为背景的RPG游戏，无论在测试阶段还是发行之后都获得了很多玩家的好评，其出色的画面和音乐在当时很少有游戏能做到。从《血狮》到《烈火文明》，可以看出游戏公司在反思、在进步。

1999年的游戏还有逆火的《战国——嗜魂之旅》《世纪战略》，火凤凰的《太极张三丰》，祖龙的《自由与荣耀》。这一年，波澜不惊，在平淡中，国产游戏业跨越了千年世纪。

2000年6月24日，《剑侠情缘2》发行。游戏引进了ARPG模式的即时战斗系统，运行流畅，背景音乐悠扬动听，具备古典气息，情节跌宕起伏，成就了一个新的经典。《剑侠情缘2》成功培养了一批忠实的玩家，这既说明了国产游戏制作水平的提高，也反映了我国民族传统文化的魅力所在。

目标软件的《傲世三国》是2000年的焦点，如图4–7所示。作为第一款参加E3大展的国内游戏，游戏12月正式上市，即引起市场轰动。之后更是获得多项国内外游戏奖项，并于2001年3月在全球发行英、法、日、德、意、韩等16种语言版本，真正地迈出国门，走向世界，成为国产游戏的骄傲。

图4–7　《傲世三国》是第一个真正走出国门的游戏

2000年也被称为中国网游元年。这年7月，华彩公司在大陆发行了第一款多人在线角色扮演类游戏——《万王之王》，这是第一款中国自主开发的3D网络游戏，也是第一款真正意义上的中文网络图形Mud游戏，获得了巨大的成功。

2001年1月，由北京华义代理的《石器时代》正式上市，如图4–8所示，同年2月，由亚联游戏代理的《千年》开始测试，4月正式收费。

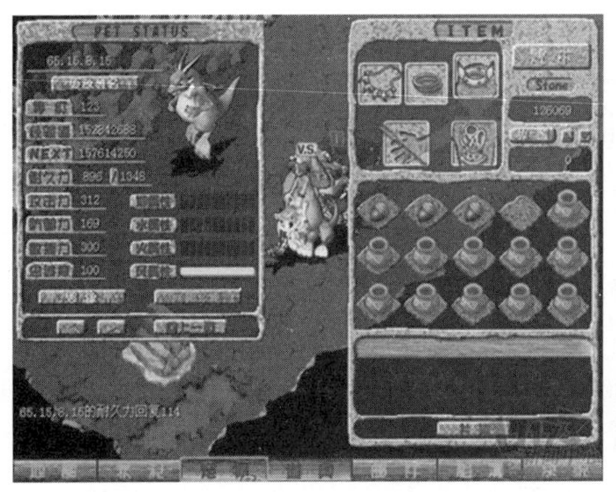

图 4-8　《石器时代》网络游戏画面

2001 年，天人互动软件技术有限公司在北京成立。当年，它与 SEGA 结成 PC 游戏业务的战略合作关系，发行了《樱花大战Ⅱ》《文明Ⅲ》《无冬之夜》等经典游戏。2002 年，它引进欧美网络游戏《魔剑》（Shadow Bane），这是首款在中国测试的欧美网络游戏。

2001 年 5 月，联众世界经过 3 年多的迅速成长，以同时在线 17 万人、注册用户约 1800 万的规模，成为当时全球用户数量第一的在线游戏网站。

2001 年末，上海盛大代理的韩国网络游戏《传奇》正式上市，2002 年盛大宣布《传奇》最高同时在线人数突破 50 万，成为全球用户数量第一的网络游戏。

2002 年 8 月，第九城市为其代理的《奇迹》展开测试活动。

2002 年 11 月，新浪网正式签约《天堂》，标志着国内第一门户网站介入网络游戏领域。

2003 年 5 月 23 日，腾讯第一款网络游戏《凯旋》开始内测。

2003 年 7 月，金山航母级作品《剑侠情缘 Online》正式内测，如图 4-9 所示。

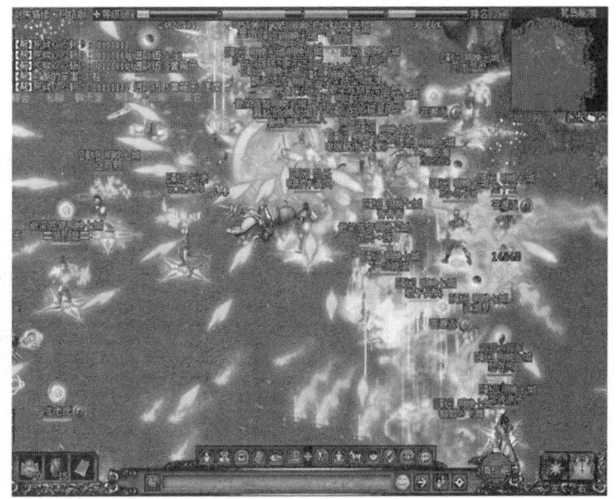

图 4-9　《剑侠情缘 Online》游戏截图

2003 年 9 月，网络游戏正式被列入国家 863 计划，政府投入 500 万元支持原创网络游戏开发，金山和北京世模科技成为 863 计划的第一批受益者。

2004 年 4 月，第九城市取得了《魔兽世界》在国内的独家代理权。作为当时世界网络游戏最高制作水准的代表，《魔兽世界》的引进不仅为玩家们打开了一扇大门，也为中国网络游戏提供了一个新的典范。

2006 年，以 Web 浏览器为基础的网页游戏开始出现，这种不需要下载游戏客户端，没有硬件要求的网游模式迅猛发展，涌现出《神仙道》《神曲》《弹弹堂》等一批经典作品，但因为部分厂商急功近利，追求短期效益，使得产品良莠不齐，也给网页游戏的市场口碑造成了一定影响。

2009 年，随着智能手机逐渐普及兴起，《愤怒的小鸟》《水果忍者》《神庙逃亡》《保卫萝卜 2》《捕鱼达人 2》等优秀游戏纷纷涌现，中国游戏行业也正式开启了移动游戏开发的浪潮。

2018 年，游戏版号首次收紧，助推了中国游戏厂商出海。2019 年出海的中国手游收入超过 1 亿美元的共有 12 款游戏，2020 年增加到 37 款，2021 年这个数据又增加到 42 款。中国游戏经过多年的发展，已逐渐成熟，在世界市场的影响力与日俱增。

4.5 本章小结

本章从中国第一家游戏公司的诞生，到中国游戏产业陷入低谷，再到中国游戏产业步入高速发展的时期，详细介绍了中国游戏产业的发展历程。本章通过一系列典型事件着重介绍了各个时期中国游戏产业所面临的机遇和挑战。

4.6 本章习题

1. 请查阅资料并分析作为中国游戏业摇篮的台湾地区目前的行业格局。
2. 请查阅“血狮事件”的相关资料，分析该事件中值得借鉴的启示。
3. 1997—1998 年国内游戏业陷入低谷的真正原因是什么？
4. 你认为网络游戏大潮之后，新的行业契机可能出现在哪些方面？
5. 从产业发展的角度看，中国游戏行业的当务之急是什么？请分析原因。

第5章 游戏市场发展与展望

教学目标

- 了解当前国际游戏市场的现状和特点
- 了解当前国内游戏市场的现状和特点
- 展望未来中国游戏市场的发展前景

教学重点

- 当前国际游戏市场的特点
- 当前国内游戏市场的特点

教学难点

- 中国电子游戏市场分析

任何产业发展到一定时期，都会因为竞争、资源、周边产业的变化而使自身产生改变，游戏产业也不例外。把握现在、展望未来是在长期竞争中制胜的法宝，本章将探讨游戏业的市场走向与未来发展。

5.1 国际游戏市场

从世界范围来看，游戏产业作为高新技术产业和娱乐消费产业，必然集中于经济、科技、消费相对发达的地区。其中，比较有代表性的分别是美国（包括部分欧洲公司）、日本、韩国，它们各自以不同的文化背景与商业模式发展了不同的游戏及游戏产业风格。

5.1.1 美国游戏市场

美国游戏市场是全世界游戏市场的主要支柱，根据美国市场调查公司 NPD 集团的调查统计，美国 2014 年游戏总销售额（包括家用、掌上型主机及软件）为 199 亿美元，占全球游戏市场的 45%。其中游戏软件销售的具体数字是：视频游戏软件的销售额达 152 亿美元（10 亿套），PC 游戏软件销售额达 120 亿美元（4500 万套），掌上机游戏销售额达 110 亿美元（4230 万套）。2015 年大约一共有 24 亿套游戏售出。据估计，美国每个家庭平均购买过 3 部以上游戏。

由于美国游戏市场的增长已进入稳定期，其中，控制台游戏和 PC 单机游戏占据着绝对的主导地位，因此，网络游戏的普及受到了较大的阻力。此外，Xbox 和 PS2 等游戏机平台上的网络游戏也分走一部分用户。对比单机游戏的辉煌成就，市场成长空间的狭小和巨头之间的竞争导致美国网络游戏厂商面临着较大的压力。近日，数据调研公司 Newzoo 公布一份 2022 年的游戏市场数据报告。2022 年游戏市场的收入仍在增长，将达到 2031 亿美元，同比增长 5.4%，创下历史新高。今年全球玩家数量也将突破 30 亿，年底将达到 30.9 亿。从游戏消费收入来看，到 2022 年，美国将以 505 亿美元将超过中国的 502 亿美元，如图 5-1 所示。这主要是由于中国限制版号发行，限制未成年人游戏时间导致的。不过亚太地区仍是收入最高的地区，且与其他地区差距巨大。

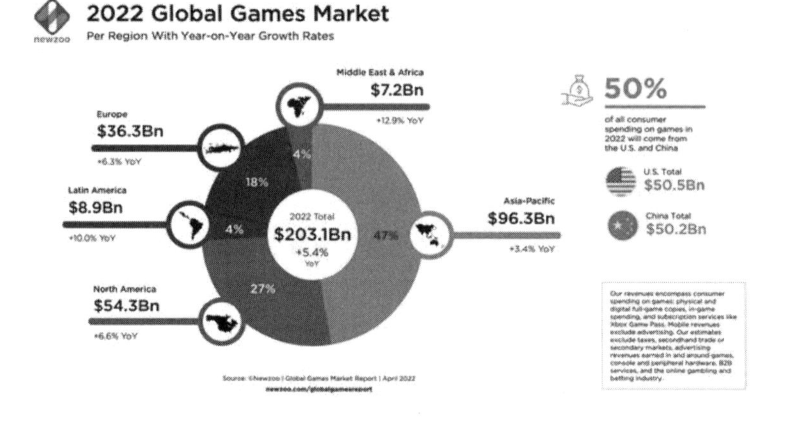

图 5-1　2022 全球游戏市场同比增长率

5.1.2 日本游戏市场

从 20 世纪 60 年代以来，没有一个国家像日本那样疯狂地赚电子游戏的钱。从 20 世纪 60 年代初的街机，到六七十年代的家用游戏机，再到八九十年代的掌上游戏机，日本经过 50 多年的耕耘，终于把电子游戏这棵“摇钱树”培育成第一时尚娱乐产业，垄断全球游戏界长达数十年。对于日本来说，电玩业已是国家经济的重要支柱之一，在 GNP（国民生产总值）中占有举足轻重的地位（占比达 1/5）。日本游戏业在最辉煌的 1998 年，曾经占领全球电子游戏市场硬件 90% 以上，软件 50% 以上。

日本游戏市场的一个独特之处是，个人计算机上的单机及多人在线游戏并未成为游戏市场的主流。这主要是因为日本个人计算机普及较晚和价格昂贵，同时各种家庭游戏机又极为盛行。日本家庭拥有游戏机与个人计算机的比例分别为 46% 和 26%，2002 年日本 PC 游戏与游戏机游戏的市场比例为 1 ： 9。

日本整体经济长达十年的低潮，使游戏人口逐渐减少，其游戏市场自 2008 年以来一直萎靡不振，日本游戏制作也日渐缺乏新意，抄袭严重，这正是日本游戏业因过度商业化而面临的严重危机。伽马数据和 Newzoo 发布的《2019 日本移动游戏市场调查报告》显示：2019 年，日本移动游戏市场规模预计达 114.8 亿美元，近三年复合增长率达 18%。但 2019 同比增长预计仅有 3.8%，连续两年增长率保持在个位数，这主要是受到用户规模与用户结构的限制。从全球范围来看，日本在 2018 年仍为全球第二大移动游戏市场，但受增速影响在全球市场的占比逐年下降，2018 年几乎与美国移动游戏市场规模持平，但仍稳居全球前三。日本移动游戏市场经过近几年的激烈竞争，在移动游戏产品的研发、推广、运营等方面已经在全球范围获得了较大竞争优势，因此在日本市场中移动游戏市场规模增长较快，2018 年较 2017 年规模增长接近 100%，如图 5-2 所示。

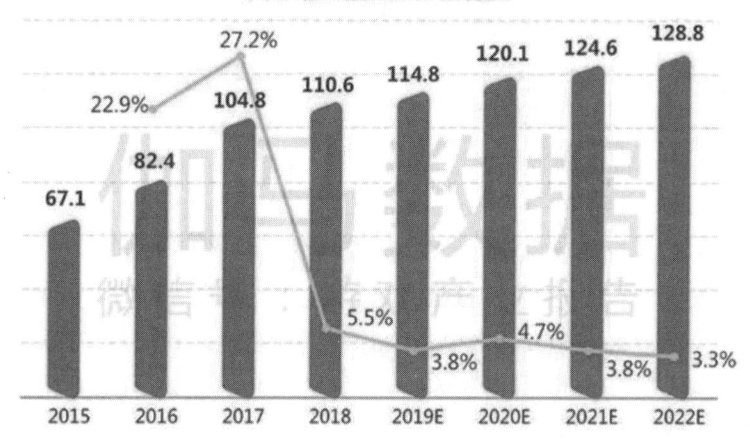

图 5-2　日本移动游戏市场规模

5.1.3 韩国游戏市场

历史上最早的多人游戏 MUD（Multi-User Dungeon）于 1979 年出现在英国的埃塞克斯大学，而最成功的 MUD 游戏则是 1989 年 8 月卡耐基·梅隆大学的一位研究生写的 TinyMUD。毫无疑问，欧美由于其网络先驱的地位以及网络化普及的程度，一直就处于在线游戏的潮头。然而韩国随着网络游戏产业的蓬勃发展，逐渐后来者居上。

近些年来，即使处于经济发展速度下降的大环境下，韩国游戏产业仍能够达到每年 15% 的惊人增长速度（2006—2012 年数据统计）。2015 年，韩国的游戏产业市场规模达到 120 亿美元。其中网络游戏和手机游戏发展迅速，网络游戏已成为游戏市场的主导，占整个市场的 62%。手机游戏持续快速发展，增长率达到 45%。而相比之下，计算机、投币游戏等单机游戏呈下降趋势。

目前韩国的网络游戏人口约 800 万人，市场上约有 1600 多家网络游戏公司，其中一半以上是研发公司，每年有 1000 ~ 2000 套网络游戏产品问世。产品同质化是韩国游戏业最大的问题，但其良好的产业氛围使之持续发展性很好。

5.1.4 开发及运营方式分析

在美国及部分欧洲国家，游戏界分为发行商和开发商两大集团。在这种市场结构中，游戏开发商并不是游戏产业的核心，发行商才是美国游戏产业链的核心环节。

在国外，开发游戏通常是由出版商借钱（与投资并不完全相同）给开发商，等到产品完成之后开发商可以得到利润的 20% ~ 30%。如果是顶级游戏开发商，也许可以得到利润的 60%，不过这是极少数的情况，大部分开发商的利润都是达不到这样的比例的。开发商要在规定期之内完成游戏的制作，如果延期，出版商就会提出条件，如占有开发商的股份或者降低开发商的分成比例。

这样的开发模式通常也叫版税金预付，即发行商预先借给开发商的钱相当于游戏的预付版税。资金不是一次到位，而是由发行商安排专门的项目经理监控游戏的开发进度，根据开发进度注入资金。为降低风险，大多数有实力的发行商都会组建自己的开发团队或收购第三方开发资源。此外发行商还要承担本土化、生产 / 分销、市场推广 / 公关等后续工作。在整个产业链中，发行商的风险最大，利润也最高。从 2000 年开始，来自电影业的“完成保证”（Completion Bonds）制度在游戏业内被采用，有了银行的加入，发行商的投资风险被大大降低。

这种模式的好处是，开发商可以专注地开发游戏而不用管市场开发等工作；发行商专注于市场的开发、调研等事务，是整个开发过程的核心指挥。简单地看，其分工形式和软件外包有些类似，这是一个社会化分工的进步。

5.2 中国游戏市场

目前，中国游戏市场已经成为国际公认的最具发展潜力的市场，产业产值每年都以近50%的增长率高速增长。然而，相比于世界游戏产业数百亿美元的市场，我们的路还很长，发展空间也很大，产业发展呼唤民族游戏企业迅速发展壮大。中国游戏市场的特点是网络游戏占据绝大半江山，单机游戏已基本失去空间，控制台游戏和掌上游戏市场尚未加速。

5.2.1 机遇与挑战

不管人们愿不愿意承认，休闲娱乐已经成为这个时代的重要特征。这意味着人们在完成必要的工作和学习之外，可以自由支配的非功利的纯粹娱乐消费的时间和资金增多。时代越进步，经济越发展，人们用于休闲娱乐的开销也会越大，这是社会进步的特征。

早在20世纪，世界各主要发达国家和地区就已经实现了由生产型主导社会向消费娱乐型主导社会的过渡。进入21世纪，席卷全球的数码娱乐业成为西方发达国家的主导产业，而电子游戏融合传统数码娱乐的精华，集高科技、娱乐性、交互性、叙事性、竞技性、仿真性等诸多娱乐要素，成为当今电子娱乐产业的前沿和先锋产业。

高速发展的中国已经无可争议地成为全球最大的游戏产业潜在市场。尽管由于种种原因，中国的游戏产业在总体水平上与发达国家相比还有相当大的距离。但是自2000年以来，中国的游戏产业特别是网络游戏领域得到了长足发展，增长速度十分可观。中国的游戏用户数量、付费用户数量、网络游戏数量及销售收入都在持续快速增长。种种迹象表明，中国的游戏产业正处于重要转型的前夜。中国的游戏产业政策和市场环境正在趋于好转，产业自律不断加强，中国的游戏产业总体上呈现出由混沌走向有序的发展态势。

相比周边环境，中国的游戏市场处于一个特殊的盆地谷底，“盆底”地位带来独特的势能效应。周边国家和地区的游戏产业起步比中国内地早，发展层次和技术水平高，市场发育更成熟，中国内地则拥有最大的潜在用户消费市场。成熟的游戏产品和饥渴的市场需求之间形成强有力的引力，这是周边国家和地区对于中国内地市场难以割舍、不离不弃的原因，也是中国游戏产业面临的特殊形势，中国游戏市场的机遇与危机都由此产生。中国的游戏市场是一个被抑制了的市场。这个事实带来两种可能的结果：一是借助被压抑的动能，整合优势资源，抓住后发机遇，在网络游戏领域实现突破性发展；二是政策环境与市场环境一如既往，国内网络游戏市场小步慢走，国内游戏产业永远在生态链的最底层分拣利润余利。因此，中国游戏产业正面临机遇与挑战并存的局面。

5.2.2 中国网络游戏市场分析

在网络游戏大潮席卷中国之前，游戏行业的发展历史已经超过20年，早已成为同影视、音乐等并驾齐驱的全球最重要的娱乐产业之一。娱乐无国界，但是中国游戏市场的发展却一直不甚理想。并非是游戏在中国没有市场，相反还相当流行。影响其市场发展的主要阻力在于盗版猖獗。网络游戏出现后，因为其收入主要来自运营服务，所以面临的问题是私设服务器与外挂。“私服”远比盗版容易控制，所以影响网络游戏市场发展的主要因素实际上同宽带用户的数量和居民娱乐倾向直接相关。

很长一段时间里，中国大部分网络游戏内容由韩国游戏开发商提供，而中国的游戏运营商只将其本土化。在运营商的成本中，很大一部分是购买游戏内容，以及游戏内容开发商的收入分成。随着时间的推移，韩国游戏内容的许可和引进费用逐年增加，加之本国文化内容可能更有吸引力，于是越来越多的游戏运营商开始自行开发游戏，虽然研发费用会大幅增加，但购买支出降低，游戏开发商的收入分成同时减少。

近年来，我国网络游戏市场欣欣向荣，诞生了腾讯、米哈游、莉莉丝等游戏新势力。同时，伴随Z世代的崛起、TapTap与B站等社区型平台的涌现，以及二次元品类游戏不断发力，从内容与媒介端逐渐从小众破圈。2020年，我国网络游戏用户规模达到5.18亿人，移动游戏用户规模为5.16亿人，如图5-3所示。

而伴随着国内网络游戏不断创新，变现模式由2016年的1655.7亿元增长至2020年的2786.9亿元，如图5-4所示。

值得关注的是，近年来我国网络游戏自主研发实力不断增强，国产游戏市场规模稳步增长，由2016年的1182.5亿元增长至2020年的2401.9亿元，国产游戏规模占比也由2016年的71.4%增长至2020年的86.2%，如图5-5所示。

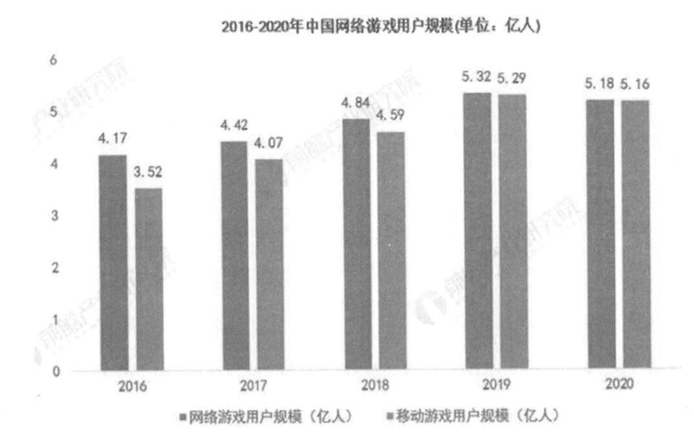

图5-3 中国网络游戏用户规模

5.2.3　中国移动游戏市场发展趋势

易观数据显示，得益于整体市场回暖，同时也受客户端游戏和网页游戏市场的持续调整，中国移动市场占网络游戏市场比例在2019年得到了较大幅度的提升，达到了68.6%；而随着2020年移动游戏市场的继续走强，达到了77.7%。

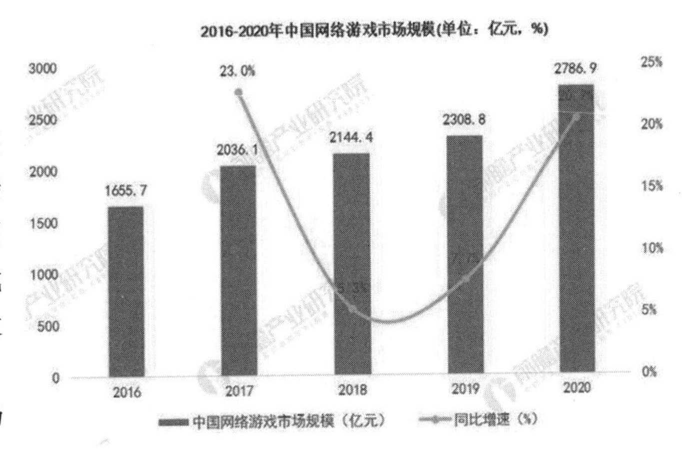

图5-4　中国网络游戏市场规模

从市场基础看，移动游戏的用户规模、习惯等基础都优于客户端游戏和网页游戏，且后者的市场集中度远高于后者，因此端游和页游市场的新产品供应不足的问题也被持续放大，随着存量产品的生命周期逐渐步入后期，市场规模的增长阻力持续加大。另一方面，以主机/单机为主的非网络游戏市场正在持续成长，也在一定程度上分流了客户端游戏用户的消费。

图5-5　2016-2020年中国自主研发国产游戏市场规模

网页游戏市场将继续调整，而客户端游戏市场的不确定性则相对较大，但可以肯定的是，如果未能诞生具备出色创新性和巨大影响力的爆款产品，其市场规模占比的下滑将难以扭转。同时，移动游戏将在厂商、用户和技术等因素的影响下继续成长，继续发挥其作为网络游戏市场的核心作用。近年来中国网络游戏细分市场结构，如图5-6所示。

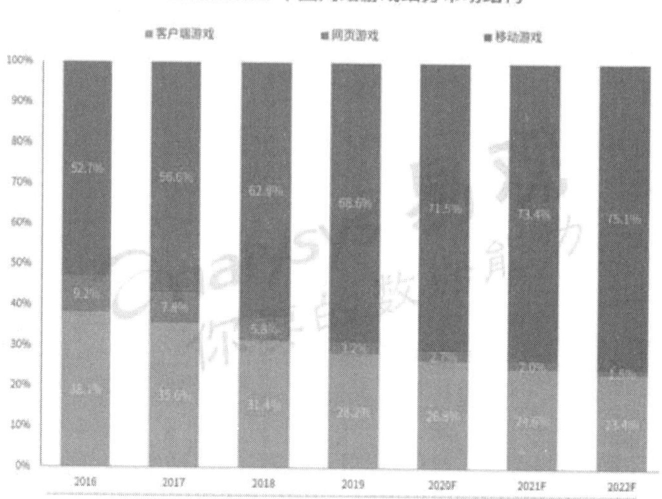

图 5-6　中国网络游戏细分市场结构

易观数据显示，2019 年中国移动游戏发行市场规模仍保持基本稳定，主流厂商的市场份额持续扩大。其中，腾讯游戏虽然核心竞技游戏的运营相对注重长线，同时持续加大海外市场的投入，但依靠其强大的市场资源优势和供应充足的精品发行体系，仍占据 51.86% 的市场份额；网易游戏在《梦幻西游》《阴阳师》等长线产品的持续运营基础上，以 15.81% 的市场份额占据第二；三七互娱在 2019 年实现了产品和业绩的爆发，自一季度开始持续发行多款成绩顶尖的精品产品，从而推动其市场份额增至 10.44%；中手游依靠多元化的精品能力，成为 MMO 市场的领先者之一，驱动其市场份额继续增加至 2.53%。整体而言，主流厂商所积累的资源和产品优势正在随着产业升级持续释放，市场竞争仍将处于较为激烈的阶段，如图 5-7 所示。

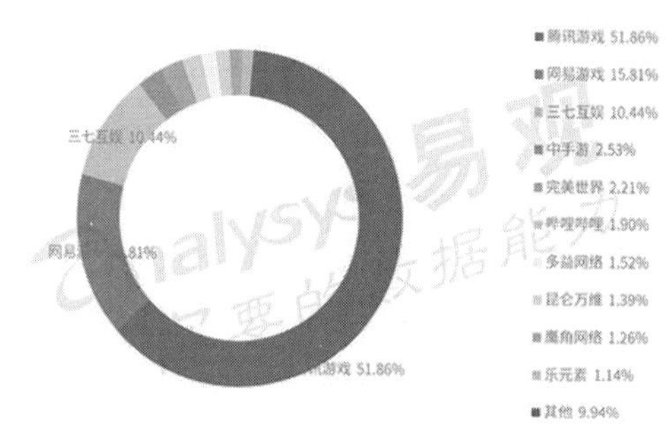

图 5-7　2019 年中国移动游戏发行竞争格局市场规模

此外，对网络游戏运营商而言，关键的问题在于如何吸引游戏玩家，需要做的就是升级（而非全面更新，因为游戏玩家对某种具体的网络游戏有很强的忠诚度）游戏内容、提高服务质量。

5.2.4　网络游戏加电子商务

盛大 CEO 陈天桥曾经在对 2005 年的展望时说到："2005 年会是融合的一年，融合的趋势将至少体现在 3 个方面：一是技术与技术的融合；二是技术与内容的融合；三是技术内容结合后，与社会产生融合。"其实融合无时无刻不存在，作为互联网里最受人关注的两个明星——网络游戏和电子商务，两者的融合可堪称为天作之合。

网络游戏使无数玩家为之倾倒，而网游点卡这个网游的天然产物，成为网络游戏赢利的重要载体，网游点卡的销售也是网络游戏与电子商务融合的最初结合点。

首先，网络游戏拥有的都是对互联网有很强依赖性的网民。他们接受新鲜事物能力很强，追求高效快速的生活节奏。而在电子商务平台上，玩家全天候 24 小时随时可以登录到网上挑选自己想要的网游点卡，操作步骤为：①下订单；②进入银行界面输入自己的银行卡号和密码进行支付；③支付成功后，购买的网游点卡账号和密码将在弹窗内和 Email 邮件中实时提供。简单的 3 个步骤，用时不到 1 分钟，用户就可以完成购买过程。而 7×24 小时的点对点在线客服系统，更是利用网络的优势，将及时、有效、贴切、低成本的售后服务发挥到了极致。先进的技术、高效便捷的购买方式、优惠的价格、全新的服务，当然受到玩家的欢迎，也逐渐形成了一种网游点卡购买趋势。

仅就电子商务公司云网（www.cncard.com）而言，从在线销售第一张网游点卡到全面代理网易一卡通，再到在线销售国内所有主流网游点卡，2007 年从云网销售出去的网游点卡已经占到了整个市场份额的 10% ~ 30%，不得不让人惊叹这又是网络游戏领域的一个新的"奇迹"。

有了良好的开端，云网又凭借其强大的在线支付平台，和多年积累的对网络游戏的理解及玩家对其的认可和信赖，在 2004 年里开通了基于 C2C 模式的虚拟装备交易平台，玩家提供了一个安全、公平、专业的交易平台，这在扩展了业务范围的同时又维护了网络游戏的健康有序发展，同时也扩展了网络游戏的赢利模式，进一步加大了电子商务与网络游戏的融合力度。

5.3 本章小结

本章首先通过对美国、日本和韩国的游戏产业进行简单分析，概括了当前国外游戏产业的现状和特点。其次着重剖析了中国游戏市场现阶段的产业模式和市场组成，提出了中国游戏市场目前存在的机遇和挑战。本章最后对中国游戏产业未来的发展方向做出了展望。

5.4 本章习题

1. 美、日、韩等国游戏产业有何特点？
2. 中国游戏市场存在哪些机遇与挑战？
3. 电子商务与网络游戏已有哪些结合点和新的模式？
4. 展望5年后中国游戏发展的新模式。

第6章 游戏开发人员需求及过程

教学目标

- 了解游戏开发中的人员岗位划分
- 掌握游戏开发的基本流程
- 了解各岗位在游戏开发流程中的主要职能

教学重点

- 游戏开发的基本流程
- 各岗位在游戏开发流程中的主要职能

教学难点

- 各岗位之间的相互配合

游戏软件是制作难度最大的软件，它的开发需要一整套的流程控制。同时因为游戏是文学、美术、音乐和软件等多种内容的综合体，所以需要由具有不同类型和技术背景的人共同合作来完成。

本章主要探讨关于游戏开发过程及人员需求方面的内容。

6.1 游戏开发的人员需求

一款网络游戏从研发到收费，需要由哪些人才进行运转？其亿万的价值是如何创造的？游戏开发的关键是人才的配置与使用。游戏开发涉及的人才种类很多，综合起来共七大类，如图 6-1 所示。

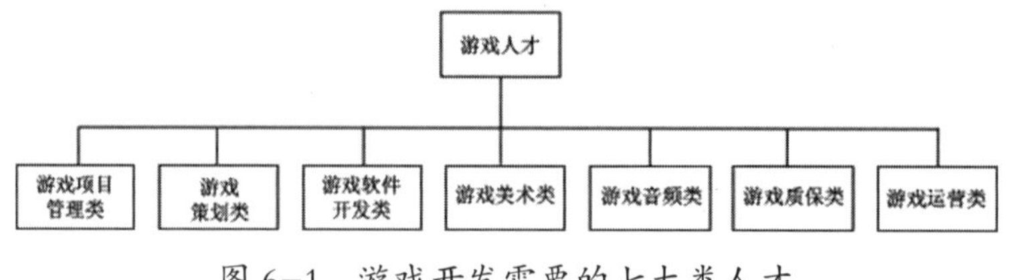

图 6-1　游戏开发需要的七大类人才

6.1.1　游戏项目管理类

游戏项目的管理是项目开发最重要的组成部分。很多开发团队的能力受到局限，并不是因为缺少程序员或美术设计师，而是缺少项目经理等管理人才。游戏项目可以分为很多不同的部分，由不同的人来负责不同范围或层次的管理，例如制作人、开发经理、项目经理等。

6.1.2　游戏策划类

游戏的内涵全部都出自于策划的创意，策划师的工作成果就是游戏的灵魂。策划工作涉及的岗位也很多，其中包括负责游戏总体控制的主策划师、负责关卡和任务设计的关卡设计师、负责文案写作的剧情文本设计师、负责游戏规则设定的规则设计师、负责平衡性调整的数值平衡师等。

6.1.3　游戏软件开发类

策划人员制作了游戏的蓝图，但是如果软件编程人员不具体实施，就不会产生任何游戏。软件编程人员的作用显然就是编写代码，比如 3D 引擎、网络库等。游戏软件一般都很庞大，代码多在数十万行以上，将编程工作做适当分工是非常必要的。一般来说，游戏软件编程人员涉及的岗位有引擎开发工程师、工具开发工程师、客户端 / 服务器端开发工程师等。如果在大的开发企业，可能会进一步按专业分工细化为图形开发工程师、人工智能开发工程师、物理系统开发工程师、音频开发工程师等。

6.1.4　游戏美术类

美术是游戏产品的基础构成元素之一，它能带给玩家最直观的感受。游戏中的图标、界面以及游戏中出现的各类角色、装备、道具、动作、特效等都属于游戏美术的工作内容。根据游戏的类型与风格，游戏美术的创作包括二维图像、三维模型、素描、卡通等多种类型，资源数量可以达到数百甚至上千，因此只有技术成熟、配合默契的美术团队才能有效控制制作进度，顺利完成十分艰巨的工作任务。一般来说，游戏美术团队包括原画师、2D 设计师、3D 模型师、3D 动作 / 动画设计师、特效设计师等岗位。

6.1.5　游戏音频类

游戏中的音频包括背景音乐、音效、对白配音等，相对应的岗位是作曲、音效设计师、录音 / 播音员等。值得注意的是，由于音频制作具有极强的专业性，需要非常昂贵的专业音频处理设备，如图 6–2 所示。出于成本方面的考虑，大部分中小型公司会将音频制作工作外包给专业的第三方团队，而不在公司内配备该类型的人才。

图 6–2　专业的音频处理设备

6.1.6　游戏质保类

质量保证（QA）是游戏开发中非常重要的组成部分。通常情况下，在游戏开发中期，游戏公司就会基于一个基础架构和玩法生成测试版本，并安排专门的测试人员介入。游戏测试人员大致分为两种：一种是软件测试人员，他们更偏向技术，主要职责是通过技术手段发现程序本身的 Bug 并提交，很多公司将他们归入软件开发类人才，甚至直接由编程人员完成测试工作；另一种是游戏逻辑测试人员，一般会采用“玩游戏”的方式来测试游戏的基础玩法、难易度、平衡性等。

6.1.7　游戏运营类

很多人认为游戏运营与游戏开发关系不大，这是一个误区。任何一款游戏在立项之前，都离不开基本的市场调研。同时，由于游戏项目开发周期较长，在研发过程中，要及时了解瞬息万变的市场动态，这些都离不开运营的各种调研工作。科学而有效的市场调研，不但能帮助公司完善未来执行的市场政策，还是调整研发方向、优化游戏功能的必要参考。游戏运营类人才包括市场推广专员、渠道专员、客户服务工程师、GM 等。在游戏行业的研发、运营和渠道三元模式下，运营商经常会让其市场策划人员提前介入到开发过程中，而客户服务工程师及 GM 的提前介入工作能显著提高服务质量。

不同的开发团队有不同的组织结构，但核心群体依然是策划、程序和美工三大类，许多游戏公司的高级管理人员都是由这三类人成长起来的。

6.2 游戏开发过程

游戏软件由于其复杂性，开发周期往往长达数年。在这数年中，一般需要经过如图6-3所示的几个阶段，才能完成整个产品。

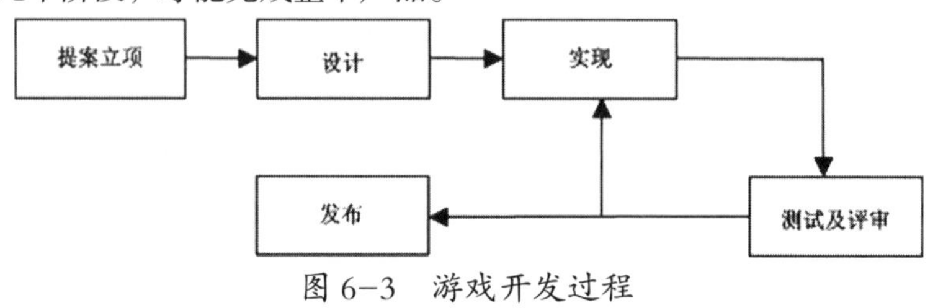

图6-3　游戏开发过程

6.2.1　第一阶段——提案立项

提案立项阶段要做的主要工作是明确要做什么样的游戏、游戏的名称是什么、采用何种表现方式（2D、2.5D、3D等）、游戏的特色是什么、在什么样的平台上实现、人员如何搭配等问题。

任何公司开发游戏的最终目的都是为了赢利，作为游戏开发者，应该针对市场来设计游戏，而不能仅凭个人的喜好来设计游戏。能被大多数人接受的游戏才是一款好游戏，才能更好地赢利。在决定做什么游戏之前，要先确定游戏主要针对的玩家，是男孩还是女孩、是老少皆宜还是20岁左右的年轻人，只有确立目标了，才能更好地挖掘这类玩家的需求，使游戏的设计更充分满足这些玩家心理和精神上的需求，游戏才能被更多的玩家接受，团队才能更好地获利。

根据已确定的玩家群体，应该选择适合这个玩家群体的游戏题材。一个游戏的题材非常重要，好的题材有助于设计者表现游戏的特色，使玩家很快了解游戏背景，能够容易上手游戏，例如网易推出的《梦幻西游》，如图6-4所示，其取材自中国古典故事《西游记》。目前，主要有以下三大类游戏题材比较容易被玩家接受。

（1）发布地区人人皆知的历史或宗教题材。

（2）与常识相关的题材。

（3）与某有名的故事或电影相关的题材。

总之，针对所选玩家群体中大部分玩家都熟悉的题材做游戏，会更容易被玩家接受。

图 6-4　《梦幻西游》

接下来就要进行有关游戏概念的设计，需要确定游戏类型（例如RPG、RTS、格斗等）、游戏的表现方式（例如2D、2.5D或3D），在什么平台上实现以及游戏的特色。这些都要根据团队的技术实力、市场需求的紧迫程度、开发成本等各方面因素来决定。在确定了游戏的类型、表现方式和实现平台之后，就要在这三个条件的限制之下尽可能地发挥策划的创造力，在游戏特色上尽可能下功夫，并写出两份文档：一份“创意文档”和一份“立项建议书”。创意文档必须能让公司其他人员明白游戏的总体轮廓。在立项建议书中，要写清游戏针对的人群、游戏类型、游戏表现方式、游戏实现平台、游戏特色、游戏实现所需的大致时间以及人员安排等。

最后，招集市场、技术、美工等人员进行集体评审，根据这份立项建议书，客观评价技术需求、开发周期、市场效应等问题，最终决定是否要正式立项。对于新组建的团队来说，还需要凭立项建议书及创意文档去说服投资人，以获得必需的资金。

这个阶段的工作目标就是确定将要做的是一个能被市场广泛接受的游戏并确保可行性。一个不能被市场接受的游戏或者根本无法实现的游戏设计在这个阶段都会被否定，除非先进行设计上的修改。本阶段工作的意义是尽可能减少项目实施以后所要承担的风险。

6.2.2　第二阶段——设计

设计阶段需要策划、程序、美工、市场共同协作完成，一个游戏品质的好坏，这个阶段起到了决定性作用，下面将对这四种职责的工作内容分别进行阐述。

（1）策划：根据创意文档进行游戏的详细设计。例如有什么样的道具，各种物品、角色的设定，人物的各种行为、属性，地图或者场景的设计，等等。本阶段可以不给出具体的游戏用图，用一些简单的图形表示即可。策划应该暂时不考虑平台的限制，尽可能地发挥创造力去设计游戏。当游戏设计完之后，策划再根据平台的限制对游戏进行修改，以完成具有可行性的最终策划案。

（2）程序：根据创意文档开始引擎的设计，针对游戏类型、游戏表现方式设计或修改游戏引擎（如果已经有可用的引擎，则可以省去这一步）及游戏开发需要的工具，例如脚本编辑器的设计，地图编辑器的设计等。完成编码通过测试，使程序中没有灾难性的缺陷。

（3）美工：美术人员需要经常与策划进行沟通，根据策划的描述设计游戏中的各种角色、物品、场景的原型并做出原画设计。美术人员应该对游戏中美术部分的设计起主导作用，而不仅仅是像工人那样百分之百遵从于策划。

（4）市场：市场人员需要经常与外界沟通，保持敏感性。他们必须完成以下两件事。

①经常与策划沟通，搜集与项目开发有关的资源。

②关注类似游戏的市场效应。

这一阶段的工作要以策划为中心，四种角色经常沟通才能高质量地完成任务。在条件允许的情况，应该每天由策划主持一次例会，项目组内所有人员都参与，解决工作中遇到的问题并对新的想法和设计进行讨论评估，如图 6-5 所示，游戏开发者们正在进行交流。

图 6-5　游戏开发者正在进行交流

这一阶段的工作目标如下。

（1）游戏引擎基本制作完成。

（2）站在程序的角度去审视策划案，确认这份策划案是可行的。

（3）站在玩家的角度去审视策划案和美术设计，确认游戏的设计符合思维逻辑，内容足够丰富，美术设计足够细致。

（4）站在市场的角度看，与市场上同类型游戏相比要有一定的竞争力。

如果游戏可玩性不高或者品质不够，在这个阶段就要修改完善，根据团队的实力最终确定游戏要达到一个什么样的品质，在下一个阶段就要根据这个目标来制作游戏。

6.2.3　第三阶段——实现

实现阶段的任务主要就是根据策划案来实现游戏，这个阶段的工作量是整个开发周期中时间最长又最不好控制的。在游戏开发过程，各岗位之间存在着很强的依赖性，工作的时序性很强，如果没有做好开发计划，团队中会经常出现等工的现象。所以，在开始本阶段工作之前，应以天为单位做出详细的开发计划，在开发计划中要对 6.2.2 节介绍的四种职责分别量化工作内容。工作的时序要安排得当，尽量避免出现等工现象。下面对这四种职责的工作内容分别进行阐述。

（1）策划：在这个阶段，策划最主要的工作包括如下几点。

①经常与各部门人员沟通，协调好每个人每天的工作，控制好开发进度。

②与美术人员协同工作，保证模型及图片达到游戏要求的品质。

③与程序员协同工作，保证软件功能达到策划案要求。

④用地图编辑器设计游戏场景。

⑤根据剧情编写游戏脚本及对白等。

⑥编写数值设定方案并在游戏中实施此方案。

（2）程序：根据策划案，设计游戏逻辑程序（如 AI、碰撞、交易系统等），做好游戏的版本控制。在本阶段初期，美工的作品可能还没有做好，但程序员可以先用一些类似的图形代替，等美工做出成品后再替换进去，这样可以节省很多时间。在整个开发过程中，程序员应当在技术上起主导作用，除了写好程序外，程序员还应当指导美工按照程序的要求制作图片及模型，指导策划或其他人员熟悉使用游戏开发工具。

（3）美工：根据策划案的美术需求列表，制作图片和动画；根据市场人员的要求设计海报和其他宣传品。为了提高游戏品质和开发效率，可以把游戏过场动画交给专业外包小组来做，由美工和策划人员验收，这一点要根据团队的技术实力和经济实力来决定。

（4）市场：制定市场宣传策划，提出需要设计制作的宣传品列表，交由美工设计。经常与策划沟通，多了解游戏内容和游戏的开发进展，以便于决定什么时候开始做宣传，投入多大的宣传力度。

在这一阶段的工作中，团队每周至少开一次例会，各参与人员总结上一周的工作，并根据实际情况调整工作计划，制定下一周的工作任务。在工作中遇到的问题，可以在会上提出来，讨论解决。

这一阶段的工作目标如下。

（1）游戏测试版（Bata 版）完成，要求程序无致命缺陷。

（2）游戏宣传品设计完成。

6.2.4 第四阶段——测试及评审

测试的内容包括游戏的平衡性，数值设定是否合理，游戏用图及模型是否需要修改，有无程序错误等。测试可以按先内部测试再公开测试的顺序进行，公开测试可以得到大量反馈。

评审工作是在测试的基础上，审核游戏的品质，决定是否需要做大的修改。如果游戏效果离最初的设想差距太大，就需要调整游戏发布计划。但需要注意的是：要考虑清楚进行再次开发所需要的开发周期、资金以及人员配置等。

6.2.5 第五阶段——发布

进行最终数值调整时，每次调整数值后都需要进行测试，力争消除所有问题，同时制作产品说明书及相关文档。根据市场需求，制作足够数量的宣传用品，以及一些周边产品，如视频短片、制作采访记录等，并进行市场宣传。最后，召开新闻发布会，如图 6-6 所示，产品上市。

图 6-6　游戏产品新闻发布会现场

以上就是一般团队进行游戏开发的 5 个阶段。当然这里只是一个框架，并不是每一个项目都要完全按照这些阶段去做，每个项目都要根据实际情况灵活确定各个阶段的具体工作内容。

6.3　本章小结

本章介绍了游戏开发中的人员岗位划分和游戏开发基本流程。本章通过对游戏开发基本流程的描述，介绍了在游戏开发的不同阶段各个岗位的主要工作职能，让读者对游戏开发的运作方式有一个初步的认识。

6.4　本章习题

1. 游戏的开发主要经过哪些流程？各阶段有什么特点？
2. 游戏开发需要哪些人才的密切配合？各自负责什么工作？
3. 大、小开发团队在开发流程及人员配备上有哪些差异？
4. 你认为自己适合在哪个岗位方向上发展？为什么？

第7章 游戏设计师及其工作

教学目标

- 了解游戏设计师的概念
- 掌握游戏设计师的基本工作流程
- 掌握不同游戏设计师的工作范围和职责

教学重点

- 游戏设计师的基本工作流程
- 游戏设计师的工作范围和职责

教学难点

- 不同岗位的游戏设计师之间的工作配合

电子游戏是科技发展到相当高度后诞生的新娱乐形式，其核心在于通过一定的软硬件实现人和计算机游戏程序的互动，在这个过程中，玩家可以体会到精神上的愉悦。那么虚拟世界按照何种规则构建、人机交互的进程如何发生、设计怎样的游戏才能使玩家获得更多的快乐，这些决定电子游戏成败的关键因素都由游戏设计师来控制。游戏设计师的杰出工作带来了电子游戏繁荣发展的今天。

7.1 什么是游戏设计师

Game Designer(游戏设计师) 在中国的普遍叫法为“游戏策划”。和企业策划的工作类似，游戏策划主要进行游戏产品的设计工作。由于 Designer 一词在中国的应用比较广泛，所以要特别注意不要被名字所迷惑。

什么是游戏设计工作？游戏设计工作包括了哪些内容呢？

游戏设计工作是一个广泛而复杂的范畴，在游戏发展的不同阶段，游戏设计工作的内容也在不断变化，但是唯一不变的基本原则是：满足并吸引玩家参与游戏，使游戏玩家在游戏过程中产生快乐和激情，并与游戏设计师产生精神上的共鸣。

在游戏开发的提案立项阶段，策划人员必须提出游戏的概念原型，完成策划案提纲。在设计阶段，策划人员需要将策划案提纲所涉及的所有内容具体化，做出游戏的“书面版”。在实施阶段，策划人员需要参与到游戏“软件版”的制作过程中去，进行设计关卡、编写游戏逻辑脚本程序等创作工作。在测试阶段，策划人员必须在数值设定等方面对策划案的内容进行修正，并参与测试工作。总之，策划人员的工作贯穿游戏开发的全过程，这也是其被称为游戏灵魂工程师的原因。

7.2　设计师分类

游戏制作最早是一种个人行为，从项目立项到程序开发再到美术元素绘制都由一个人完成。随着游戏的发展，开始出现了游戏开发小组，这种小组一般包括一个游戏设计师、一个美术设计师、一个程序设计师。这样的小组在经过扩充和发展之后，就形成了今天的三角形格局，游戏设计师、美术设计师和软件工程师先后有了更详细的分工。游戏设计师开始分为剧情文案设计师、游戏规则设计师、关卡结构设计师、数值平衡设计师等多个类型。同时，大量的策划人员在游戏公司内并行工作，他们的任务需要分配、指导与监督，所以每个游戏公司都存在一个重要的岗位：首席设计 (策划) 师。大型开发企业还存在独立于项目之外的创意总监岗位。

7.2.1　创意总监

创意总监往往属于整个公司而不是某个项目。作为最高层的创意策划人员，创意总监往往由行业经验丰富的人担任，他不仅要有深厚的人文、历史知识背景，还必须具备很强的故事原创能力。创意总监就像一个说书人，向整个团队描述游戏背后的那个虚拟世界。创意总监是游戏剧情、规则、操控性等各方面的创新者，而且善于把握创新与可行性之间的平衡。如图 7-1 所示是暴雪公司的创意总监克里斯 • 梅森，自 1994 年加盟暴雪娱乐以来，几乎在公司所有荣膺大奖的游戏中都能看到他的身影，包括《魔兽争霸 II：黑暗之潮》《暗黑破坏神》《星际争霸》《星际争霸：母巢之战》《暗黑破坏神 II》《暗黑破坏神：毁灭之王》《魔兽争霸 III：混乱之治》《魔兽争霸 III：冰封王座》以及最近的《魔兽世界》《魔兽世界：燃烧远征》和《魔兽世界：巫妖王之怒》。

图 7-1 暴雪公司创意总监克里斯•梅森

以下是某游戏公司对创意总监的招聘要求，具有参考意义。

• 岗位：创意总监。

• 岗位职责：主持创意委员会，管理各类构想，创建共识；架构游戏的远景规划，整合游戏策划，并管理反馈。

• 任职要求：具备极高天赋，丰富的游戏制作经验，在业界享有良好声誉；具有影响力，能提供积极的指导；具备游戏设计和开发管理的巅峰智能，以及对可行性的理解；具备敏锐的创意感觉和倾听能力；有口头和书面英语沟通能力；对市场因素理解透彻。

7.2.2 首席设计（策划）师

首席设计师（Lead Designer）在国内通常称为“主策划师”或“首席策划师”。它与创意总监同属于公司管理层面，不同的是，主策划师这一岗位一般是针对某个游戏开发项目而言的，每个游戏都有一个主策划师。主策划师要负责带领策划团队完成整体策划方案，同时将详细设计的任务分配给每个策划人员，并负责指导与管理。《战地》制作组首席设计师法齐•梅斯玛，如图 7-2 所示，曾担任 King studio 的总监，2019 年起在 DICE 任职首席设计师，手下有超过 80 位游戏设计师，参与的作品包括《战地 2024》《战地 V》《星际大战 战场前线 2》。

图 7-2 法齐•梅斯骊与《战地》画面

以下是某游戏公司对主策划师的招聘要求，具有参考意义。

• 岗位：主策划师。

• 岗位职责：管理策划部门日常工作，如培训、员工业绩评估、工作计划制订等；制定游戏策划案、把握游戏世界观、对游戏的可玩性负责、对策划案能在各部门正确实施负责；从游戏设计到发行的各个阶段中，与各部门协调，确保游戏理念得到贯彻。

• 任职要求：熟悉各类型游戏，有两款

以上游戏的策划经验，对游戏本质有深刻理解。对中国历史、世界历史、中国神话体系、西方魔幻文学体系等有深入了解。具有心理学、数学、逻辑学、统计学以及经济理论知识基础；略懂程序、美术、音乐、编剧、戏剧编导等知识；富有团队精神、沟通能力、敬业精神。

7.2.3 剧情文案设计师

剧情文案设计师也是最早出现的游戏设计师类型，早期的这一类游戏设计师是因角色扮演游戏的制作热潮而产生的，因为角色扮演游戏中需要辅设大量的情节和对白，所以很多剧情文案设计师本身能称为作家，游戏中精彩的背景故事都由他们完成。此类设计师的特点是文字优美，善于制造游戏过程中的矛盾，对游戏节奏把握较好。通常游戏中所有需要文字的地方都需要他们，连说明书也不例外。《刺客信条》系列著名编剧达比•迈克德维特，如图7-3所示，在育碧蒙特利尔工作室的十多年里，为《刺客信条：启示录》《刺客信条：黑旗》《刺客信条：大革命》《刺客信条：起源》和《刺客信条：英灵殿》编写了故事和对话。

图7-3 《刺客信条》系列著名编剧达比•迈克德维特

以下是某游戏公司对剧情文案设计师的招聘要求，具有参考意义。

• 岗位：剧情文案设计师。

• 岗位职责：负责游戏故事背景撰写，负责种族描述及道具说明编写，负责任务及剧情的撰写，设计人物对白；负责游戏中的各种说明及帮助的撰写。

• 任职要求：文学相关专业，具有丰富的想象力和创造力，具有良好的文案能力和文学功底，擅长故事撰写；对中国历史和魔幻世界有深入认识，有中国传统武侠小说的丰富阅读经历。工作态度认真负责，具备吃苦耐劳的精神，有团队合作精神，有良好的适应能力。

7.2.4 游戏规则设计师

正如本书前文所述，电子游戏是规则游戏的一种，规则本身就是游戏的核心内容。游戏规则设计师的工作就是根据游戏的类型和特点来设计游戏规则。因为游戏本身变得越来越庞大，游戏的规则范围也在扩张，目前 MMORPG 游戏中的规则已经从传统的任务达成条件、装备体制等扩展到了职业等级体制、种族门派、金融交易、婚姻领养系统等领域。网络游戏中的虚拟世界正在向现实世界靠拢，在越来越复杂的情况下，游戏规则设计师的工作也变得越来越重要了。由于规则与数据有密切相关性，游戏规则设计师经常与数值平衡设计师协同工作，以提高效率。

以下是某游戏公司对游戏规则设计师的招聘要求，具有参考意义。

- 岗位：游戏规则设计师。
- 岗位职责：创建游戏世界中的规则系统；负责职业等级体制、种族门派体制、装备交易体制、婚姻领养规则、魔法技能体系等的设计。
- 任职要求：具有严密的逻辑思维能力和扎实的分类能力；全面了解创建游戏世界（系统）所涉及的各个方面；对人工智能有相当深的了解。

7.2.5 数值平衡设计师

在游戏中，游戏难度的大小会直接影响玩家继续游戏的心情。在多人游戏里，不同种族或派别的玩家所掌握的资源或技能一般都有差别，但其综合实力却必须尽量保持一致，因为谁也不希望处于先天的弱势。数值平衡设计师的工作就是专注于游戏数据，在规则框架内将系统调整到平衡状态，以提高游戏的趣味性和竞争性。由于系统属性很多，参数设置就变得很复杂，这就需要数值平衡设计师具有很强的数学建模能力。

以下是某游戏公司对数值平衡设计师的招聘要求，具有参考意义。

- 岗位：数值平衡设计师。
- 岗位职责：根据主策划的要求与规则设计师一起针对各种规则进行公式设计，建立数学模型；完成经济系统、升级系统、技能魔法系统等各子系统中各项属性的设定；对游戏中已经开始使用的数据根据情况进行相应计算和调整。
- 任职要求：具有逻辑学、统计学以及经济理论知识基础；有对数学公式及数字的良好控制能力；有良好的逻辑思维能力。

7.2.6　关卡结构设计师

“关卡设计”这个名词和“关卡结构设计师”这个职业，是20世纪90年代中后期，随着三维射击游戏的流行而产生的。早期的二维游戏也存在关卡，但相对简单，由普通策划人员就能完成。而到了三维时代，关卡的复杂度极大地增加了，玩家可以向四面八方行走，还有不同的高度层，当关卡设计的工作量和复杂度达到一定程度时，关卡设计的工作就独立出来由专人负责，关卡结构设计师这项职务也就应运而生。

单机游戏时代，关卡结构设计师除了负责场景设计以外，还需要完成AI、任务目标等设计。在网络游戏时代，关卡的概念被弱化，但游戏场景的复杂度并没有减少，关卡结构设计师依然有大量的场景制作工作。例如在《马克思·佩恩》游戏中，为了得到非常真实的场景效果，关卡结构设计师总共拍摄了5500张纽约的照片，如图7-4所示。

图 7-4　《马克思·佩恩》游戏中的关卡

以下是某游戏公司对关卡结构设计师的招聘要求，具有参考意义。

• 岗位：关卡结构设计师。

• 岗位职责：构建基础游戏关卡图及场景图，用编辑器集成游戏关卡，编写脚本并调整角色AI。

• 任职要求：要求设计能力强，有建筑学、环境艺术学的学科背景；有优秀的分析、归纳和逻辑能力；有高度的团队合作精神；有良好的口头表达和团队沟通能力，能够和其他成员保持无障碍交流。

就目前来说，以上几种分类基本上可以满足游戏制作过程中对游戏设计师的要求，这样的分工也利于设计师发挥自身特点并积累专业经验，最主要的是有利于游戏品质的提高。相信随着游戏类型的多样化，更多的职位分类也会逐渐出现。

7.3　本章小结

本章介绍了游戏设计师的不同岗位划分，详细介绍了创意总监、首席设计师、剧情文案设计师、游戏规则设计师、数值平衡设计师和关卡结构设计师的工作职能和任职要求。学习本章可以帮助学生了解游戏策划团队中的工作划分以及各岗位的能力要求。

7.4 本章习题

1. 游戏设计师大体分为哪几类？岗位职责有什么区别？
2. 游戏主策划师和创意总监之间有什么区别？
3. 几种不同游戏设计师之间的工作如何衔接？
4. 查询网络上的典型游戏设计师招聘要求，并思考自身定位。

第8章 游戏设计师的背景知识体系

教学目标

- 了解游戏设计师需要熟悉的知识体系
- 体会各种文化背景知识在电子游戏中的运用

教学重点

- 游戏设计师需要熟悉的知识体系
- 东方、西方神话故事对于电子游戏设计的影响
- 西方奇幻文学与 RPG 游戏的关系

教学难点

- 西方奇幻文学对现代 RPG 游戏的深远影响

游戏设计师的职业特点要求其具有非常广泛的知识面，除了对游戏本质有深刻理解外，还应该对中国历史、世界历史、中国神话体系、西方魔幻文学体系等有深入的了解，同时还应具有心理学、数学、逻辑学、统计学、建筑学、环境学以及经济理论知识的基础。为了与其他开发部门密切配合，游戏设计师还需要略懂程序、美术、音乐等知识。本章就对这些知识体系进行详细说明。

8.1 对游戏本质的理解

许多学者发现，游戏不仅存在于人类当中，许多哺乳动物也存在着大量的游戏行为。虽然游戏的历史非常悠久，但是将其上升至理论并进行研究是在近代才开始的。对游戏本质的研究正在发展，目前还没有一个最终的结论。

《游戏的人》（Homo Ludens）是荷兰学者约翰•赫伊津哈在1938年写的一本著作，如图8-1所示，它讨论了在文化和社会中游戏所起的重要作用。作者在书中认为，游戏的同理性和制造一样重要。

图8-1 《游戏的人》及作者约翰•赫伊津哈

从该书目录中可以看到约翰•赫伊津哈研究的深入程度。

- 前言
- 作为一种文化现象的游戏的本质和意义
- 游戏概念作为语言的表达
- 推动文明进程的游戏和竞赛
- 游戏与法律
- 游戏与战争
- 游戏与学识
- 游戏与诗
- “神话诗”诸要素
- 哲学的游戏形式
- 艺术的游戏形式
- 游戏状况下的西方文明
- 当代文明的游戏成分
- 注释

• 附录　游戏的高度严肃性（贡布里希）

《游戏的人》被大量游戏设计师奉为“游戏圣经”。阅读该书，对理解游戏的本质有非常大的帮助。

8.2　中国历史

中国是四大文明古国之一，中国历史是世界历史中最为精华的部分，很多历史题材都可以用来制作游戏。以中国历史为基点的游戏是目前中国游戏市场的主流，同时也是将来中国游戏业走向世界最有前途的一个分支。了解中国历史，是制作中国历史题材游戏的前提。

了解中国历史的途径很多，但对于游戏设计而言有几个值得关注的要点。

8.2.1　朝代更替

历史上的朝代更替时期，往往社会动荡、草寇横行，但这个时期也英雄辈出，中国人的帝王情结使皇朝更替永远是引人注目的焦点。

需要关注的时期包括：战国、三国、隋唐时期、北宋抗金时期、元朝初期、明末清初等。

需要关注的相关内容包括：地名的变化、官职的变化、货币的变化等。

8.2.2　军事力量

至少到目前为止，战争是历史最忠实的伴随者。历史上的重大军事事件是很好的游戏题材。很多书籍对历史上的重要战争做了一定的描述，战乱时期也更容易突出各国的国君、将领、谋士等各类人物的形象。

需要关注的内容包括：著名战争战役、著名将领，官兵所用的武器、兵种等。

游戏代表作有《赤壁》《官渡》《三国群英传》，如图 8-2 所示。

图 8-2　《三国群英传》游戏画面

8.2.3 文化变迁

中华五千年文化，博大精深，在不同的历史时期，文化的表现形式各不相同。要制作高品质的游戏，就必须了解不同时期的文化特点。文化所指的内容较多，大体指文字、语言、历史、风俗习惯及传承下来并不断有所变化的思想、观念、思维方式等。

需要关注的内容包括：服饰、音律、诗词等。

游戏代表作有《仙剑奇侠传》《轩辕剑》《剑侠情缘》，如图 8-3 所示。

图 8-3 《剑侠情缘》游戏画面

8.2.4 中国武侠

武侠故事基本上都是虚构的，而且其情节也带有浓厚的奇幻性质。中国武侠小说系列作者众多，著书较多的有梁羽生、金庸、古龙等。自从有些书被改编为电视剧后便被更多的人所熟悉，如《射雕英雄传》《天龙八部》《神雕侠侣》《绝代双娇》等。

需要关注的内容包括帮派、神功、秘籍、丹药等。

游戏代表作有《金庸群侠传》《射雕英雄传》《笑傲江湖》《月影传说》，如图 8-4 所示。

图 8-4 《射雕英雄传》游戏画面

8.3　世界历史

随着国内公司获得游戏外包项目的增加及外资游戏研发中心在中国纷纷成立，世界历史题材的游戏制作也成为一种潮流。了解世界历史的途径很多，但对于游戏设计而言有几个值得关注的要点。

8.3.1　帝国的崛起

世界历史就是超级帝国兴衰史。世界历史上较有名的几大帝国有：亚述帝国、亚历山大马其顿帝国、古罗马帝国等。

亚述帝国兴起于公元前 8 世纪的今伊拉克境内，仰仗着锋利的铁制兵器，亚述对外扩张，成为地跨西亚、北非，版图几乎囊括整个西方文明世界的大帝国。由于亚述王室内部的争权夺利再加上残暴统治激起了被压迫民族的反抗，公元前 612 年，亚述帝国灭亡。

亚历山大马其顿帝国是地跨欧、亚、非三洲的大帝国，兴起于公元前 4 世纪中期的希腊北部，在国王腓力二世和其子亚历山大的东征西讨下，其疆域东自喜马拉雅山的支脉和印度的西北边陲，直抵西方的意大利，北从中亚细亚、里海和黑海起，南达印度洋和非洲今天的苏丹边境与撒哈拉大沙漠。公元前 323 年亚历山大突然病死，导致王权争夺激烈，最终帝国分裂为马其顿王国、塞琉古王国和托勒密王朝统治下的埃及王国。

古罗马帝国因其幅员辽阔而被誉为“世界帝国”，兴起于公元前 264 年。在前后 1000 余年里，古罗马帝国统治者们不断地开疆拓土，在极盛时期，地中海只不过是其内湖，帝国的版图包括今天的意大利、英国、法国、葡萄牙、西班牙、瑞士、奥地利、希腊、前南斯拉夫、阿尔巴尼亚、保加利亚、罗马尼亚、土耳其、叙利亚、伊拉克、埃及、利比亚和突尼斯等地。后来腐败等原因葬送了古罗马帝国。

需要关注的内容包括：古罗马帝国、古埃及、亚历山大帝国、蒙古帝国等。

游戏代表作有《帝国时代》系列、《文明》系列，如图 8-5 所示。

图 8-5　《文明 3》游戏画面

8.3.2 骑士与武士

骑士是历史上西方军队的基石，而其东方对应者就是日本武士。一些西方学者认为，中世纪就是骑士时代，骑士阶层是社会的中坚力量，骑士制度不仅是一种全欧洲的机制，而且是一种影响整个时代的骑士文化与精神。如12世纪前后极为兴盛的骑士文学中，有关于英国亚瑟王的传奇故事《亚瑟王和一百个骑士》《亚瑟王与梅林》《亚瑟王之死》中对骑士的忠诚、勇敢、侠义以及爱情、荣誉、慷慨、谦逊、注重礼节和仪表风度等进行了歌颂与宣扬。

武士文化对日本大和民族影响较为深远，它讲究好勇斗狠、服膺强者、凌视弱者。

需要关注的内容包括：骑士文化、武士道精神。

游戏代表作有《创世纪系列》《魔法门英雄无敌》《亚瑟王》如图8-6所示。

图8-6 《亚瑟王》游戏场景效果

8.3.3 文化变迁

以西方文化为背景的游戏占全球游戏市场的绝大多数。西方文化的源头主要是古希腊文化和犹太文化。骑士文化就代表了一种古希腊文化，而基督文化则是由古希腊文化和犹太文化合在一起而形成的。

需要关注的内容包括：宗教、服饰、音律等。

游戏代表作中的亮点：《魔法门英雄无敌》的音律、《航海世纪》的服饰，如图8-7所示。

图8-7 国产游戏《航海世纪》很好地把握了西方风格

8.4 中国神话

中国神话在民间有着深厚的群众基础，一般可分为早期的上古神话和封建时代形成的传统神话故事。其中上古神话是表现远古华夏人民对自然及文化现象的理解与想象的故事，是中国文学童年时期的产物，多为口头作品。中国神话内容极其丰富，如盘古开天辟地、女娲补天、精卫填海、夸父追日等。许多神话保存在古代著作中，如《山海经》《淮南子》《搜神记》等。

中国神话按题材可分为创世神话、洪水神话、战争神话、人类英雄神话等。创世神话主要指天地形成、日月星辰来源、人类的起源等解释性神话，它是一切神话的基础。中国有着丰富的创世神话，较著名的有：盘古开天地、盘古化生万物、女娲补天、女娲捏土造人等，表现了先民对自然现象的探索和理解。洪水题材的神话在世界各地普遍存在，反映出曾有过的洪水灾害的惨烈及其在人类心灵中留下的不可磨灭的印记，中国洪水神话最为著名的是大禹治水。一般把反映部族战争的神话称为战争神话，这类神话反映了古代部族争战、兼并，从中可以了解古代社会的一些重要状况，如炎黄之战等。人类英雄神话是较后期的神话，其主人公已由自然神变为人类自己的神，这标志着人类自身主体性逐渐突出。这些神话的主人翁通常是人的形象，他们都有着神异的经历或本领，其业绩在于创造和征服。较著名的英雄神话有后羿射日、夸父逐日等。

8.4.1 上古神话

需要关注的内容包括：《山海经》《搜神记》(古、今版)、《神异经》《淮南子》。游戏代表作有《搜神记》，如图8-8所示。

图8-8 网络游戏《搜神记》以《山海经》为基本素材

8.4.2 传统神话

需要关注的内容包括：《西游记》《聊斋》《封神演义》。

游戏代表作有《仙剑奇侠传》《封神榜》《梦幻西游》，如图 8-9 所示。

图 8-9 《梦幻西游》是 2005 年最成功的网络游戏之一

8.5 西方神话

相比中国神话而言，西方神话更加体系化。西方神话主要包括希腊神话、北欧神话和埃及神话，其中又以希腊神话和北欧神话对游戏界的影响最为深远。

8.5.1 希腊神话

希腊神话主要由神的故事和英雄传说组成。神的故事包括天地的开辟、神的产生、神的宗谱、神的活动、人类的起源等。希腊神话产生于希腊的远古时代，曾长期在口头流传，是古希腊人的集体创作，散见于荷马史诗、赫西奥德的《神谱》及以后的文学、历史等著作中，同一个神话人物的形象或故事情节，在不同的作家笔下往往会有出入，甚至有互相矛盾之处。现在常见的系统的希腊神话都是后人根据古籍编写的。

需要关注的内容包括：希腊神谱、特洛伊战争。

游戏代表作有《特洛伊战争》《奥德赛》《神话之刃》，如图 8-10 所示。

图 8-10 《奥德赛》游戏画面效果

8.5.2　北欧神话

北欧神话是被遗忘了很久的神话，北欧神话中英雄的后裔是今斯堪地那维亚半岛及德意志东北低地的日耳曼民族。他们生长在荒凉苛虐的自然环境中，养成了勇武彪悍的个性。5 世纪中叶，日耳曼民族从东西和北面受到芬族 (即被汉帝国打败西迁的北匈奴) 的压迫，引起怒涛般的民族大迁徙。这就是日耳曼人所谓的英雄时代，北欧传奇中的主人翁大多是这时代的英雄。

需要关注的内容包括：《老爱达经》《新爱达经》《北欧武夫》《尼伯龙根之歌》等。

游戏代表作有《洛基》，如图 8-11 所示。

图 8-11　以北欧神话为题材的游戏《洛基》

8.5.3　埃及神话

早在公元前 3000 年，尼罗河流域的埃及就出现了世界上最早的人类文明。直到今天，人们仍然可以感受到古埃及人的智慧，及其对现代社会生活和思想的影响。埃及的神话和其他民族的神话一样，借助于人们丰富的、虚幻的想象，阐述他们对周围世界和人类自身的认识与理解。他们往往把尚未认识的自然界和社会现象都归之于一种超自然的力量，所以创造出来许许多多的传说和故事。埃及神话的特点是神的数量庞大，数以千计，而最有影响的神也有数百之多，并且神与神，神与人之间的关系错综复杂。

需要关注的内容包括：古埃及神话故事、天地神的经典传说、孟菲斯神系传说、赫利奥波里斯神系传说。

游戏代表作有《法老王》，如图 8-12 所示。

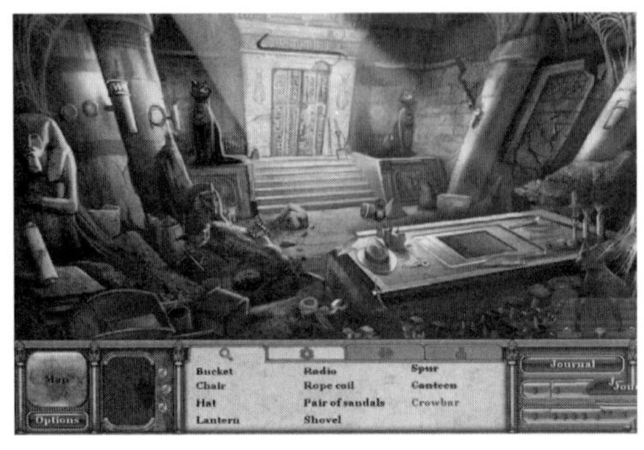

图 8-12 模拟经营类游戏《法老王》

8.6 奇幻文学

正如历史小说是当代人根据人类社会的政治、经济、文化史料，加上作者的历史观和对当今社会政治、经济、文化的观察和理解合并演义而成一样，将远古的传说加以幻想般地夸大，在作者设计的一个与现实物质世界完全隔绝的真空世界中，融入其对这个以人类为主宰的现实世界的反思、褒贬和理想，并以文字为媒介进行雕琢，这样的作品就是奇幻小说，这样的艺术形式就是奇幻文学。

以《魔戒》《龙枪编年史》为代表的奇幻文学中，作者主要是描绘中世纪时期的国家战争、种族和宗教的争端，以及在此背景下某些英雄人物的传奇故事，其比较注重彰显救世除魔式的个人价值和小团体的英雄主义。它同时也是西方电子游戏和计算机 RPG 游戏中的最大灵感来源。著名的欧美游戏系统规则《龙与地下城》（Dungeons&Dragons，以下简称 D&D），其世界构架的背景源头就是托尔金教授的奇幻文学名著《魔戒》。奇幻文学从欧洲流传到电子游戏先锋国度日本，催生了《罗德岛战记》《亚尔斯兰战记》这样的大作。很快，由这两部作品改编的电子游戏诞生，加上 D&D 核心规则在日本造成的巨大影响，一时间几乎所有的日本 RPG 都采用了类似于欧洲中世纪的剑与魔法的虚拟世界做背景。

《魔戒之王》是由英国牛津大学语言与文学家托尔金教授 (Professor John Ronald Reuel Tolkien) 在 1954 年完成的。它是托尔金教授描绘的关于一个住在地洞里的小矮人——霍比特族的一系列传奇故事中最脍炙人口的一本著作。内容叙述一枚可以让人隐身的戒指，被霍比特族人比尔博 (Bilbo) 发现之后，这枚实际是“魔戒”的戒指背后所隐藏的黑暗力量，便要开始一步一步侵蚀善良人的世界，幸好被正义的力量适时发现。于是一场善与恶的对抗，在比尔博 (Bilbo) 的传人弗罗多 (Frodo) 继承了这枚戒指之后展开。该书是此后 50 余年西方世界最畅销的奇幻图书，拥有巨大的市场感召力。由该书改编的电影《魔戒三部曲》总票房达到 30 亿美元，牢牢占据着电影史上所有三部曲电影票房的头名。根据《魔戒之王》开发的游戏也有多款。

需要关注的内容包括：《魔戒》《龙枪编年史》。

游戏代表作有《魔戒 - 中土在线》，如图 8-13 所示。

图 8-13　《魔戒 - 中土在线》

8.7　龙与地下城

龙与地下城的简称是 D&D，这款由当年一个不起眼的保险公司推销员加里·杰里克斯发明的游戏系统是世界上第一个商业化的纸上文字角色扮演游戏。经过二十余年的发展，龙与地下城已经从当年威维斯康星州诞生的简陋雏形进化成为世界上最完善、最流行、最有影响力的角色扮演系统，其爱好者年龄及地域分布广泛。龙与地下城中的各种完善设定为游戏设计提供了便利，庞大的用户基础使以龙与地下城为基础开发的游戏取得了成功。

需要关注的内容包括：《龙与地下城玩家手册》《龙与地下城领主手册》《龙与地下城怪物图鉴》。

游戏代表作有《博德之门》《无冬之夜》《龙与地下城 online》，如图 8-14 所示。

图 8-14　《龙与地下城 online》场景

8.7.1 D&D规则之九大阵营

秩序与混乱、善良与邪恶的所有组合形成了D&D中的九大阵营。

玩家可以选择前六个阵营，也就是从守序善良至混乱中立。后三个邪恶阵营则是给怪物或反派角色使用。

1. 守序善良（十字军）

守序善良的人物会受到众人的期待，他们严守纪律，毫不犹豫地挺身与邪恶对抗。他们只说实话、信守承诺、帮助需要援助的人，而且面对不义之事必出言反对。守序善良的人物不愿见到未受惩罚的罪行。圣武士爱尔涵卓就是遵行守序善良的典型，她打击邪恶从不留情，保护无辜时绝不犹豫。

守序善良的长处是可以结合荣誉感与同情心。

2. 中立善良（施恩者）

中立善良的人物愿尽己所能地做一个好人该做的事。他们乐意帮助他人，也愿意替国王或领主工作，但却不认为自己被控制。牧师乔森便是中立善良的典型，他视人们的需要而伸出援手。一般人习惯将中立善良称做“真正的善良”。

中立善良的长处是行善时不需顾虑命令，也不会偏颇。

3. 混乱善良（反抗者）

混乱善良的人物依循内心的良知做事，不顾虑他人的期待。他们按照自己的方式做事，但心地善良仁慈。他们相信善良与正义，却不服从律法与规矩，痛恨别人干涉或指使他们该怎么做。他们以自身的道德标准行事，虽然本意善良，但可能不能容于社会。游侠索维里斯便是混乱善良的典型，他会袭击邪恶公爵的税吏。

混乱善良的长处是可以结合善良与自由。

4. 守序中立（审判者）

守序中立的人物依循法律、传统或个人信条行事，听从命令与组织。他们可能有个人信念，并依循某种标准生活，也可能会完全服从于某个强大、有组织的政府。武僧安珀是守序中立的代表，依循自己的原则行事，不会因为人们的需求或邪恶的诱惑而动摇。一般人习惯将守序中立称做“真正的守序”。

选择守序中立的长处是，不需要成为一个狂热者，也能博得人们的信赖与尊重。

5. 绝对中立（无立场者）

绝对中立的人物总是见风转舵。他们对善良与邪恶、守序与混乱都没有特别的倾向。他们大多缺乏信念，而非信仰中立。他们常认为善良比邪恶要好，毕竟他们也宁愿与好人相处或由好人统治。但他们个人却不对善良抱持任何信念。法师米雅莉便是中立的代表，她会为自己的工作奉献，却对道德上的争辩感到不胜厌烦。

但有些中立的人物信仰中立的哲学。他们将善良、邪恶、秩序与混乱视为偏颇危险的极端。他们倡导中间路线，认为若要看得远，中立才是最好、最平衡的主张。一般人习惯将绝对中立称做“真正的中立”。

选择绝对中立的长处是，你可以自由地行动，不带偏见或压迫。

6. 混乱中立（自由人）

混乱中立的人物依循自己的冲动行事，是完全个人主义者。他们重视自己的自由，却不愿挺身保卫别人的自由。他们躲避权威、憎恨限制、挑战传统。混乱中立者不会像抗议群众或无政府主义者那样去刻意破坏组织，因为如此做的人必定是由善良(如想要解放他人)或邪恶(如希望让他人受苦)的力量驱使。靠着小聪明在大陆上流浪的吟游诗人戴维斯便是混乱中立的代表。一般人习惯将混乱中立称做“真正的混乱”。虽然混乱中立者难以预料，但其行为并非毫无理性，他们不太可能莫名其妙地跳河。

选择混乱中立的长处是，可以不顾社会的限制或道德劝说。

7. 守序邪恶（支配者）

守序邪恶的人在理论上会依循自己的标准，尽其所能地取得想要的东西，而不管是否伤害到他人。他们重视传统、忠诚与纪律，但不在乎自由与生命的价值。他们依循规则行事，却不抱持怜悯或热情。他们喜欢阶级制度，因为可以统治下属，也听令于上级。他们不责难他人的行为，但会责难其种族、信仰、家乡或社会地位。他们不愿意违背法律或承诺，这一部分是出于本性，一部分则是因为仰赖纪律的保护，以免遭到道德立场相对的人反对。有些守序邪恶的人有某些禁忌，如：不杀生(但却命令属下去做)或不伤害小孩(如果他们有用的话)，他们认为这样已经比无法无天的恶人更好了。为了扩张自己权力而利用人民的公爵，便是守序邪恶的代表。

有些守序邪恶的人(或生物)视邪恶为一种信念，就像信仰善良的十字军一样。除了为自己的目的而伤害他人，他们也以散播邪恶为乐。他们也可能侍奉邪恶的神祇或主子，将恶行视为工作的一部分。

有些人将守序邪恶称做“魔鬼崇拜者”，因为魔鬼是守序邪恶典型的怪物。

守序邪恶的可怕在于他们是有系统、有计划地行恶，因此经常成功。

8. 中立邪恶（犯罪者）

中立邪恶的人为了自己可以做出任何事，一切都是为了自己，就这么简单。他们从不为死在手下的人掉泪，不论是为财、为了高兴或只是为了方便。他们不喜欢纪律，也不遵守法律、传统或任何高贵的信念。然而，他们也不像混乱邪恶者那样浮躁不安或热爱冲突。为了得到想要的东西而烧杀掳掠的罪犯，便属于中立邪恶阵营。

有些中立邪恶者将邪恶视为一种理想，想要献身于邪恶。这种恶人大多是邪恶神祇或秘密组织的成员。

一般人习惯将中立邪恶称做“真正的邪恶”。

中立邪恶的可怕在于他们表现出全然的邪恶，完全没有荣誉感和对象区别。

9. 混乱邪恶（毁灭者）

混乱邪恶的人会因为贪婪、憎恨或欲望而做出任何事。他们暴躁易怒、满怀恶意、独断暴力而且无法预料。为了得到想要的东西，他们会冲动而莽撞地行动，散播邪恶与混乱。所幸他们的计划大多杂乱无章，其团体大多组织散乱。一般而言，混乱邪恶者只有被强迫时才会与人合作，其领袖常要面对斗争与暗杀。为了复仇或毁灭而进行疯狂计划的术士，便是混乱邪恶的代表。混乱邪恶有时被形容为“恶魔人士”，因为恶魔正是混乱邪恶的典型生物。

混乱邪恶的可怕在于他们不仅破坏美丽与生命，也破坏了美丽与生命赖以生存的秩序。

8.7.2 D&D 骰子规则

骰子堪称“龙与地下城”游戏的标志性道具。游戏中会有很多场合需要通过掷骰子来产生随机数，由此决定角色未来的命运。骰子也分为许多种类，有 4 面骰、6 面骰、8 面骰、12 面骰、20 面骰，其中 20 面骰用到的机会非常多。下面以战斗为例来说明一下骰子的使用。

在战斗中，骰子主要用来决定角色的攻击是否命中，以及命中后造成的伤害值。

攻击是否命中的检定，简单来说，采用如下的公式：

攻击检定 (近战)= 1d20 + 基本攻击加值 + 力量调整值

敌人的防御等级（AC）=10 + 防具加值 + 敏捷调整值

其中，“1d20”表示掷 1 次 20 面骰。我们假设角色的基本攻击加值是 2，力量调整值也是 2，那么角色可能的攻击检定值就在 5 ~ 24 之间，只要这个数字最终不小于敌人的 AC，就算命中。假设敌人防具加值是 5，敏捷调整值是 1，它的 AC 就是 16。

此时唯一决定结果的就是你的手气，只要将 20 面骰掷出 12 以上的数字，使攻击检定达到敌人的 AC，就可以成功击中敌人。

接下来要掷 1 次骰子，决定你造成的伤害有多少，如果你使用的是木棒，那通常能造成 1d6 点伤害 (掷 6 面骰，掷出几伤害就是几)；如果你挥舞着巨斧，那伤害值就是 1d12。武器的优劣一般决定于它们能造成的伤害值，巨斧当然比木棒厉害。

不过，在玩家往来于地下城探寻更强大的武器时，也有一个先决条件：要擅长这类武器，并保证攻击命中，其次才考虑杀伤力的大小。

8.7.3 D&D 人物属性规则

每一项属性都部分描述了玩家的人物，并且影响到他的一些行动。

1. 力量

力量（Strength，简称 Str）量化了人物的肌肉和身体强壮度。这项属性对战士、野蛮人、圣骑士和巡林客等战斗系职业特别重要。

2. 敏捷

敏捷（Dexterity，简称 Dex）量化了手眼协调性、灵活度、反应以及平衡性。这项属性是游荡者最重要的属性，但对那些通常穿着轻甲、中甲 (巡林客和野蛮人) 或不穿甲 (法师和术士)，以及任何想成为优秀弓箭手的人物来说，敏捷也很重要。

3. 体质

体质（Constitution，简称 Con）表示了人物的健康和耐力。体质加值能增加角色的生命点数，所以它对所有职业都很重要。

4. 智力

智力（Intelligence，简称 Int）决定了人物学习和推理的能力。这项属性对法师非常重要，因为它决定了法师所能施展的法术数量、施展法术的难度以及法术的威力。同时智力对任何想拥有多种技能的人物都很重要。

5. 感知

感知（Wisdom，简称 Wis）表现了人物的意志力、常识判断力、感知力和直觉。智力表现人物分析信息的能力，而感知更多地表现在对周围事物的察觉和了解上。感知是牧师最重要的属性，对圣骑士和巡林客也很重要。如果你希望你的人物有敏锐的直觉，那就给他高的感知属性。任何生物都有感知。

6. 魅力

魅力（Charisma，简称 Cha）表示人物的魄力、说服力、个人吸引力、领导能力和外表吸引力。这项属性对圣骑士、术士和吟游诗人最重要。它对牧师也很重要，因为它影响着牧师驱退不死生物的能力。任何生物都有魅力。术士或吟游诗人会因高魅力值得到施法次数奖励。

8.8 本章小结

本章主要介绍和分析东西方的历史文化在电子游戏中的运用，重点从朝代变迁、文化特点、神话故事等方面分析电子游戏中的文化背景。本章最后重点介绍了西方奇幻文学，尤其是龙与地下城规则对于当今电子游戏发展的重要影响。

8.9 本章习题

1. 理解游戏本质的经典书籍与材料包括哪些？各自的核心思想是什么？

2. 请列举出中国历史上最著名的10位军事将领并介绍其军事生涯。

3. 请自行查找资料，简述龙与地下城的发展史。

4. 上古神话与传统神话的区别是什么？

5. 西方神话有什么样的组成结构？

从创意到提案

教学目标

- 掌握创意产生的方式
- 了解如何把握创意，并将其转化为成熟的游戏设计

教学重点

- 创意产生的方式
- 对经典游戏的分析

教学难点

- 学习如何将抽象的创意转变成具象的游戏内容

很多专业游戏公司的游戏设计师都是游戏的高级玩家，在玩游戏的时候，他们会在更深的层次上分析游戏，包括其中的交易系统、打造合成系统、升级系统等。但是了解了这些系统以后并不意味着可以立即开始设计游戏，他们还需要有设计游戏的冲动，或者说是设计游戏的兴趣，任何一个人都不会在一项不感兴趣的工作上取得成功。仅仅有了这些冲动是不够的，还需要进行一系列的工作，然后游戏才能正式立项。

9.1 为什么想设计游戏

人们为什么想成为一名游戏设计师呢？因为不满足！

人们的少年时代总是会有很多新奇的想法，某些想法在现实中能实现，而有一些则不那么容易实现，例如那些不着边际的冒险想法。当人们发现通过计算机技术可以创作出完美的虚拟世界的时候，就可能开始尝试，曾有数不清的开发者在早期的计算机上开发了简单的游戏。《星际指挥官》的开发者埃里克曾经在四年级的时候开发出棋牌游戏，八年级的时候开发出迷宫游戏，让玩家通过键盘进行控制，尝试走出迷宫。

成年人在面临社会压力的时候，可能会到游戏中去寻找心灵的慰藉或久违的成就感。当他们发现设计游戏可以同时满足现实与梦想两方面需求的时候，就可能产生由玩家转变为设计师的想法。

9.2 什么是冲动

看着别人做出来的游戏，很多人都会设想自己可以做一个什么样的游戏，该游戏可以让别人得到现有游戏得不到的某种感受，从而能够更好地满足玩家的需要，同时也满足自己的需要。任何人都会为拥有自己的游戏而感到自豪。

冲动往往就是那些在玩某个游戏的过程中突然冒出来的新奇的想法。一般情况下，在想法出现后的最初3天时间里，冲动会达到最高点，而后会逐步理性化或由于条件不成熟而被迫放弃。放弃是非常令人遗憾的，最佳方法是将创作冲动的内容记录下来，再经过分析以形成具有可操作性的创意。

其中一种创作冲动来自于希望对前人的设计点进行改进，这也是目前非常主流的游戏创作方式。哪怕只是视角的转换，都会带来不同的操作感觉；强化美术观感或者更换游戏背景，就会为玩家提供新的冒险故事。

另一种创作冲动的来源是游戏类型的融合。比如在冒险游戏中，希望将战斗转换为即时战术的玩法。又或者在回合战略游戏中，希望加入角色养成的系统。总的来说，它是将多种游戏类型混合，从而在一个游戏中塑造出多种玩法。

9.3 分析游戏

有了初始的冲动还仅仅是万里长征的第一步，因为大部分的创作冲动都不具备良好的可操作性。要真正开始游戏设计过程，必须先把最初的创作冲动记录下来，暂时搁在一边，重点进行各类游戏的分析。

游戏设计需要很强的分析能力。作为游戏玩家的时候，主要考虑如何从游戏中获得乐趣。但是想要成为游戏设计师，就要在玩过游戏以后考虑其他的问题，诸如：

（1）为什么这个游戏会吸引我？

（2）这个游戏具体是如何实现的？

（3）这个游戏有什么缺点？

（4）加入哪些变化可以把这个游戏做得更好？

锻炼设计的本领，就是潜移默化地去思考这些问题的过程。作为游戏设计师，需要养成分析游戏、设计游戏的习惯，需要经常进行游戏逆向分析。

9.4　创意

“创意”是一个充满诱惑的词，任何工作都需要创意。

设计师的工作就是创造一些别人想不出来的或者不敢去想的内容。然而独创是个很让人头痛的问题，特别是在电子游戏出现多年以后，已经有成千上万套好的游戏之后，要想再做出点独创的内容是非常困难的。值得庆幸的是，我们处在一个新技术、新工具快速发展的年代，可以在最新的设备上实现前人认为不可能做到的事情，让我们有更多的思路和方式去展现那些古老的设计方案。

创意是从哪里来的？和其他所有的艺术形式一样，游戏艺术的创意也来自于现实的生活。要想有好的创意，就需要从生活中不断地寻找新的灵感，如电影、书籍、历史、音乐都可以带来灵感。现在市面上有许多游戏是直接改编于电影和小说的，像《绿巨人》《金庸群侠传》《指环王——中土战争》等，如图9-1所示。这些已有的艺术形式可以带来很多优秀的创意和想法。在整理创意期间，可以拿出当初产生创作冲动时记录下来的那些新意，在大量游戏分析的基础上，确定是否要采用。创意与新意(创作冲动时产生)最大的区别在于是否经过周密的分析。

图9-1　《指环王——中土战争》游戏

游戏设计仅有好的想法是不够的，还需要知道游戏要表达的理念。它可以是普通人的发财梦(大富翁)，可以是一段凄美的爱情故事(仙剑)，也可以展现五千年人类的发展史(地球帝国)。如果不清楚这一点，游戏设计就可能偏离方向，并导致失败。一旦明确了游戏要表达的理念，在以后所有的工作中就要遵从这个主题。所有加到游戏中的各种创意，都要考虑是否与主题违背。游戏不是创意的简单堆积。

有了游戏理念之后，还需要有充足的资料做后盾。当找到自己的游戏理念以后，就需要为游戏理念寻找足够多的资料，甚至成为该方面的专家。例如，对于一款优秀的二战游戏，游戏的设计者要达到战史专家的水平，他必须对同盟国和轴心国战争史具有充分的研究。

积累一段时间之后，设计师的头脑中会对自己设计的游戏有了一个基本的轮廓，一幕幕的游戏片断会在脑海中浮现。接下来的一个步骤就是提炼精华，去其糟粕。这个时候设计师就有必要参考和需要设计的游戏相类似的游戏，了解一下别人的想法。对于是模仿还是创新，最后的结论是：取得平衡才是最好的办法。这体现在游戏中有创新，但同时要保证玩家们对游戏环境能够适应，使他们不用阅读手册就能够理解游戏规则。

如何验证游戏创意的正确性呢？最好的办法就是去征集别人对创意的意见，并根据意见来确定创意是否可以吸引人或者增强游戏的可玩性。通常征集意见的场所可以是公司内部，也可以是玩家云集的网络。

9.5 寻找现有模型并将创意具体化

即便存在创新，大部分创意也都可以在现有的游戏市场上找出一款或几款跟设计师的设计思想很相似的游戏，或者几款游戏中的某个部分与之设计相近。找到这些游戏，对于创意的具体化非常有帮助，因为可以参考某些细节层面的内容。寻找到现有的模型(找出几款现有的游戏)，这可以更快捷地为设计师及其研发伙伴建立起游戏的初步概念。

这样做最大的弊端就是会影响到研发成员的个人创造力。因为一旦在设计者的头脑中有了某款游戏的轮廓，就很难再跳出这个模式并在该模式上进行创新的改进。设计师在参考阶段就需要确保自己的设计、创意和参考游戏有差别，并确保这种差别不会被参考游戏同化。

在此阶段，应该形成一份正式的文档：创意文档。从内容上看，这个创意文档(也就是人们通常说的概念文档)需要简短说明今后在游戏设计文档中要实现的游戏的主要功能。从功能上看，对于需要资金支持的团队来说，该文档应引起出资方对游戏的关注，使他们想要迫不及待地与开发团队联系。该文档还有一个重要目的，那就是使所有项目受益人包括开发团队都清楚了解游戏本身。

每个人都会认为自己的设计是最好的，因此在形成文字之前很难发现自己的缺点，但是当文档出现在面前、当全盘设计可以清晰浏览的时候，设计师就会发现之前思路中的缺点，就会知道这个游戏是否有潜力。

9.6　提出立项建议

创意文档写作是对创意的第一次检验，在完成创意文档之后，设计师需要与其他团队伙伴一起完成立项建议书。在该建议书中，要写清楚游戏针对的人群、游戏类型、游戏表现方式、游戏实现平台、游戏特色、实现游戏所需的大致时间，以及人员安排等。

9.7　本章小结

本章首先通过对现有游戏的分析培养读者分析游戏、设计游戏的习惯，再介绍了一些游戏创意产生的方法，最后建立游戏模型对创意进行具象化以测试创意的可行性。

9.8　本章习题

1. 请写出你曾经设想过的自己希望完成的游戏。
2. 作为游戏设计师，在玩游戏时至少应该在哪些方向上对游戏进行分析？
3. 请分别针对一款经典FPS、RPG、RTS游戏进行游戏分析。
4. 从创意到提案阶段都需要完成哪些正规文档？作用分别是什么？
5. 如何收集创意并具体化创意？

第10章 游戏组成结构分析

教学目标

- 了解游戏的基本组成
- 游戏的各基本组成部分的特点
- 游戏的各基本组成部分的设计要求

教学重点

- 游戏的组成结构
- 游戏角色、道具的划分标准

教学难点

- 游戏的各基本组成部分的设计要求

当游戏开发提案得到通过，资金到位以后，就进入了游戏设计阶段。与创意阶段不同的是，设计阶段要将游戏涉及的各个方面全部在设计文档中描述清楚，同时需要关注细节。即便某些内容比如角色模型、关卡任务、对白描述等需要在实施阶段去完成，但设计阶段也必须在设计文档中完成各种设定，也就是说设计阶段是完成游戏的“书面版”。

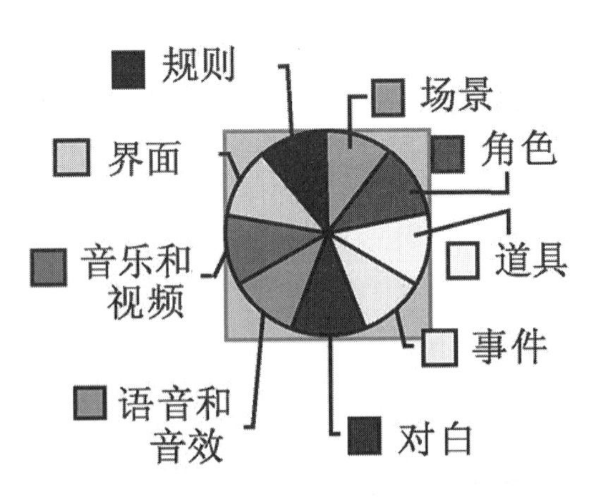

图 10-1　游戏的基本组成

详细的游戏设计过程实际上是在创意文档基础上的一个分解细化过程。要提高设计效率，就应该对游戏的组成结构具有清晰的认识。不同种类游戏有其特定的游戏组成部分，但是游戏组成也有很多共性。如图 10-1 所示，显示的就是大部分游戏的基本组成要素。

10.1　场景

场景是指游戏中的主角可以到达的区域。一个完美的场景需要将环境、剧情、心态完整并且和谐地表达出来。

场景可以是室内的，也可以是室外的：室内场景一般由房间、通道、门、桌椅、火炉、柜子、床等构成；而室外场景往往由草地、土地、路、石头、树、房屋、河流等组成。不同的场景可以表现出不同的意境。

场景需要能够清晰地表达出游戏的主题。例如一款以惊悚为主题的游戏，这个游戏场景中就需要添加一些恐怖电影中常见的“锈迹”“灰暗的灯光”等元素，营造出压抑、恐怖的气氛。

游戏场景必须和谐而连续，玩家从一个场景进入另一个场景时，需要保证场景之间的切换流畅。例如玩家从一座古堡进入黑暗的森林中，在这两个场景之间就必须加入过渡场景，否则会带给玩家突兀的感觉。

游戏往往也通过场景的设置来引导玩家的注意力。在满天闪闪的星空下，一颗划过长空的流星会立刻将玩家的注意力吸引过去。在幽暗的森林中，不时窜出的一条小蛇会提醒玩家提高警惕注意安全。

10.2　角色

游戏角色大体可以分成两类：第一类是指玩家可以控制的人物，被称为主角；第二类是非玩家角色，简称为 NPC（None Player Character）。

10.2.1　主角

一款经典的游戏会带给我们一个经典的主角，一个经典的主角也会成就一款经典的游戏，因此设计好主角人物至关重要。在游戏中，每一个人物都有他的种族、职业、性格和所属阵营，而这些又会影响到他的外形、服饰甚至武器。每一个人物都还具有隐性的属性，例如 D&D 中的力量、体质、敏捷、智力、魅力、感知，以及各种底层数据。

我们首先要为每个主角设计好详细的背景资料，与之相关的设计都可以以此为依据。

例如，异人身为蚩尤的后裔，秉承“天地不仁，我自巍然；人无善恶，唯有敌我”的人生哲学，拥有召唤及操纵万物的能力，或用秘术为同盟疗伤。修习幻族异能的异人偏重治疗术的修行，他们的法术不光可以增益自身，还可以弱化敌人。而修习兽族异能的异人，通过不断强化肉身，体魄开始趋向于兽族，变得勇猛刚强。异人角色设计如下。

姓名：异人。

性别：男。

年龄：18 岁。

职业：甲士军官。

阵营：商朝北方军崇黑虎麾下。

武器：擅长刀、剑、戟等。

性格：勇猛善战而且胆大心细，深得崇黑虎器重。

外形设计：长发及肩，军官装束，红袍金甲。

其他：在游戏中，异人拥有灵巧矫健的身姿，面带有点小坏却帅气逼人的笑容，酷似胡歌饰演的李逍遥其人，也有同样的传奇身世，背负同样的种族使命。他们隐匿在雨林深处抑或市井凡间，经历春去秋来、王朝更迭后的千年，当得知承担重大使命之时，勇敢拿起手中的长生钺，去烽烟四起处挥洒豪情与热血，拯救万世苍生，如图 10-2 所示。

图 10-2　异人原画设计

10.2.2　NPC

NPC(非玩家角色)这类角色不由玩家控制，大致分为行走角色和站立角色两种。行走 NPC 角色是指可以在设计师指定的几个点上按路线不停走动的角色，这些角色包括一些动物(如小猫、小狗、怪物等)。而站立角色对美工的要求就简单一些，如坐在地上的乞丐、卖菜的小贩、酒店的老板等。

NPC 角色和场景必须搭配。在游戏中的某些场景中，需要有大量的 NPC 在活动，这些 NPC 甚至不用说话，不用和玩家交流，只是在某个特定场景中走来走去，目的是营造一个气氛。例如《仙剑奇侠传》中的小码头，有通过几个卖菜的菜农形成菜场，也通过几个年轻的水手形成码头。这些 NPC 没有特殊的情节和对话，只是用来渲染和烘托场景的气氛。如图 10-3 所示为一个 NPC 和玩家交易的典型画面。

图 10-3　一个 NPC 和玩家交易的典型画面

10.3　道具

道具是指在游戏进行过程中，使用或者装备的物品。道具大致上可以分为三类：使用类道具、装备类道具和情节类道具。

10.3.1　使用类道具

使用类道具的特点是，道具在用过之后就会消失。它又分为食用型和投掷型两种。食用型道具是指在游戏过程中被食用后能增加某种指数的物品，一般来说此类道具是药品或是食品，例如草药、金创药之类，食用之后可以使受伤的体力得以恢复；投掷类道具是指在战场上使用的可投掷的物品，如飞镖、金针、菩提子，击中敌人后可以减少敌人的 HP（体力）值。

10.3.2　装备类道具

装备类道具指可以装备在玩家身上的物件，如青虹剑、屠龙刀等。设计这样的道具，要详细说明道具的等级、重量或是大小（有负重值的游戏要考虑道具的轻重，有可视道具栏（如图 10-4 所示）的游戏要

图 10-4　游戏武器道具

考虑道具的大小）、数值（加攻防、敏捷等数据）、特效（对某魔法可防，对某系敌人效果加倍）、价格（买进时的价格和卖出时的价格），其他的性质还有材质（木、铜、铁等）、耐久值、弹药数、准确率等。

10.3.3 情节类道具

情节类道具在游戏的运行和发展中是最不可少的。什么是情节类道具呢？举例来说，玩家在拿到钥匙之后才可以打开某扇门、进入某个场景，需要的那把钥匙就属于情节类道具。这类道具在情节发展过程中必不可少，这类道具存在的目的就是为了判断玩家的游戏进程是否达到设计者的要求。

10.4 事件

事件，可以简单地认为是满足某种条件后触发的情节。有单体情节，按着游戏设计师的设计思路一步一步完成条件的判断；也有互动式情节，会根据游戏者的所作所为，做出不同的反应，生成不同的事件。游戏中的事件分为两种，一种是可触发的，另一种是随机的。

（1）可触发事件是指根据游戏主角的动作而引发的某个特定情节。一般在 RPG 游戏中，可触发的事件居多。例如，在《生化危机》中，当玩家打开一扇门后，会自动播放一段动画，或者突然冲出几个面目可憎的僵尸。一款普通的 RPG 游戏，基本上由这样无数个触发点构成的，所触发的事件会推动着情节的发展。非 RPG 游戏也同样存在大量的触发事件，为控制情节发挥着重要的作用。

（2）随机事件是指游戏中偶尔会出现的一些不受玩家影响、自行随机出现的事件。例如，在一些经营模拟类的游戏中，经常会随机出现火灾、人员受伤、股市大跌等事件。

10.5 对白

对白在各种具有一定故事情节的游戏中都占有重要的位置，如在 RPG 游戏中，对白通常占有很大的比重。对白也是一款游戏最直接、最平滑的表白。对白语言的精练程度，对白语言的文学水平，都会影响着游戏的成败。

对白除了具有最常见的叙述故事的作用外，还具有其他用途，如突出角色性格、表达角色感情及突出文化背景等。

10.5.1　突出性格

如果角色被设定为豪爽的汉子，像"嘿，我说朋友""对不起，我是个大老粗，我说错话了，我给你赔礼""朋友，就此别过，我们后会有期"这样的对白设定就非常符合角色的性格。而相反，如果角色设定为羞怯的小姑娘，那么与上面相同的意思，就应该为"嗯……嗯……这位公子请留步，……""嗯……对不起啦……请……不要生气……""嗯……公子，奴家要走了，还能再见到你吗？"

10.5.2　突出感情

角色会随着剧情的变化而生出喜怒哀乐忧思恨等各种情感。这一切情感除了用相关的动画、音乐、音效来配合外，最主要的表达方式还是对白，就像小说中的对白不但是推动剧情发展的直接方式，还可以用来塑造角色不同的性格特点，从而赋予角色最鲜活的生命力。一段感人肺腑的对白，甚至可以流传百世。例如在《仙剑奇侠传》中，就有许多非常经典的对白，如图 10-5 所示。初听不觉得怎样，但随着游戏剧情的推进，它们在李逍遥回忆中再次出现时，就让人有一种说不出的心酸与遗憾，最后深深镌刻在玩家脑海当中，时至今日仍令人无法忘怀。

图 10-5　《仙剑奇侠传》中的对白

10.5.3　突出文化背景

在给主角或 NPC 设计对白时，应该考虑到他们的文化背景。很难想象一个屠户会说出"路漫漫其修远兮，吾将上下而求索"这样的雅句；也难以想象一个饱读诗书的江南才子会说出"直娘贼""天杀的"这样的粗话。另外，文化背景是针对地域方言、俗语俚语、习惯用语、职业用语、历史语言变迁而言的，这已经属于语言学的范畴了，一个优秀的游戏设计师，应该懂得许多与游戏没有直接关系的知识，如文学（诗歌、小说、散文）、艺术（音乐、美术、建筑美学）、语言（方言、音韵）、社会（历史、地理、哲学、经济）、民俗（神话、民风、服饰、习俗）、医学（中医）、玄学（易经、术数）等。

10.6 语音和音效

语音和音效的合理设置有利于增强游戏的真实感，使人更容易融入游戏氛围中去。

10.6.1 语音

随着游戏开发技术的提高，很多游戏都用真人语音来增强真实感。在录制语音时，经常由专业的配音人员来完成。语音文件制作完成后，通过程序控制在合适的情节中进行播出。

10.6.2 音效

同语音一样，音效在一款游戏中也是极其重要的，很难想象无音效的世界是什么样子的。剑客挥动的宝剑声，打到怪物时那声嘶力竭的惨叫声，对于玩家来说，都是一种身临其境的感受。

在游戏音效设计上，与场景、氛围相配合是极其重要的。湖光山色中，配以一两声鸟鸣；狂风呼啸的雪原上，出现隐隐约约的一声狼嚎；月下丛林里，依稀可以听到猫头鹰的笑声；铁匠铺里，响起叮叮当当的打铁声；深山古刹中的晚钟声和诵经声，这些音效的制作和选择，更能够提高游戏的感染力。

一般来说，音效在游戏中，以如下三种形态出现。

（1）背景音效，与背景音乐同时播出，不间断地播放，如铁匠铺里叮叮当当的打铁声。

（2）随机音效，在一个场景中随机播放出来，例如湖光山色中，偶有的一两声鸟鸣。

（3）定制音效，随玩家的操作而播放的音效，例如玩家拔剑时的出鞘声、玩家选中场景中小狗（NPC）的“汪汪”声。

10.7 音乐和视频

10.7.1 音乐

在游戏中，音乐是非常重要的一个因素。一个画面、规则、程序都很棒的游戏，可能会因为音乐的失败而失败。例如，当金山公司高举国产网游大旗，重磅推出《剑侠情缘——网络版》的时候，特意找到当红歌手为游戏演唱主题曲《这一生只为你》。

作为一个游戏设计师，虽没有必要掌握专业的音乐知识，但应该有一定的乐感。在音乐说明文档中，需要详细列出游戏中所出现的音乐背景、要求达到的效果、在何种场景中播放等。

10.7.2　视频

视频通常出现在游戏开头或结尾处，以交代故事背景或演示通关后的结果。在有的游戏里，视频还作为情节串联的工具。随着游戏市场竞争的激烈化，很多游戏公司会制作专业视频用于市场宣传。

10.8　界面

界面是玩家与虚拟世界进行交流的唯一接口，玩家从界面中获取信息，并且通过界面实现游戏行为。

游戏中的界面分为两种：一种是主界面，另一种是 HUD 界面。

10.8.1　主界面

主界面是游戏的入口，在其中包含游戏的主要功能菜单，如进入游戏、读写记录、配置、退出等。菜单可能会有多级，在制作游戏过程中，菜单的基本结构图、界面使用顺序和界面使用规则都需要由游戏设计师进行设计，如图 10-6 所示。

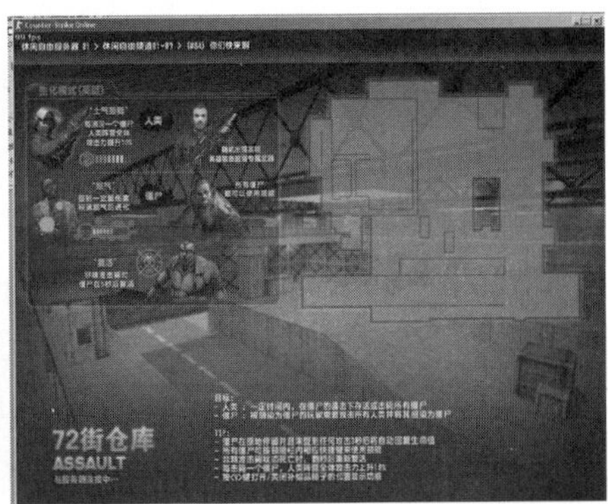

图 10-6　《反恐精英》的主菜单界面层级关系

10.8.2 HUD界面

HUD的全称是Head Up Display，是指进入游戏后浮动在游戏世界之上的内容。游戏中常见的雷达视图、HP指示、可用技能列表等都是HUD界面的一部分。HUD界面一般都很精巧，否则会影响玩家对游戏世界的观察。当然也可以通过HUD中的按钮调出复杂操作界面，比如装备布置界面等，如图10-7所示。

图10-7 《魔兽争霸》的HUD界面

10.9 规则

电子游戏是规则游戏的一种特殊形式，所以每个游戏都需要依据一定的规则发展，而不同类型的游戏，例如RTS、RPG或者ACT等的游戏设计规则并不相同。与界面是直接显示出来的不一样，游戏规则往往隐藏在游戏的各种设计中。对于玩家来说，了解游戏规则的最佳方法是阅读游戏新手指南；而对于开发人员来说，获取游戏规则的最佳途径是阅读游戏设计文档(策划案)。

规则的含义很广，其中包括如下内容。

1. 情节规则

情节规则用于设定游戏剧情按何种方式进行下去，例如，获得“倚天剑”才能进入下一关等。

2. 操作规则

操作规则用于设定用户和游戏进行交互的规则。例如，在《疯狂坦克》游戏中，用户通过按住空格键时间的长短来控制炮弹发射的力度。

3. 其他规则

其他规则包括角色升级机制、装备交易规则、技能相生相克规则等。

10.10　本章小结

本章首先介绍了一般电子游戏的基本组成要素，其次分别对场景、角色、道具、事件、对白、语音和音效、音乐、界面、规则这些重点要素逐一加以描述，并且介绍了各基本组成部分的设计要求。

10.11　本章习题

1. 一般游戏的组成要素有哪些？
2. 游戏中的角色有哪几类？它们的作用和特点是什么？
3. 游戏中道具的主要分类和特点是什么？
4. 在 RPG 游戏中，设计对白的要点主要有什么？
5. 游戏中的音效分为哪几种？
6. 什么叫 HUD 界面？
7. 为什么说游戏规则往往隐藏在游戏的各种设计中？

第11章 游戏设计文档

教学目标

- 了解游戏设计过程中文档的功能和重要性
- 掌握设计文档的分类和特点
- 掌握常用设计文档的写作方法、格式、内容

教学重点

- 设计文档的分类和特点
- 典型设计文档的结构
- 游戏设计文档的误区

教学难点

- 掌握常用设计文档的写作方法、格式、内容

游戏开发涉及的文档很多，包括创意文档、游戏设计文档、技术设计文档、商业文档等。其中与游戏设计师(策划)最密切相关，也最庞大的一份文档是游戏设计文档。

游戏设计文档主要用于记录游戏设计内容，是指导开发人员工作的手册。若详细的游戏设计文档内容太多，也可能被拆分成几个独立的文档。

11.1 游戏设计文档的主要功能

11.1.1 指导游戏开发的顺利进行

很多游戏设计人员固执地认为，游戏设计文档无非只是纸面的参考而已，很多文档只是简单叙述了游戏的开发目标，而更多的文档只是为了敷衍那些需要看文档的开发商或投资商。但是如果没有详细的设计文档做依托，面对越来越复杂的游戏，开发过程可能会越来越混乱。游戏开发是个漫长的工作，诸如《天堂 2》这样的作品，开发周期长达 4 年。可以想象，如果没有细致的设计文档作为指导，开发这种大型游戏的工作将会变得多么混乱。

在游戏行业中经常可以见到“设定”一词，它隐含的意思就是内容一旦在设计文档中固化，就不允许轻易修改。各种设定是后期开发的指导性原则。

11.1.2　确保游戏主题的连贯性

设计文档是使设计不偏离主题的一个重要手段，能够防止游戏设计人员因不切合实际的想法而使设计主题偏离；在游戏变得更为复杂的时候，把游戏的思路和情节固定下来是一种非常有帮助的方法。

好的设计文档不但有助于游戏开发，对于游戏设计自身的提高也是有益的。在编写设计文档的同时，游戏设计人员可以围绕其基本做法进行更深层次的思考。

11.1.3　确保游戏项目的持续性

项目开发的过程中，存在着各种不确定因素。在项目开发过程中，可能会不断有人离开，不断有人加入。对于在项目中途加入游戏开发的人员来说，通过对游戏设计文档（如图 11-1 所示）的阅读，可以更好地融入游戏开发，更快地加入到游戏的创作中去。

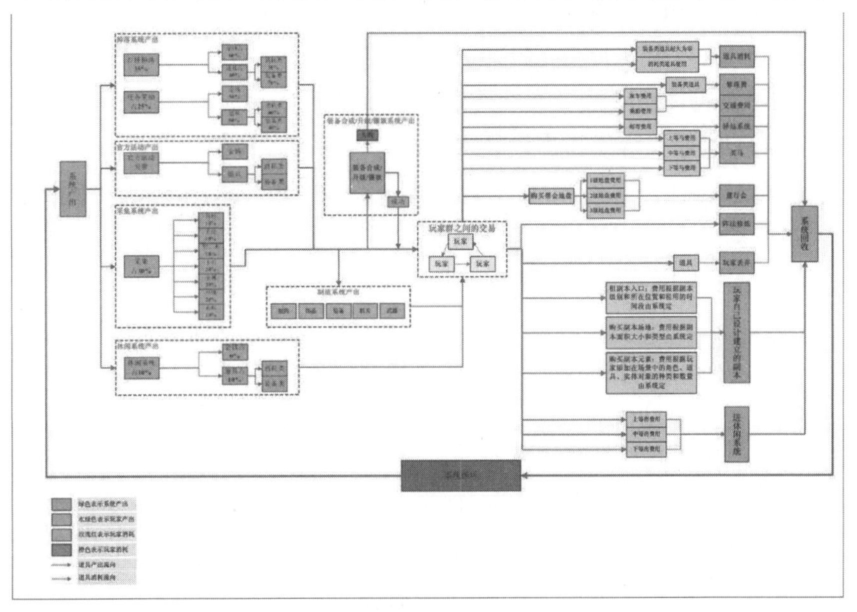

图 11-1　一份标准的策划（设计）文档示例

11.2 游戏设计文档的实质

设计文档的内容很多，不同游戏的设计文档的着重点和风格都不一样，但大部分设计文档的实质无非是对游戏环境、游戏机制和开发任务的描写。

1. 游戏环境

这里所说的游戏环境并不特指游戏的运行环境，如硬件平台、软件环境等。它还包括对虚拟游戏世界的环境描述，如游戏世界观就是对虚拟游戏世界的大环境的描述、背景故事是与主角有关的中等环境的描述、关卡设计是对主角涉及的现场环境的描述。

2. 游戏机制

游戏机制是游戏环境中玩家做什么、在哪里做、什么时间做、为什么做、用什么做和怎样做的描写，是游戏规则的综合化。

3. 开发任务

设计文档为开发人员的工作提供指导，其中的内容实际上也就是开发人员需要完成的任务。例如，当设计师在设计文档中列出了全部背景音乐的要求后，该列表实际上就是音乐制作部门的任务清单。

11.3 设计文档所涉及的范围

游戏开发中要使用的文档很多，每份文档都有各自的目的和职责，设计文档仅仅是其中的一个文档，所以设计文档在内容上也有其边界范围。

1. 设计文档应包括的内容

由设计文档的实质很容易得出设计文档应包含的内容，主要包括如下几项。

（1）与游戏机制相关的有行动规则、战斗规则、多人团队规则、经济系统规则、升级体制、打造系统规则、界面操作、视角定义等。

（2）与游戏环境相关的有世界观、故事背景、角色、关卡、装备、特效、任务、情节等。

（3）与开发任务相关的有美工、音乐风格及任务列表等。

2. 设计文档不涉及的内容

不属于策划工作的内容就不应该在设计文档中体现，举例如下。

（1）美术设计方面的细节内容，包括动画脚本、特效构成等。

（2）技术设计方面的细节内容，包括引擎结构、程序模块等。

（3）游戏的市场销售内容，包括销售策略等。

（4）预算和其他项目管理信息。

3. 属于设计文档但可单列的内容

某些内容属于策划工作，应该放在设计文档中，但有可能因篇幅太大，直接放入会影响设计文档的结构和可阅读性，这时就可以用附录或独立文档的形式提供。属于这种情况的内容有庞大而体系化的世界观、复杂的故事背景、复杂的人物关系、太多的美工任务列表等。当然，那些由小说及电影改编的游戏肯定会存在此情况，所以小说及电影本身就属于单列的附件。

11.4　游戏设计文档的格式和风格

很多人都习惯在固定的格式下编写设计文档，但实际上，行业中并不存在标准的游戏设计文档格式。每个设计人员可以按照自己喜欢的方式进行编写，只要能够将需要表达的内容清楚表达出来就可以了。这种情形也许可以从一个侧面说明游戏产业的发展还没有电影产业那么成熟，行业内有些东西还没有形成约定的标准。

虽然没有事实上的标准模式，但是一般来讲，大部分设计人员都有一些类似的习惯和风格。如果一个游戏设计人员编写的设计文档和习惯风格差异太大，那么也许不太容易得到认可。因此，编写游戏设计文档的时候，不妨参考一下已有的文档，就如同在正式考试之前参加模拟考试一样。当然，由于版权的问题，很难获得那些比较成功的游戏设计文档，但是通过互联网或者其他渠道，还是能找到一些设计文档作为参考的。

公认的游戏设计文档应具有以下特点。

1. 便于阅读

编写游戏设计文档和编写其他软件的设计文档没有太大的不同，如都应该具备目录，不同层次的标题，一些清单、表格、图片等内容。最重要的目标是能让别人非常清楚地明白设计师要表达的内容。

2. 避免重复

设计文档中的内容应该尽量避免重复，当第二次提到一个元素的时候，不应该重复描述它，让读者参阅之前的定义就可以了。这样，一旦需要修改，也只需修改一个地方。

3. 简洁明确

设计文档属于一种应用文体，因此没有必要进行过多的、华丽的修饰，同时避免使用有歧义的词汇和表达方式，采用简洁明确的方式传达必要的信息。特别是当设计文档中包含游戏的创意和背景故事，此时很容易用文学创作的方法进行描述，但是这并不必要，因为使用过多的艺术手法进行润色，丝毫不能改变游戏本身的设计。设计文档最重要的是让开发团队理解设计师的意图。

11.5 典型设计文档结构

如前所述，虽然设计文档并不存在统一的格式，但大部分设计文档的内容还是具有共性的，基本上由游戏设计文档的实质可以分析出设计文档应包含的内容，不同的设计文档格式仅仅是对这些内容的不同组合而已。典型的游戏设计文档一般分为概述、游戏背景、游戏元素设定、核心游戏性设定、相关游戏性设定、游戏内容元素清单等几个主要的组成部分。

下面分别对这些组成部分进行详细描述。

11.5.1 概述

游戏设计文档中的概述部分在整个文档中起到提纲挈领的作用，它为整个游戏开发指明了前进的方向。因此，在设计文档的开头，必须用 1 ～ 2 页的内容介绍游戏的概要，这通常是设计文档中常用的模式。

概述部分一般包括如下内容。

• 为什么做这个游戏?

• 本游戏的定义。

• 基本玩法。

• 设计特色。

• 与同类游戏的区别

概述部分应该简短。如果描述的内容过于丰富，可能就涉及了游戏的具体细节，而这些细节部分在设计文档的后面进行描述更适合一些。虽然游戏设计文档的读者大部分是内部开发人员，语言上比较朴素，但概述部分相对于其他部分还是可以进行适当润色的，以提高吸引力，让读者对项目充满兴趣，有继续深入阅读的兴趣。

总的来说，概述部分是精华，内容既要精彩也要具有一定的特色。

11.5.2 游戏背景

游戏背景部分是设计师构建一个游戏虚拟世界的关键，游戏背景部分一般包括如下内容。

• 游戏世界观。

• 故事背景。

游戏世界观侧重于对整个虚拟世界的描述，包括世界的起源、地理状况、国家势力的形成等。游戏世界观还涉及虚拟世界中哲学、价值取向等方面的内容。总的来说，在游戏世界观中描述了虚拟世界中的大部分生物对该世界的认知。

故事背景与主角相关，主要介绍主角在开始游戏情节之前的背景，包括身世、家庭背景、前期故事矛盾冲突等。

不同游戏类型的背景差异很大，例如FPS游戏的背景就相对简单些，而RPG游戏的背景就比较复杂。对于那些比较简单的游戏背景，可直接在设计文档中完成。若是篇幅比较长的游戏背景，则可以用独立文档来记录，但在设计文档里需要包含一个简化版，以采证设计文档的完整性。简化版的写作需要注意技巧，要把握完整游戏背景的全部要点。采用这种做法需要考虑修改问题，避免在详细版与简化版中产生不一致的情况。

一般来说，游戏背景不涉及游戏本身的情节，游戏本身涉及的故事在设计文档的其他部分完成。

11.5.3 游戏元素设定

在用数据和图片构成的游戏虚拟世界中，玩家可以接触到形形色色的事物对象。有的对象是可以被玩家操控的，例如主角、物品、技能等；而有的对象则不能被玩家操控，但它们可以与玩家操控的对象之间产生某些联系，从而产生各种各样的游戏行为，例如怪物、NPC、建筑等，这些事物都称为“游戏元素”。如果把游戏设计师比作建筑设计师的话，那么游戏元素就是他们使用的各种建筑材料。这些元素在游戏中有机地结合起来，能给玩家带来一关又一关的引人入胜的经历。任何游戏都有游戏元素，不管这些游戏元素是玩家在《反恐精英》中使用的各种武器，还是在《暗黑破坏神》中选择的角色，亦或是俄罗斯方块中各种各样的方块。游戏的元素应该在游戏设计文档中比较靠前的部分详细设计出来，因为它是后续阅读的基础。

游戏元素设定部分一般包括如下内容。

- 阵营、势力。
- 角色。
- 职业、兵种。
- 装备、物品。
- 魔法、技能。

……

根据游戏的类型不同，也不是所有的元素都是必需的。例如，像CS这样的射击游戏，就不存在魔法和技能。而MMORPG的游戏元素就比较多，除了上面列出的以外可能还需要增加新的元素，这需要根据具体的情况而定。

每种游戏元素的内容可能很多，这就需要分组管理。例如，在 RPG 游戏设计文档中描写装备部分时，把所有的进攻武器放在一组，所有的防御装备放在另一组。而对于 RTS 游戏，可以把不同的部队分为进攻型、防御型、建设型等不同类型。尽可能根据这些游戏元素的内在逻辑关系进行分组，以便所有开发人员都可以很方便地查找和阅读。

在描述并设定这些游戏元素的时候，要避免给它们分配实际的数值，因为在得到一个可运行的游戏并进行测试之前，是无法准确判断平衡性的。如果在游戏设计文档写作阶段就分配数值，会浪费设计者的时间。正确的做法是由数值平衡设计师通过专用工具去进行数值平衡设计。由于没有具体的数值，因此应该尽量通过回答元素之间关系的问题来描述游戏元素。例如，一种武器与另一种武器相比威力如何？精确度如何？这些描述是数值平衡设计师后期工作的基础。

除了与数值相关的信息外，游戏设计文档需要适当描述元素的其他方面，如物品的大小、形状、风格等，以便原画人员能够画出概念草图。

11.5.4 核心游戏性设定

核心游戏性是设计文档中最重要的部分，主要用于描述游戏中玩家如何“玩”，以及游戏是如何运行的。通过描述玩家可以进行哪些活动，核心游戏性基本上定义了游戏自身。因而，核心游戏性设定部分是游戏设计文档中最难写的部分。

核心游戏性设定部分一般包含如下内容：

- 视角模式。
- 界面。
- 操作模式、微操作模式、光标说明、键盘设置。
- 战斗模式。
- 升级模式。
- 经济模式。
- 其他模式。

除了必须提及玩家扮演的主角之外，核心游戏性设定部分要避免详细描述游戏环境中的物品和其他角色，因为这该是设计文档中其他部分需要描述的内容。

本部分首先需要说明玩家游戏时所见到的景象，包括玩家如何观察游戏世界，使用什么样的镜头角度，如何影响镜头的位置。玩家对游戏世界的观察方式是游戏设计的中心环节，必须在核心游戏性设定部分进行讨论。

本部分还应该描述游戏进行过程中的 HUD 操作界面，如玩家作战时的界面、玩家处理物品时候的界面等。然而，开始新游戏之前的主菜单界面，不需要放在这一部分进行描述，这些操作界面属于系统菜单的功能，不属于游戏世界的一部分，应该在设计文档的其他部分中进行描述。

玩家在游戏过程中会进行很多操作，这是核心游戏性的重要组成部分，需要详细描述。如果游戏类型是由玩家控制一个角色进行操作的动作类游戏，如一个人、一架飞机、一架坦克等，可以从这个角色的基本动作入手，描述前进或后退、左转或右转等。在介绍了基本动作之后，就可以适当地讲一些更复杂的动作了，如跳跃、蹲伏、滚动等。如果设计师设计的是 RTS 游戏，那就描述玩家点击一个位置后，游戏中的部队是如何移动的，如何进行路径寻找。由于玩家在游戏中会有不同的操作，所以很多游戏都使用动画光标来提示可能的操作，因此还应该对光标进行详细描述。

本部分还应在设计文档中列出操作控制表，即游戏手柄和键盘上的键分别对应什么操作功能。当定义完操作控制表后，在设计文档的其他部分就应该按照玩家的操控方式称呼不同的键或者按钮，而不要提到它们的特定名称，如用“前进键”而不是使用“上箭头方向键”，这样的话，就使设计文档和具体的平台脱离关系，以后要改变操作键时，只需要更改操作控制表就可以了。

不同的游戏类型会涉及不同的子系统，如战斗子系统、升级子系统、交易子系统等。每个子系统都有其玩家操作模式，如果存在这些子系统，那就需要在核心游戏性设定部分描述它。需要注意的是，这里的描述虽然详细，但不可量化，因为游戏规则公式可能很复杂，很少有设计师能在游戏设计阶段就完全设定好。量化和公式化的工作应该由游戏规则设计师在项目实施阶段去完成。

在写作核心游戏性设定的时候，游戏设计人员很容易一厢情愿地认为有些操作机制应该是所有人员都遵从的。例如，一个设计人员设计了一款类似 Quake 的 FPS 游戏，那么他就有可能认为当玩家经过一个物品的时候，会自动捡起这个物品。设计人员可能因太熟悉这样的游戏而做了这样的假定，事实上并非所有的人员都会这样认为。如果设计人员没有把具体的操作方式写在文档里，就意味着程序开发人员可以用自己喜欢的模式去处理这种问题，也许是另一种模式。因此，游戏设计人员应该避免把任何事情都看作是理所应当的，不要想当然地把自己认为的明显的游戏成分对读者来说也是明白的，而是要把所有的内容都清楚地写下来，以防止出现混乱。

核心游戏性设定部分可以说是设计文档中最为重要和详细的部分，要极为深入细致地描写玩家如何在游戏世界中完成不同的动作——玩家会使用哪些命令，以及这些命令将产生什么样的结果。

11.5.5 相关游戏性设定

如果说核心游戏性设定部分设定了玩家如何“玩”游戏，那么相关游戏性设定部分就应该描写可能会影响玩家玩游戏的其他内容。例如：

• 关卡设计。

• 任务设计。

• 情节串联。

• NPC 及人工智能。

关卡、任务及其情节串联关系会影响玩家的操作，所以这些内容都属于相关游戏性设定，这部分很可能是设计文档中最长的部分。在这个部分中，游戏设计人员需要把游戏分解为玩家经历的各种事件，并叙述它们如何发展变化。这一部分用于指导艺术小组和关卡设计小组创建游戏中各种类型的环境，关卡设计人员需要依照这个部分的内容来设计各个关卡所包含的相应参数，将游戏的各个方面组合在一起。

可能的话，应当说明每一关是如何表现游戏故事的，何种对象和物品应该在何地出现才能使故事顺利进行，还要讨论游戏中的哪些元素可以用在这一关中，如玩家会遇到什么样的敌人。最重要的是，此处应该写出每一关是如何影响玩家的，而不应该只是写出关卡如何困难。要写出玩家会有怎样的游戏经历，如何让玩家在这一关中感到持续不断的斗争和挑战。

NPC 及人工智能机制同样会影响玩家的反应和操作，所以也属于相关游戏性的内容。将人工智能与核心游戏性中的玩家操作分离开来，可以方便游戏开发人员查阅文档，因为开发人员十分清楚他们需要查阅的是玩家的操作部分，还是 NPC 的反应部分。

在人工智能部分中，应该尽可能详细地说明 NPC 在游戏中应该如何对待玩家。他们是被动地等待玩家，还是会主动攻击玩家呢？他们是有一定的智能可以在一定范围内寻找合适的道路，还是简单地沿着预先设置的方向前进呢？有些 NPC 会向玩家发起攻击，那么是在什么时候、因为什么原因他们开始战斗呢？是因为看到玩家，还是被关卡设计人员设计的触发器激活？这些角色有多聪明？他们能躲在角落里，在安全的地方伏击玩家吗？他们受伤后会逃走吗？在人工智能部分要回答很多问题，以便 AI(人工智能)程序员可以明确知道他们需要实现到什么样的程度。问题越多，答案越清楚，程序员就越有可能设计出最符合设想的游戏来。

编写设计文档的人工智能部分时，最好能取得团队中程序员的帮助，并找出他们制作过的 AI 类型看看是否能应用在这个项目中，确认哪些功能难以完成而哪些功能又是比较容易实现的。很多时候，没有程序开发经验的人员很难理解，让 AI 角色受伤后逃走是一件非常简单的事情，但是让它寻找楼梯或者跳过障碍却非常困难。游戏中 AI 的设计不能建立在空中楼阁的想象上，而应该追求真正的可以实现的目标。如果程序员读到一个充满想象但难以实现的 AI 描述时，他很可能会认为这根本无法实现而不再重视设计文档。所以，与程序员进行协作会使文档的这一部分功能变得更强，同时也能保证 AI 程序员真正理解设计师的意图。

在编写人工智能部分的时候，尽量不要提及游戏中的某些具体 NPC，而是要描写不同的主体展现的一般行为方式。对于那些特殊的 NPC，可以在特殊关卡和任务条件下进行描述。

11.5.6 游戏内容元素清单

游戏设计文档的一个本质是明确开发内容。游戏内容元素清单的作用是将游戏的几乎全部内容元素记录下来，并以此作为内容创作人员的任务列表。本部分文档一般包括：

- 3D 模型及动作清单。
- 音乐清单。
- 音效清单。
- 特效清单。
- 主菜单界面组。

在 3D 游戏中，大部分主角、NPC、关卡元素都是用 3D 模型表示的，在清单中列明这些模型可以避免工作疏漏。对于角色模型，还应关注他们可能会有的“动作”，不管 3D 美工用什么方式去完成这些动作动画，设计师都应提前设计好。在游戏设计文档中列出音乐、音效和特效清单，有利于项目实施阶段的并行开发，缩短游戏开发周期。由于这些清单可能很长，某些公司会单独用一个 Excel 文档进行制作和维护，并作为设计文档的附件。

主菜单界面组详细说明玩家在游戏世界之外如何操作系统的各种选项。这些菜单对实际的游戏过程没有多大的影响，因此需从核心游戏性设定部分的 HUD 中分离出来，单独描述。在这一部分中，要描写玩家如何存储和加载游戏，提供了什么样的菜单界面，如何在主菜单和游戏世界之间进行切换。画出菜单调用关系图是个不错的做法，如图 11-2 所示为《星舰指挥官 3》(Starfleet Command 3) 的菜单调用关系图。

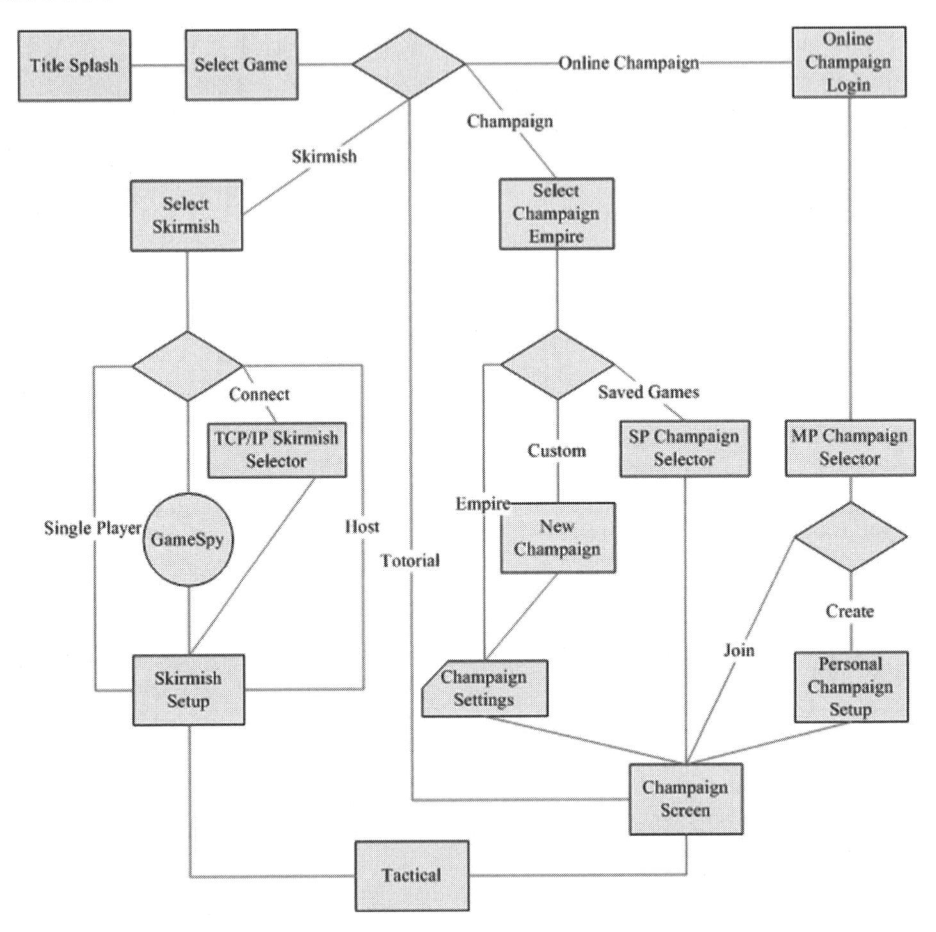

图 11-2 《星舰指挥官 3》的菜单调用关系图

11.6 游戏设计文档的误区

在正规的游戏开发企业里，对设计文档的要求很高。对于初学者来说，容易在设计文档写作时犯一些错误，这里列出了一些容易出现的问题以供参考。

11.6.1 过于简单

设计文档过于简单的情况是指文档中包含了过多没有实际意义的词语，比如“游戏将很有趣”“反应会很激烈”等，这些简单模糊的词语会造成后期开发中的混乱。另外，一些偷工减料的做法也是不可取的，比如“这里像红色警戒”或者“这个游戏的控制方法类似于 Quake”等，这种类比几乎没有任何用处，因为文档本没有解释红色警戒或者

Quake 的游戏控制方法到底是什么，如果阅读者没玩过类似游戏，也就无法理解设计师的真实意图了。

有时候设计文档虽然篇幅不少，但核心内容却不突出，也是属于过于简单的情况。所以，在游戏设计文档的编写过程中，要将更多的精力放在指导游戏开发的具体设计上。

11.6.2 过多描写背景故事

有些设计文档的内容非常多，通常长达数百页，甚至更多，但是，其中大部分内容描写的是背景故事。这使得文档更像一个背景故事书。

这些文档经常犯的一个错误是目录比较简单，并且缺乏索引。一个正确的设计文档，目录和索引两者之一至少是非常清楚和详细的，如果两者都很糟糕，那么读者就很难查到自己希望查找的信息，特别是文档非常长的时候，这个问题就更为严重。设计文档的目标之一就是为开发团队服务，比如需要帮助程序员快速查找敌人的 AI 应该做到哪种程度，或帮助美工迅速了解游戏某一区域的具体描述等。如果他们很难找到这些信息，有可能自己编造一些，这就很容易在开发过程中产生矛盾。总体来说，设计文档是一种供所有人参考的应用文体，而不是小说，如果不能帮助团队很好地获取信息，设计文档也就没有存在意义了。

对于故事背景书这样的设计文档，可能更为严重的问题是，这些文档中根本就没有游戏操控方面的信息，全部都是背景故事，而这些内容不能给游戏制作提供更进一步的指导。游戏中角色的历史、朋友、父母兄弟等细节描述，可能是非常有趣的故事，但是开发团队最后还是不知道游戏到底是怎样工作的。

虽然很多游戏中故事叙述都是非常重要的中心，但是在设计文档中讨论的程度还是应该有节制的，毕竟设计文档包含的都是游戏的设计，这和游戏故事有很大的区别。虽然这样的背景故事书有可能打动一些投资者，但是游戏开发小组不能把这些东西作为设计文档，可能最终还是要自己重新设计游戏。

11.6.3 过于详细

有些设计人员认为，他们能在设计文档中描绘游戏的所有细节。确实，很多设计文档缺乏必要的、有用的细节，比如前面提到的过于简单的文档，但与此同时走向另一个极端也是对设计人员本身和其他读者的时间精力的浪费。更有甚者，这种设计文档的作者误以为他已经创建了一个详尽的文档，而实际上因为他对某些方面的细节描写太多，反而忽略了其他需要讨论的内容。

假设游戏中有一些角色要在游戏环境中进行某些活动，比如说游戏中有一些居民，他们要走动、坐下和起立、相互交谈和休息。文档应该在 AI 部分描写这些行为。而过于详细的文档可能会把这些分解成非常细的动作，如从坐到站、从站到坐、随意站着、用手势交谈等，其实这些内容不是太必要，因为优秀的美工人员可以比设计人员更专业地将这些动作进行分解。有些设计人员甚至将动画草图都画出来，这就更为荒谬了。在设计文档阶段，根本不知道一个动画需要多少幅草图，这要在游戏开发过程中由具体情况决定和调整，更不要说画出动画草图了，这些草图只会对美工产生约束而造成负面影响。设计文档应该仅限于游戏操控的描述，而不应该进入艺术方面。

另一个问题就是所谓的“游戏平衡数据”，就是游戏中武器、物品和角色的实际属性值。设计文档中应该列出武器和角色有哪些属性，同类型的物品之间的比较等。比如，描述双筒猎枪时，不仅要有射程、精度、射击次数、射击速率等属性，还应该写明“与步枪相比，双筒猎枪射程短，准确性低，但能造成大面积杀伤”。而在设计文档中列出具体的属性值就没有多大的作用了，像“猎枪的精度为 2”就没有什么意义，因为本身没有对比的对象。这些具体的属性值，可以在游戏开发的过程中通过设置不同的值进行尝试而决定，在前期没有实验的时候就写出大量的值，那是一种浪费。

当然，在设计游戏的时候，游戏平衡的原则还是要遵从的。比如，战胜的敌人等级越高，玩家所获得的经验值也越高。玩家的级别越高，提高级别所需要的经验值也越高。但具体的数据，则可以在这个原则的指导下，由数值平衡设计师确定基本算法公式，在具体的开发过程中确定这些公式的参数。

与动画数据和属性的数值一样，开发的源代码也不要放到文档中。文档中不但不能有真实的源代码，就是伪代码也没有必要使用。在设计文档中加入这些内容，只能使文档更为臃肿和庞大，让读者忽略文档中有用的内容。

过于详细的游戏设计文档的设计者通常会以为自己能预先计划好所有的一切，认为自己比开发团队中的其他成员更为聪明，但事实并非如此。

11.6.4 过多的幻想

幻想内容过多的设计文档通常有创造真正杰出游戏的意图，但是可悲的是，作者对于如何编写游戏了解很少，对于开发游戏所需要的努力的理解过于简单化。结果，这些设计文档成为毫无现实基础和无法实现的奇思怪想，只能以失败告终。

例如，像“一个真实城市的模型将成为游戏的主要游戏环境，一个人工智能系统模拟城市中的上百万居民的黑客帝国方式的游戏”设想中，这个设计人员不考虑具体的细节，如现存的计算机能否模拟上百万居民的具体形态。或者“游戏使用一个自然语言的分析器，允许玩家输入完整、复杂的句子，而角色用自己的、富有活力的对话进行回应”

设想中，这个设计人员根本没有考虑到自然语言的对话是很多计算机科学家研究了几十年还没有多大进展的科学前沿问题。

这种充满过多幻想的设计文档完全是空中楼阁式的，没有任何实现的基础。它和过于简单的文档一样，设计人员根本没有考虑实现的细节。

11.6.5　没有及时更新

如果一个设计文档没有让整个团队认可，那么团队的具体开发人员就只能在没有设计文档可参考的前提下，按照自己的思路去解决问题。这样一来，设计文档中的内容就和实际开发中实现的内容有很大的偏差。

即使游戏设计文档刚开始的时候被大家认可，但是由于游戏本身的特性就是充满了不确定的因素，因而在具体的开发过程中也会发生一些问题，这就需要对原来的设计进行调整。如果开发人员没有及时更新设计文档，必然会造成实际开发的结果偏离预期。

所以，需要更改设计的时候，必须要及时更新设计文档。在文档中加入一些有关版本的内容，比如文档更新和审核的信息，也是非常有意义的。

11.7　本章小结

本章介绍了游戏设计文档在游戏开发中的重要作用，详细介绍了设计文档的结构特征和编写要求。本章最后还特别讲述了游戏设计文档中常见的五大误区，帮助读者尽快写出正确合理的游戏设计文档。

11.8　本章习题

1. 游戏设计文档的主要功能是什么？
2. 游戏设计文档的实质是什么？
3. 基本的设计文档应当包括哪些内容？
4. 请收集并阅读《魔兽争霸》的故事背景资料。
5. 正确的设计文档风格是什么？

教学目标

● 了解作为游戏设计师所必备的素质
● 熟悉基本设计工具的特点

教学重点

● 游戏设计师所必备的素质

教学难点

● 各种基本设计工具的特点和使用范围

12.1 分析能力

游戏设计师需要基于创意来完成游戏设计，创意来自于很多地方，如电影、小说、其他游戏等，而游戏设计师所做的主要工作则是从这些作品中吸取精华并将这些精华融合到自己的游戏当中。更进一步的要求是将这些好的设计点融会贯通，用自己的方式对其进行改造，从而实现具有自身特点的设计。

作为优秀的游戏设计师，强大的分析能力是必须具备的。

12.2 确定自己的位置

游戏设计师并不一定是项目的主导人。因此，在游戏开发中，游戏设计师需要对自己的位置有明确的认识。游戏开发是一个团队合作的过程，更多的时候个人只是小组的一部分，在遇到和自己的设计思想矛盾的地方，就需要吸收别人的意见，而不能因为与自己的创意不符而怠工或者发生一些其他影响开发的行为。

12.3　个人感染力

在原则上讲，程序设计师、美术设计师以及音乐设计师或其他所有的开发成员，都在为了实现设计师关于游戏的创意而在努力工作。设计是一个依靠激情来前进的工作，如果失去了对项目的热爱和幻想，设计就会很自然地陷入低谷。

如果一个游戏项目没有设计师在那里激动地灌输着游戏的卖点，没有了设计师的沉思、困惑、争论和炫耀，只剩下职业道德支撑着每日的工作，那么这个项目就变成一个丢失了灵魂的空壳。每个开发人员都会变成工作的机器，渐渐地忘却了游戏设计的目标，忘记了自己的梦想。这种情况下设计的作品，即使可以幸运地生产出来，也注定是个缺乏感染力的失败品。

每一位研发人员的热情，加上复杂的代码，加上美丽的图画，加上优美的文字，就形成了游戏。要激发每个人的热情，依靠的就是设计师的激情演说，而且演说场地大多不在公司正式的设计研讨会上，它往往是在狼藉一片的餐桌上或浓浓飘香的咖啡屋里，在轻松的环境中，不经意地将设计的憧憬浇灌到每个人的脑海里。

总之，实现游戏时，需要设计师的个人魅力来融合整个环境，让每个游戏的开发者都对游戏充满信心，坚信自己的游戏是优秀的，并尽自己的努力去完成它。

12.4　明确不是为自己做游戏

设计师对游戏所做的大部分设计，其实是对游戏中游戏性的构想。因为设计师知道自己喜欢什么，所以设计师也往往认为自己知道同类游戏的爱好者们喜欢什么，从而在游戏设计的时候往往只考虑自己对游戏的需求。但如果以游戏可以吸引自己作为游戏设计成功的标准，往往会造成失败。

当然，一款连自己都不喜欢玩的游戏是肯定不会成功的，但更关键的是，自己仅仅是一个玩家而已，吸引更多的其他玩家才是最重要的。

12.5　使用正确的争论方式

很多时候，游戏设计师之间关于同一款游戏的设计会出现或多或少的冲突，采用何种方式去争论和弥补大家理解的差异，往往对游戏开发的进展有很大的影响。

学会正确的争论方式，往往会事半功倍。

如果想成为一个好的设计师，就要时刻尊重别人的设计观点，绝不能以自己的喜好来指责别人不好。对于有争论的观点，可以采用集体讨论的方式来解决。如果自己的观点没有被采纳，需要保留意见，服从集体决定。

12.6　不能做无原则的妥协

设计师要形成自己的风格，就要坚持自己的设计原则。设计师经常会发现一些成员偷工减料、敷衍了事，甚至以“不能实现”为借口推脱工作，对于这些现象，设计师一定要坚持原则，不能放弃，绝不能做无原则的妥协。当然“不妥协”也不是一个绝对的原则，游戏是商业作品，而不是个人艺术品。在研发的过程中，要经常做出利于项目的妥协，例如为项目时间控制而缩减功能等。

12.7　熟练使用工具

作为游戏设计师，需要熟练使用基本的办公软件和其他辅助软件。其中的办公软件有 Word、Excel、PowerPoint、Visio、Project，其他辅助软件有 ACDSee、Photoshop、3ds Max、VSS、UltraEdit。游戏设计师还需要熟悉各游戏公司独特的游戏编辑工具。关于游戏编辑工具的使用，请参考其他教材，本书只简单介绍这些工具软件在游戏设计中的主要作用。

（1）Word 是设计师用来处理设计文档的主要工具。通过 Word，可以创建一些简单的构想图以及流程图，含有整齐文字和图片的文档更容易表达清楚游戏设计目标和设计思想。Word 可以显示文档结构视图，如图 12-1 所示，因此使用文档结构视图可以清晰地拆分游戏的设计模块，并有效控制文档的前后关系。

（2）Excel 主要被数值平衡设计师用来处理游戏中的数值和相关计算公式，并可以在 Excel 中初步检验数值的合理性，如图 12-2 所示。而一款优秀的游戏，数值设置和计算方法往往直接影响游戏的平衡性，从而决定了游戏设计的成败。通过 Excel，可以直接将电子表格输出为各种格式的文档，方便使用程序进行数据的读取。如果通过程序建立了和 Excel 完善的对应关系，那么在以后对游戏数值进行修改将会变得非常方便。

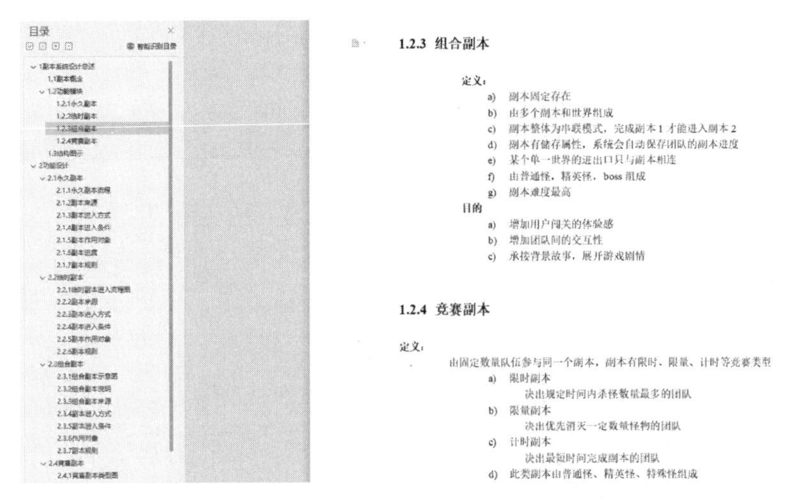

图 12-1　以文档结构视图显示的游戏设计师文档

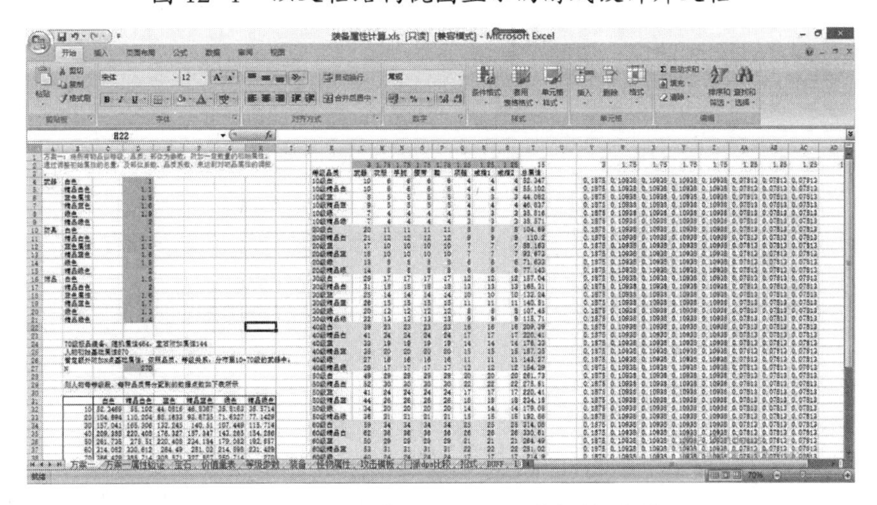

图 12-2　通过 Excel 显示的数值设置

（3）Visio 是为了制作各种功能图而开发的软件，通过 Visio 可以开发简单地图、电子元器件图、软件工程图，软件开发流程图等多种专用示意图。在游戏开发中，Visio 常常用于游戏地图的制作，例如对于 MMORPG 类的游戏，地形设计的工作量非常大，场景设计师首先使用 Visio 制作地形的概念图，而后交由地形原画师来产生更详细的美术设定图，最后再交给场景美术人员来完成游戏中使用的最终地图。使用 Visio 创建的地形图，便于修改，可以节省大量的前期设计工作量。同时，使用 Visio 有利于设计人员向美术人员阐述自己的构想。

图 12-3 所示为一幅用 Visio 制作的游戏地图的概念图。

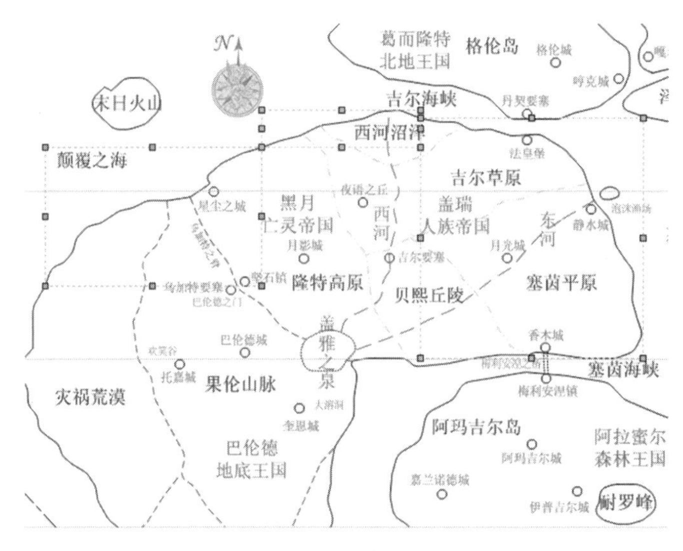

图 12-3　用 Visio 制作的游戏概念地图

（4）ACDSee 是最流行的图片查看工具，如 12-4 所示，它的一些使用小技巧，比如自动翻图、修改图片尺寸等都非常有用。

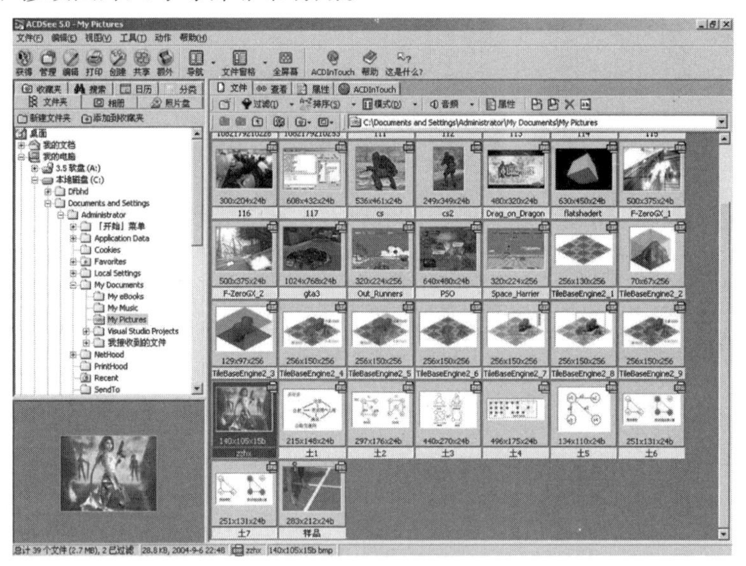

图 12-4　ACDSee 软件的屏幕截图

（5）Photoshop 是平面图像处理工具，如图 12-5 所示。作为游戏设计人员，可以不去了解图像的具体制作过程，但是需要了解 2D 图像中的图层、通道等基本知识、同时在制作设计文档的过程中，设计师也需要简单处理一些图片。

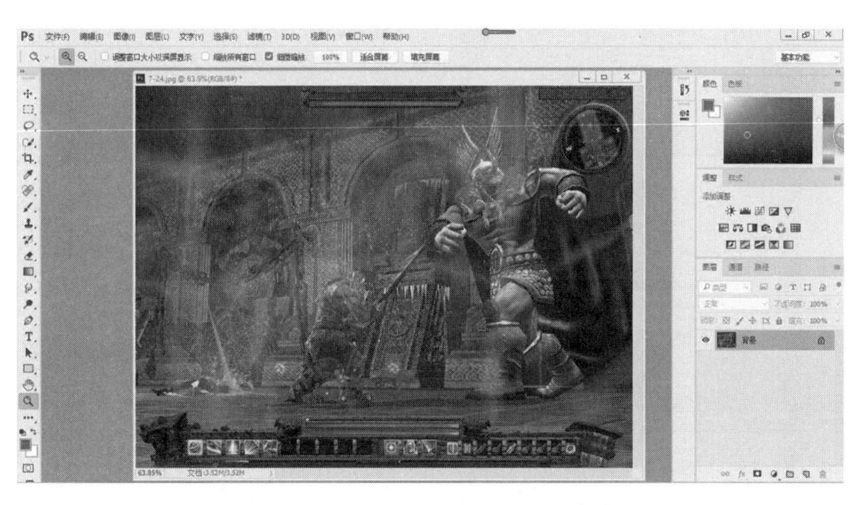

图 12-5　Photoshop 软件的屏幕截图

（6）3ds Max 是三维建模的主要工具，如图 12-6 所示。对于制作 3D 游戏的游戏设计师来说，了解该软件也是有益的。设计师可能不需要了解如何贴图、如何匹配骨骼，以及如何制作动作，但是必须清晰地知道这些功能所能实现的效果。游戏设计师对 3ds Max 了解得越多，就越能够和 3D 美术及 3D 程序员进行交流，也更容易传达设计意图。

图 12-6　3ds Max 软件的屏幕截图

（7）Visual SourceSafe(VSS) 是微软开发的用于控制代码版本的一款工具软件，如图 12-7 所示，通过该软件可以在配置了 Visual SourceSafe 的服务器上保存包括文档、代码在内的多种数据文件以及这些数据文件的不同版本。

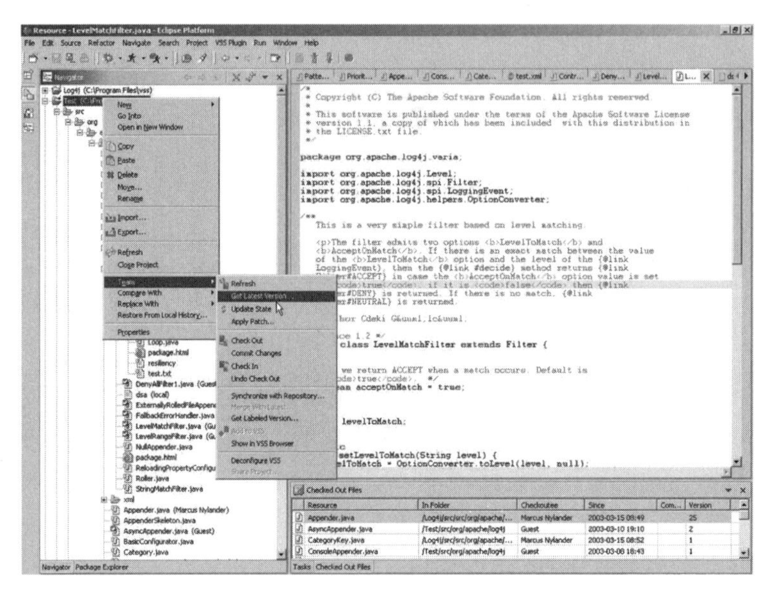

图 12-7　VSS 软件的屏幕截图

（8）UltraEdit 是一种文字处理工具，如图 12-8 所示，它不像 Word 那样可以在文档中添加很多文档格式之类的额外信息，所以该软件书写的文档很干净。而且 UltraEdit 可以用于查看二进制形式的文件内容。游戏开发过程中，设计师通常使用它来编辑游戏需要的脚本文件。

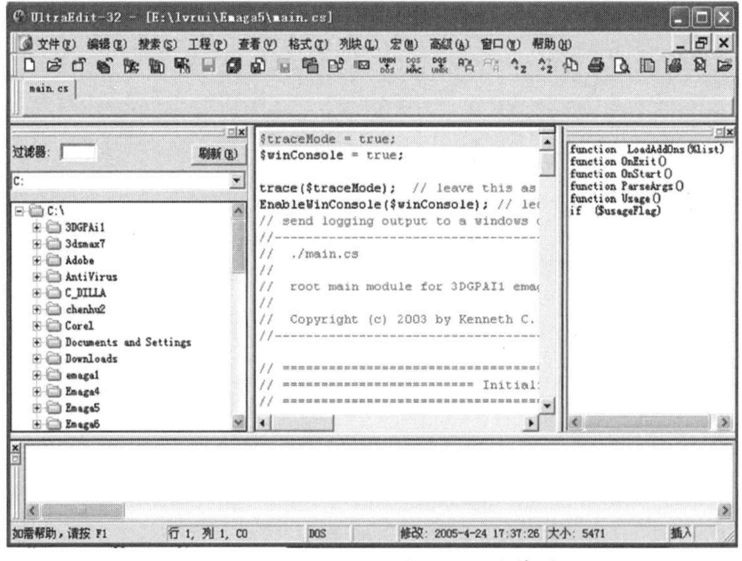

图 12-8　UltraEdit 编辑器的屏幕截图

（9）使用 PowerPoint 的目的很简单，就是制作幻灯片，如图 12-9 所示。在进行项目展示以及向开发人员讲解设计细节和设计目标的时候，PowerPoint 是非常有用的工具。

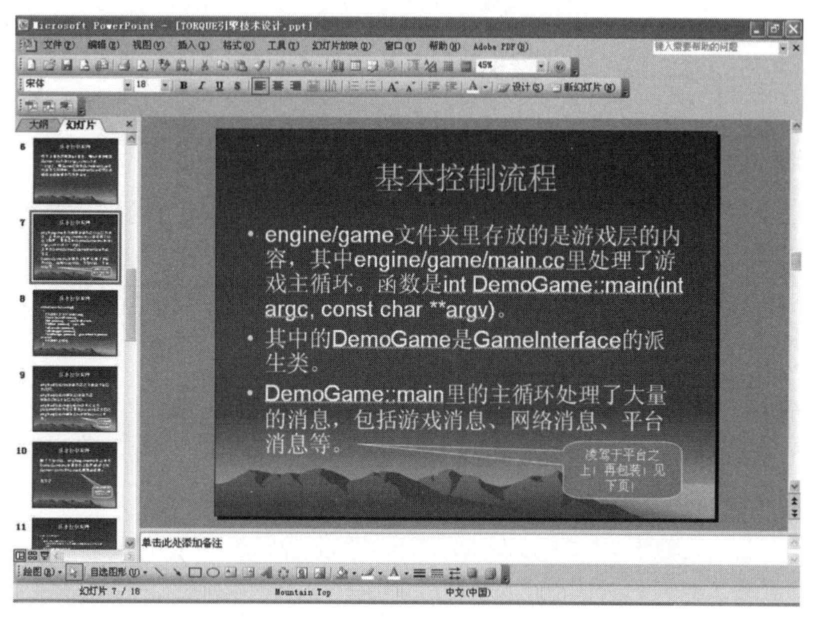

图 12-9　PowerPoint 的屏幕截图

12.8　本章小结

本章首先从职业规划的角度介绍了一个优秀的游戏设计师应该具备的综合素质，再着重介绍了游戏设计师常用的基本设计工具以及各种工具的主要用途。

12.9　本章习题

1. 作为游戏设计师，应当熟练掌握的工具软件有哪些？

2. 要成为优秀的游戏设计师，应当具备哪些素质？

3. 用 Word 完成一份文档，内容是自己的游戏梦想。要求设置格式以便于浏览。

4. 将上题 Word 中的内容实现为 PowerPoint 演示文稿。

5. 在 Excel 中完成一份九九乘法表，要求通过公式完成。

第13章 游戏软件工程师及其工作

教学目标

- 了解游戏软件工程师的职责
- 熟悉游戏软件工程师的分类

教学重点

- 游戏软件工程师的分工

教学难点

- 不同岗位的游戏软件工程师之间的工作配合

游戏软件工程师的程序设计能力决定着游戏功能的实现和游戏的质量。在某种程度上可以说，游戏软件工程师的水平高低决定了游戏的成败，也是游戏设计师实现灵感的基础。那么游戏软件工程师究竟是一个什么样的群体呢？本章将进行详细讲解。

13.1 什么是游戏软件工程师

游戏软件工程师专注于游戏软件的编程工作，能够使用编程语言编写代码、实现软件功能是一名软件开发人员的基本能力。但是由于游戏类软件开发的特殊要求，也使游戏软件工程师有如下一些不同之处。

（1）为了在游戏中模拟真实的物理世界，程序开发通常涉及大量的数学与物理知识，因此往往要求开发人员熟练掌握相关数理知识。

（2）与很多实用型软件不同，除了易用性、稳定性、功能性之外，游戏软件对运行效率要求甚高（这也是游戏软件能推动硬件更新换代的主因），这往往要求游戏软件开发人员对软件体系的底层有相当高的认识。深刻理解计算机体系结构、操作系统、显卡 / 声卡驱动等相关内容，是实现一款高效游戏软件的重要保证。

（3）游戏非常注重视听效果，一款优秀的游戏往往可以为玩家带来很高的艺术享受。为了实现这一点，游戏软件工程师中的很多职位需要很强的审美能力。特别是普遍采用 Shader 编程以来，程序人员往往需要实现各种艺术画面效果，满足美术工作人员的要求，为其艺术创造提供技术支持。

游戏软件工程师通常也是游戏产业里最佳的职业选择。很多游戏公司的创立者都出身于程序员，而且他们当中的一部分人仍然喜欢从事代码编写工作。有些人则放弃了编程工作，而选择专注于游戏开发团队的管理。

游戏软件的全部代码都需要游戏软件工程师来完成，也正是那些代码创建了绚丽而又多变的游戏世界。游戏软件工程师提供了实现游戏设计师梦想中世界的无限可能。

为了完成一个游戏，游戏软件工程师需要完成以下工作。

（1）游戏引擎的开发与维护（游戏引擎的定义会在后文谈到，但要记住，它是游戏的核心）。

（2）游戏编辑工具开发与维护。

（3）游戏逻辑的实现。

（4）其他需要软件工程师来实现的内容。

以游戏软件开发作为职业，需要接触到广泛的技术方向，例如图形渲染、音效处理、工具开发、压缩算法、路径寻找、人工智能甚至软件开发管理等。下面我们以游戏程序开发中的不同分工为线索，来了解游戏软件工程师的工作。

13.2　游戏软件工程师的分工

随着游戏软件开发技术的进步，游戏软件工程师的分工也在不断变化。

早期的游戏规模都很小，代码量也不大，1 ~ 2 人就能完成全部的游戏代码，一张软盘就能装下全部的游戏内容。在那个如同史诗一般的年代，许许多多的游戏都是这样完成并传播的。

随着技术的发展，游戏效果越来越华丽，功能增强的结果就是代码量急剧增长，目前大型网络游戏的代码行数已经接近百万级规模，中等项目也往往有数十万行代码。

在非常繁重的代码编写工作下，分工也就自然产生了。作为核心模块的游戏引擎，其代码需要专门的引擎开发工程师来编写，作为引擎一部分的游戏工具也需要专门的人员负责。使用引擎构建网络游戏的时候，需要专人进行客户端和服务器程序的开发。游戏软件中的不同模块，往往需要不同的技能要求，如服务器端编程往往对计算机硬件、操作系统知识有很高的要求，而客户端编程人员必须熟悉游戏引擎、常用编程接口、各种图形函数库等。而一个软件开发人员无法精通所有领域的知识。在游戏软件日趋庞大、制作更加精良、更新换代愈发迅速的今天，只有精通不同领域的软件人员分工合作，才能及时推出符合市场需求的游戏产品。下面将一一列举游戏软件工程师相关的工作岗位和技能要求。

13.2.1 技术总监

某些大型开发企业会在各项目组之上设置技术总监这一职位。作为最高层的技术负责人，技术总监往往由开发经验丰富的人担任，他们不仅要有对成熟技术的把握能力，还必须在新技术上保持足够的敏感度，能够发现新技术并将其整合到公司技术体系中。技术总监对各项目组的技术团队有监督职能，各种技术方案的审核都由技术总监确认。技术总监还需要组织公司技术团队的培训工作。如图 13-1 所示，为大型网络游戏《魔兽世界》的技术总监马可•凯格勒。

图 13-1　《魔兽世界》的技术总监马可•凯格勒

以下是某游戏公司对技术总监的招聘要求，仅做参考。

• 岗位：技术总监。

• 岗位职责：制定各项开发流程、规范；研究决策公司技术发展路线，规划建设公司技术体系并维护；主持拟订及审核公司项目总体技术方案，对各项目进行最后的质量评估；制订技术人员的培训计划，并组织安排公司其他相关人员的技术培训。

• 任职要求：具备丰富的游戏开发经验，能提供积极的指导；具备游戏架构设计能力，对新技术有很强的融合能力；对游戏开发关键技术有自己独到见解；精通软件工程；有良好的协调、沟通和管理能力；有口头和书面英语沟通能力。

13.2.2　首席程序设计师

在一个没有管理者的开发团队中，普遍自信的程序设计人员会很容易迷失自己。因此，在游戏开发团队中必须有一个可以领导这些程序员的领袖，这就是“首席程序设计师”，在公司中一般简称为“主程”。如图 13-2 所示为 ID 公司首席程序设计师，被称为“3D 游戏之父”的约翰•卡马克，著名的 DOOM 引擎就是由他主持研发的。

图 13-2　ID 公司首席程序设计师约翰•卡马克

从技术层面上看，首席程序设计师是对游戏引擎及游戏程序架构最为了解的人，是程序开发团队中最富有技术能力的人。他们知道得最多，有最多的经验，而且他们还必须有全面整合程序的能力。此外，首席程序设计师还必须担负起程序小组的管理职能。首席程序设计师的职责，对上要以管理者的决策为主，对下必须管理程序设计小组。

以下是某游戏公司对首席程序设计师的招聘要求，具有参考意义。

• 岗位：首席程序设计师。

• 岗位职责：程序团队的项目进度管理；游戏引擎的设计、开发；重要技术攻关。

• 任职要求：具有组织、培训、管理技术开发团队的能力；具有丰富的大型游戏开发及管理经验，技术能力强；具有相当强的责任心和团队精神。

13.2.3　游戏引擎开发工程师

引擎开发工程师负责对公司所使用的引擎进行开发及维护。具体来说，就是按照引擎设计开发实现自有游戏引擎，或者采用新的手段不断对现有引擎加以改进，始终保持引擎的技术先进性。同时，引擎开发工程师要与具体负责游戏开发的工程师紧密配合，保证在游戏开发过程中引擎能正常使用。此外，他们还要编写与维护引擎开发技术文档和用户接口 API 文档等一系列文档，保证公司的技术积累。

以下是某游戏公司对引擎开发工程师的招聘要求，仅做参考。

- 岗位：游戏引擎开发工程师。
- 岗位职责：游戏引擎的设计开发与维护；同时维护系统架构文档、开发技术文档、用户接口文档，编写工具使用说明书等。
- 任职要求：精通 C/C++，有良好的面向对象分析能力、设计能力，有规范的编程风格；熟悉系统级编程；熟悉三维图形原理和算法；精通 OpenGL 或 DirectX；精通编译原理；精通系统优化；精通可扩展系统的结构设计，精通设计模式。

13.2.4 游戏客户端开发工程师

在网络游戏开发中，一般会在引擎基础上构建客户端应用程序，完成该工作的人员就是客户端开发工程师。他们的主要任务是使用引擎提供的功能来开发游戏的图形客户端，因此要求他们熟悉引擎的使用方法，熟悉游戏将来运行的目标平台。

以下是某游戏公司对客户端开发工程师的招聘要求，具有参考意义。

- 岗位：游戏程序开发工程师 / 游戏客户端开发工程师。
- 岗位职责：使用引擎完成游戏图形客户端开发。
- 任职要求：具有较强的图形图像程序设计能力和逻辑分析能力；精通 C/C++、面向对象的设计，熟悉 Win32/VC++ 开发平台和常用 API；熟悉三维图形原理和算法；精通 OpenGL 或 Direct3D。

因为游戏客户端的开发工作包括游戏的 3D 图形开发和游戏程序的界面开发两部分，因此有的公司也会分别设置 3D 图形工程师和游戏客户端界面工程师两个职位，分别专注于使用 OpenGL 或 Direct3D 的图形开发和使用 Win32 API 的应用程序开发两个方向。

13.2.5 游戏服务器端开发工程师

在网络游戏开发中，服务器端的开发是必不可少的，完成该项工作的人员就是服务器端开发工程师。他们的主要工作是使游戏响应客户端的请求，并稳定且高效地运行，同时可以承载更多的用户且有更高的安全性。对服务器端开发工程师来说，他们要求熟悉网络通信原理，精通 Socket 网络编程以及 Windows 多线程技术。

以下是某游戏公司对游戏服务器端开发工程师的招聘要求，具有参考意义。

- 岗位：游戏网络开发工程师 / 游戏服务器端开发工程师。
- 岗位职责：负责大型网络游戏网络端的程序设计与开发。
- 任职要求：要求熟悉 C++；精通 TCP/UDP 协议；有丰富的大规模 C/S 模型的网络应用设计和开发经验；精通 Socket 编程，对于完成端口模型及线程池模型有一定的开发经验；精通数据库接口设计。

13.2.6　游戏工具开发工程师

各种游戏编辑工具是游戏设计师们在开发过程中必须使用的，也是游戏引擎的重要组成部分。游戏编辑工具包括地图编辑器、角色编辑器、特效编辑器、声音合成编辑器等，它们将用于产生地图、关卡、任务等。

游戏工具开发工程师应该对 Windows 下的应用程序开发 (如 MFC /.NET /QT) 较为熟悉，同时需要熟悉引擎及其数据模型，能将数据与工具结合以进行编辑。

以下是某游戏公司对游戏工具开发工程师的招聘要求，仅做参考。

- 岗位：游戏工具开发工程师。
- 岗位职责：开发一系列游戏开发工具，如地图、场景编辑器，模型、动画转换插件 / 工具等。
- 任职要求：精通 C/C++，面向对象的设计、熟悉 Win32/VC++ 开发平台和常用 API，精通 MFC 或 .NET 应用程序开发；有复杂界面 Windows 应用开发经验者优先。

13.2.7　其他工程师

由于引擎本身很复杂，在某些企业会进一步将引擎开发工程师细分为引擎图形开发工程师、人工智能开发工程师、物理系统开发工程师、音频系统开发工程师等。这些职位的工作面相对比较窄，但对深度要求并不低。

就目前来说，以上几种分类基本上可以满足制作过程中对游戏软件工程师的要求，这样的分工也有利于开发人员自身特点的发挥和经验的积累。相信随着游戏的复杂化，更多的职位分类也会逐渐出现。

13.3　本章小结

本章介绍了游戏软件工程师的不同岗位划分，详细介绍了技术总监、首席程序设计师、游戏引擎开发工程师、游戏客户端开发工程师、游戏服务器端开发工程师、游戏工具开发工程师的工作职能和任职要求。通过本章的学习，可以帮助读者了解游戏软件开发团队中的工作划分以及能力要求。

13.4 本章习题

1. 游戏软件工程师的主要工作是什么？
2. 游戏开发需要哪些类型的软件工程师？各自的职责和要求是什么？
3. 技术总监与首席程序设计师都有管理职能，区别是什么？

游戏软件技术结构

教学目标

● 了解游戏软件的技术结构

教学重点

● 计算机图形学与 3D 图形技术
● 3D API 介绍

教学难点

● 数学、物理等基础学科在游戏中的运用

14.1 游戏数学基础

数学是计算机科学的基础，更是游戏程序开发的基础。优秀的游戏软件工程师应该熟练掌握游戏开发所必需的数学知识。

我们所熟知的数学大致可分为高等数学（微积分），线性代数与几何学，概率统计数学，离散数学等几个方面。对于三维游戏开发来说，贯穿始终的是线性代数与几何学的知识，它们是计算机图形绘制的基础。在游戏开发中，我们要考虑如何使用计算机语言来描述、构建一个模拟的游戏世界，因此就需要用数学语言来定量地描述几何空间，而这正是线性代数与游戏的结合点。三维游戏使用线性代数的研究对象向量、矩阵来描述空间的方向、位置、角度，通过向量、矩阵间的运算实现游戏空间中人物与物体的移动和旋转等。因此程序员在游戏开发中需要的数学知识，除去计算机学科必需的数学知识外，还需要侧重于线性代数与几何学。我们下面就探讨这方面的一些数学概念。

14.1.1 左手坐标系和右手坐标系

对于3D游戏开发，首先要考虑使用何种标准来描述三维空间，这就是坐标系的定义问题。3D空间中的每个物体都有前后、左右、高低三个轴向上的位置属性，于是可以用三条相互垂直的坐标轴组成的标准笛卡儿3D坐标系来确定物体的空间位置。

在笛卡儿3D坐标系里，又分为左手坐标系和右手坐标系，如图14−1所示。左手坐标系和右手坐标系的区别是坐标系统中Z轴的指向。在图14−1左侧的左手坐标系中，Z轴正向指向纸内；在右侧的右手坐标系中，Z轴正向指向纸外。

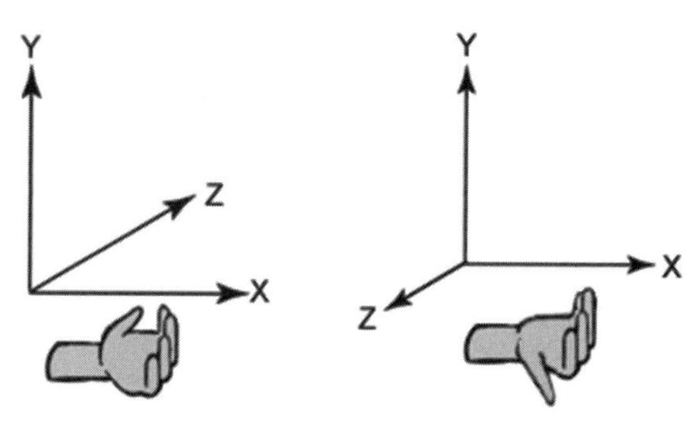

图14−1　左手坐标系和右手坐标系

坐标系是技术人员描述游戏世界的基础，开发游戏时首先要了解所使用的图形标准和系统是什么坐标系，如最流行的3D图形开发库Direct3D采用的是左手坐标系，但是大名鼎鼎的游戏Quake采用的3D开发库OpenGL使用的却是右手坐标系。从理论上来说，在一个坐标系里扔向前方的手榴弹，在另一个坐标系里有可能被扔到后方战友的头上。

14.1.2 向量在游戏中的运用

向量就是指既有大小又有方向的量，而普通的数据只有大小没有方向，叫作标量。向量是游戏图形开发中使用最多的术语，它常被用来记录位置变化、方向等。

从数学上来说，向量就是一个数字列表，书写向量时，用方括号将一列数括起来，如[5, 3, 12]。向量包含的“数”的数目被称为向量的维度。在3D游戏编程中，最常用的是三维向量。

从几何上来说，向量是有方向的有向线段，向量的大小就是向量的长度。如图14−2所示为三维空间中由A点到B点的向量，该向量可理解为由A到B的位移，既有位移的距离，也有位移的方向，该向量可记做*v*[6, -2, -2]。

因为向量本身拥有长度和方向，所以向量在描述几何空间时具有很大的作用。例如，游戏中光线的照射方向、多边形的朝向、摄像机观察三维空间的方向甚至枪械射击的方向都可以用向量来表达，如图 14-3 所示。总之，向量的使用为描述三维空间方向提供了便利。

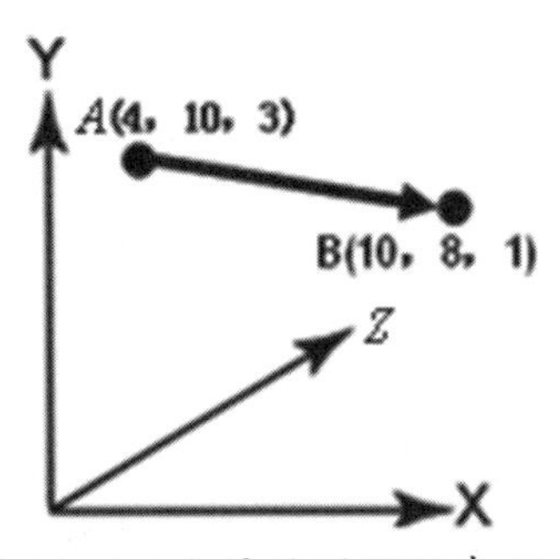

图 14-2　向量的图形化表示

图 14-3　游戏《反恐精英》中的瞄准判断离不开向量

14.1.3　矩阵变换在游戏中的运用

在线性代数中，矩阵就是以行和列形式组成的矩形数字块，书写时用方括号将数字块括起来。矩阵的维度被定义为它包含了多少行和列。通常使用 $m \times n$ 的形式来表示一个矩阵，其中 m 指出了矩阵有多少行，n 指出了矩阵有多少列。例如，下面是一个 3×3 的矩阵 M(常常使用大写的粗体字来表示矩阵)。

$$\boldsymbol{M}=\begin{bmatrix} m_{11} & m_{12} & m_{13} \\ m_{21} & m_{22} & m_{23} \\ m_{31} & m_{32} & m_{33} \end{bmatrix}$$

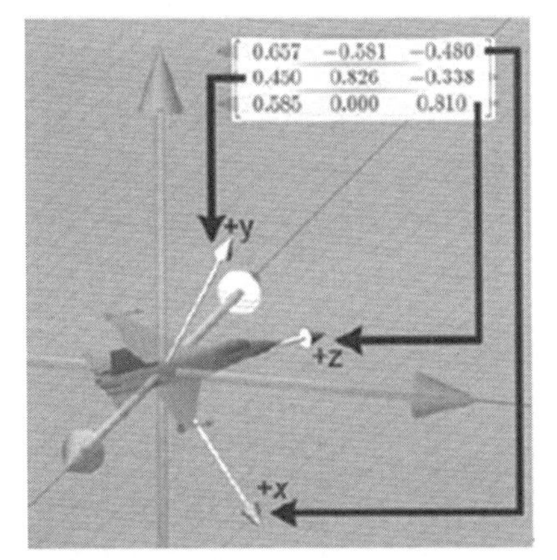

图 14-4　矩阵可以表达旋转变换

行数和列数相同的矩阵称为方阵。一般来说，方阵能描述任意线性变换，这里的变换包括旋转、缩放、投影、镜像等，如图 14-4 所示。游戏中的大量图形变换都是通过矩阵计算完成的。在 www.google.com 上通过“游戏开发”“矩阵变换”几个关键字联合查询，可以搜索到数万个相关网页，可见矩阵计算对于游戏开发的重要性。

除了以上这些简单的数学概念外，游戏开发中还存在大量围绕以上概念的综合计算，“游戏数学”作为一个研究方向正越来越受到关注。

14.2 游戏物理基础

在题材上，许多游戏描述的都是虚无缥渺的世界。但是，再玄幻的游戏内容，在细节上也要符合人的习惯性思维，物理学规律就是其中最典型的情况。例如，在弹球游戏中用到的碰撞，就要遵守动量守恒和弹性形变等规律。在赛车游戏中，速度、加速度、摩擦力之间的关系也是通过一系列的物理原理来换算的。

14.2.1 速度与加速度

物理原理在游戏中的应用首先是游戏中的运动。任何运动的物体都有一定的速度和加速度，只有游戏中的元素表现出确定的速度和加速度，且在一定程度上符合日常的运动状态，玩家才能够做出诸如判断敌人或手榴弹的轨迹、计算提前量开枪、控制角色运动等基本的正常操作。

从初中开始学习物理课我们就知道，速度是指单位时间内物体移动的距离。例如，当我们说神舟飞船的速度是 7900m/s 时，意思就是在 1 秒钟之内神舟飞船可以跑 7.9 千米远的距离，这也正是我们常说的第一宇宙速度——刚好能够维持物体绕地球运动的速度。

而在代码中，我们要用计算机与数学语言来描述速度。下面就需要结合上一节介绍的坐标系来描述物体的位置以及速度。

如图 14-5 所示，在平面直角坐标系中，设某一个物体的坐标位置为 (A, B)，而将它的速度设置为每秒 $P(x, y)$，则物体在下一秒的位置为

$$A = A + x$$

$$B = B + y$$

相应的，物体如果在 3D 空间中，则同时改变三个坐标值。当游戏玩家的手指按在 W 键上的时候，程序一直重复执行上述计算，随时改变玩家角色的位置，并经过游戏图形系统的渲染显示在屏幕上，此时则可以看到玩家角色向着某个方向前进。

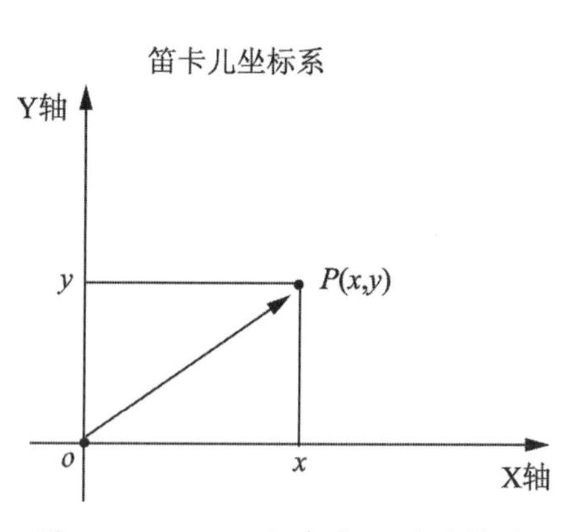

图 14-5　以一定速度运动的物体

速度表示距离的变化，而加速度表示了单位时间内速度的变化率。例如《极品飞车》中，如图 14-6 所示，当我们持续按 W 键时，车速则会不断增加。速度是单位时间内物体移动的距离，

而加速度则是速度的变化量，当物体在空间中移动的速度越来越快或越来越慢时，物理上我们使用加速度来表示这个变化。

图 14-6　《极品飞车》是以速度至上的游戏

14.2.2　重力与动量

在电子游戏的虚拟世界中，为了表现物体运动的真实感，仅仅了解和模拟物体的速度属性是不够的。因为要使玩家感觉到真实的物体，飞驰的汽车、横飞的弹片或其他现实生活中的物体必须是有质量感的。而在游戏中模拟物体的质感，主要是通过重力和动量的原理来实现的。

首先在游戏中一定有确定的重力参数。在现实中，地球对物体的万有引力——重力，使得我们不会从地球飘到太空中去，而且可以让我们稳稳当当地站在地球表面上。在游戏的虚拟空间里，也需要体现重力，不然所有玩家都会满天乱飞。尤其是像《NBA》系列的运动类游戏，如图 14-7 所示，重力就显得非常重要。简单来讲，就是为场景里的所有物体都添加一个向下的力，表现出与现实生活一样的物理场景。

图 14-7　《全美职业篮球联赛（NBA）2K11》中的运动效果

在现实生活中，不同质量(重量)的物体在运动时的效果是完全不一样的。例如，被风以 10m/s 的速度吹打到你头上的一片树叶和以同样速度掉到头上的砖头所产生的效果肯定是完全不一样的。要将一列以 2km/h 的速度前进的火车停下来，这会比以 1000km/h 的速度前进的子弹停下来要困难许多，因为火车的质量远远大于子弹的质量。所有物体都是由物质制造的，在游戏中的物体也应该具有某个虚拟质量，换句话说，当这些物体在运动的时候，它们必须具有一定的动量。

动量是物理学的一个基本概念，早在 17 世纪初，意大利物理学家伽利略首先引入了“动量”这个名词，伽利略对它的定义是“用来描写物体遇到阻碍时所产生的效果”。简单地说，动量就是移动物体所具有的特性，显然，这种特性和物体的质量与速度有关。因此用速度与物体质量的乘积来衡量它，公式如下：

$$动量 = 质量 \times 速度$$

在物理世界中，所有能量是守恒的，物体在一次运动后会损失能量，而这种能量不过是被转换到另一个物体，能量会一直存在，因此能量守恒定律的基本原则就是“能量既不能凭空产生，也不能被消灭，只能从一种形式转换成另一种形式”。而动量只是物体能量的一种体现，在一个物体碰撞另一个物体的情况下，动量也应当是守恒的。当一个系统不受外力或者所受外力的和为零时，这个系统的总动量保持不变，比如两个相撞的物体组成的系统。

在了解了物体动量守恒的原则之后，我们就可以根据碰撞物体各自的重量，用碰撞前的速度、方向计算碰撞后的速度、方向，以模拟真实的碰撞，如在游戏中尝试实现像《横冲直撞 4》中的汽车碰撞一样真实的物理模拟，如图 14-8 所示。

图 14-8 《横冲直撞 4》中的汽车碰撞场面

14.2.3 爆炸效果

各种爆炸是在游戏中经常出现的物理现象。爆炸会产生无数的碎片，我们可能感觉需要考虑无数的物体运动，它在游戏中是如何模拟的呢？其实，爆炸的物理现象是很容易模拟的，只要将爆炸的物理现象抽象分析，就能够做出同现实生活中的爆炸一样的效果。

爆炸的过程大概可以分成两个阶段。第一个阶段是爆炸的瞬间，物体碎裂，每个碎裂块都受到爆炸源的巨大冲击力，这个力是巨大的，根据动量定理（$m \cdot v = F \cdot t$，m 为质量，v 为速度，F 为力，t 为时间），物体的速度将在瞬间增加到很大，重力和这个力相比可以忽略不计。第二个阶段是这个作用力消失，此时物体已经获得了巨大的速度，而且受到重力的作用，这个阶段物体做自由落体运动。

爆炸初期的效果如图 14-9 所示，只要给每一个粒子一个向外的速度就可以了。进入第二个阶段后，因为爆炸粒子受到的冲击力瞬间消失，所以接下来每一个粒子要做受重力影响的运动。如前所述，重力在空间中是一个竖直向下的作用力，所以当粒子在运动的同时，就必须再加上一个向下的力，如图 14-10 所示。

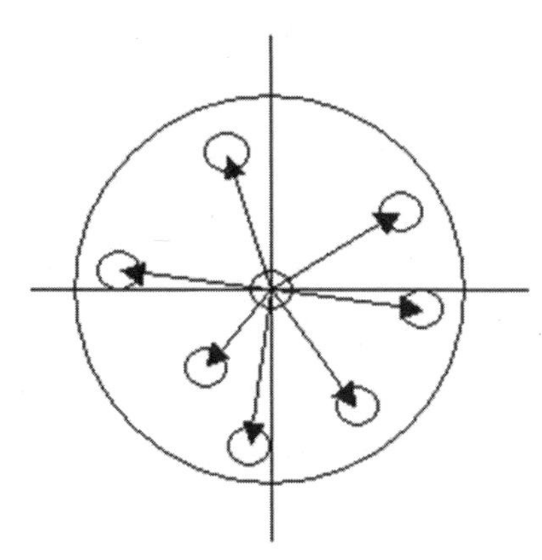

图 14-9　爆炸初期

在现实生活中，爆炸是属于一瞬间将某个物体冲破的现象，而被冲破的物体会变成许多块状的物体散落四处。在游戏中，可以用两种表示方法来描述爆炸的效果。一种是属于静态的序列帧动画，它是用美术图片来描述爆炸，也就是美工人员必须画出一张张连续的爆炸图以供显示。另一种爆炸效果是属于动态的，它是利用粒子（爆炸产生的颗粒）的运动方式来描述爆炸的过程，如图 14-11 所示，而粒子的运动过程是利用物体移动的规律来描述。

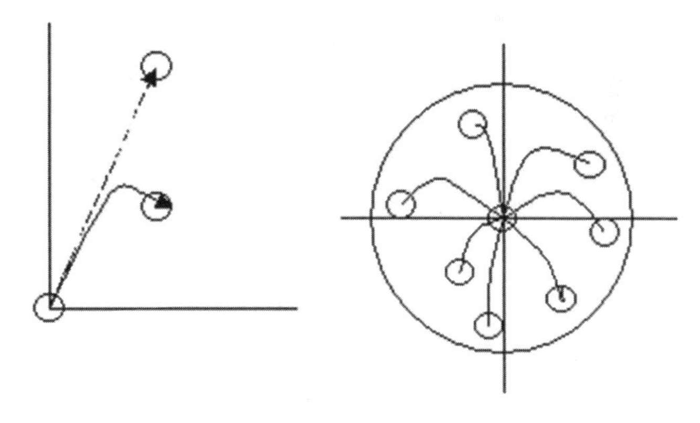

图 14-10　爆炸后期的单个粒子及群体状态

图 14-11 影视、游戏中的爆炸效果

14.2.4 反射效果

反射是一个光学术语，指光线在遇到不同物质交界面时发生的一种向反方向运动的现象。不过，在游戏中提到反射时，大部分不是指这种光学现象，而是指物体在规律运动时碰撞到其他物体之后做出的一种反弹动作。在现实生活中，物体碰撞到另外一个物体时，它们都会做出适当的反弹动作。例如，球碰撞到墙壁的时候，球的运动方向会因为墙的反作用力而有所改变，如图 14-12 所示。

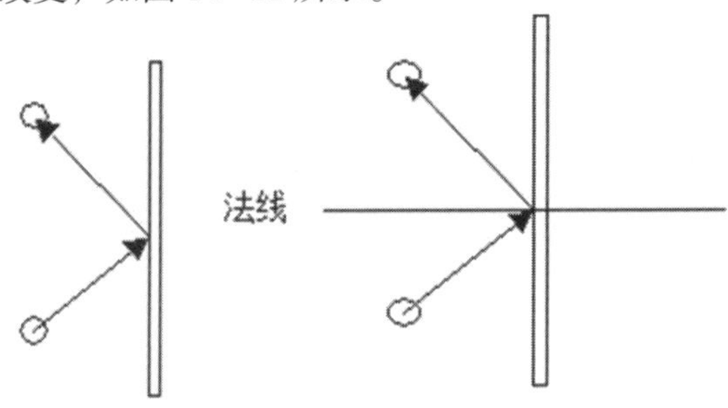

图 14-12 反射

反射的道理很简单，只要求出反射角，就可以知道物体会被弹向何方，如图 14-13 所示为《战争机器》中子弹的弹射效果，这恐怕是现在许多射击类游戏中最常见的一种效果。结合速度、加速度、动量、重力等变量进行计算，就可以实现各种反射效果。

随着计算机软硬件技术的高速发展，在游戏的实现中将会越来越多地应用物理知识，因此游戏物理领域正受到更多游戏软件工程师的重视，专用物理引擎产品也已经出现。甚至还有人设想像显卡一样，设计一张专门用于物理计算的物理卡，用硬件来提高物理计算的速度，以适应游戏中越来越多的物理运算需求，从而实现更逼真的游戏世界。

图 14-13　《战争机器》中子弹的弹射效果

14.3　计算机程序设计基础

一个计算机系统是由硬件系统和软件系统两大部分构成的。硬件是计算机的物质基础，而软件可以说是计算机的灵魂。没有软件，计算机只是一台“裸机”，无法完成任何工作；有了软件，计算机才能动起来，成为一台真正的“电脑”。而所有的软件都是使用计算机语言编写的，游戏软件也不例外。

游戏软件开发人员的程序设计能力决定着他们能为游戏策划实现哪些功能，能做出什么样的游戏。可以说游戏软件工程师的水平决定了游戏的成败，对于游戏软件工程师而言，掌握一门高级语言及其编程技能是开始游戏程序开发之路的第一步。

不仅如此，作为专业技术人员，除了掌握本专业的基础知识外，科学精神的培养、思维方法的锻炼、严谨踏实作风的养成，以及分析问题、解决问题能力的训练，都是日后工作的基础。学习计算机语言，也是一种十分有益的训练方式。

14.3.1　程序语言的分类

软件程序是控制计算机完成特定功能的一组有序指令的集合，编写程序所使用的语言称为程序设计语言。计算机所做的每一个动作，每一个步骤，都是按照已经用计算机语言编好的程序来执行的。人们要控制计算机，一定要通过计算机语言向计算机发出命令。随着计算机技术的发展，程序设计语言经历了机器语言、汇编语言到高级语言多个阶段。

1. 机器语言

计算机能直接识别的是由“0”和“1”组成的二进制代码，二进制是计算机的语言基础。所以，计算机发明之初，人们只能放弃自己的自然语言，用计算机的语言去直接命令计算机，也就是写出一串串由“0”和“1”组成的指令序列交由计算机执行，这种语言，就是机器语言。

显然，机器语言十分难理解，开发效率低下，程序纠错也十分复杂。而且，由于每台计算机的指令系统往往各不相同，所以几乎完全没有可移植性。在一台计算机上执行的程序，要想在另一台计算机上执行，必须另编程序，造成了重复工作。但由于机器语言可由计算机直接执行，故而运算效率是所有语言中最高的。

2. 汇编语言

为了提高程序开发的效率，人们考虑使用一些简洁的英文字母、符号串来替代一个特定指令的二进制数串，比如用 ADD 代表加法，MOV 代表数据传递等。然而计算机是不认识这些符号的，这就需要一个专门的程序负责将这些符号翻译成二进制数，这种翻译程序被称为汇编程序。这样形成的程序设计语言就称为汇编语言。

汇编语言同样十分依赖于机器硬件，移植性不好，但执行效率仍然很高，同时相比较于机器语言，英文单词的使用大大提高了开发效率。针对计算机特定硬件而编制的汇编语言程序，能准确发挥计算机硬件的功能和特长，程序精炼且质量高。在游戏中，有些特别强调运行速度的部分有时会使用汇编语言来开发。

3. 高级语言

为了使计算机的应用更加广泛，出现了高级语言。高级语言接近于数学语言或人的自然语言，语句功能完善，易于被人们掌握。用高级语言编写的程序不能在计算机上直接运行，必须将其翻译成机器语言，这个翻译过程一般分为解释执行和编译执行两种方式。

1954 年，第一个高级语言——FORTRAN 问世了，几十年来，共有几百种高级语言出现，其中具有重要意义的有几十种，影响较大、使用较普遍的有 FORTRAN、ALGOL、COBOL、BASIC、LISP、Pascal、C、PROLOG、Ada、C++、Java、C#、Python、JavaScript、golang 等。

基于不同的硬件环境和最终要达到的要求，当前所使用的游戏开发语言也多种多样。大体来说，大型 PC 游戏、单机或多人在线游戏通常是使用 C++ 编写的。因为到目前为止，只有 C++ 有功能完善、足以满足游戏开发的图形函数库。

而另一种主流的游戏开发语言就是近年来流行的 J2ME（Java 的一个移动开发版本），

它主要用于手机游戏开发。以这两种语言为工具，游戏软件工程师再综合使用各种技术，就可以制造出多彩的游戏世界。

14.3.2 C++ 程序语言

C 语言应当说是应用最为广泛和成功的编程语言之一。它能够如此受欢迎，是因为它具有强大的功能，许多系统软件（如 UNIX 等）都是由 C 语言编写的。C 语言是一个面向过程的语言，着重程序设计的逻辑、结构化的语法，按照“自顶向下，逐步求精”的思路分解问题，解决问题。C 语言是高级编程语言，它使用较贴近于人类语言的语法，程序员编写代码的过程就相当于是自己思考的过程，例如语言中的 if、else、while 等单词的意思与人们生活中是一致的。举例如下。

```
if( tomAge > kateAge )
{
   printf("tom is old brother !");
}
else
{
   printf("kate is old sister !");
}
```

C++ 语言是以 C 语言为基础，加入面向对象程序设计思想发展而来的语言。使用传统的面向过程语言 C 语言，如果编写的游戏代码比较复杂，程序就会变得十分庞大，难以维护，且重用性差。后来某些游戏的代码量达到近百万行，显然 C 语言已经无法满足开发这类游戏的要求。

C++ 面向对象的概念，是将现实生活中的人、事、物等实体，在程序中以对象形式加以表达，这使得程序能够处理更复杂的行为模式。而另一方面，面向对象程序在适当的规划下能够以完成的程序为基础，开发出功能性更复杂的组件，这使得 C++ 在大型程序的开发上极为有利，目前的大型游戏几乎都是用 C++ 程序语言开发的。

C++ 的其他优点还有：C++ 所编写出来的程序有利于调用操作系统所提供的功能，因为早期一些操作系统本身就用 C/C++ 程序语言编写的，因此在调用系统功能或组件时最为方便，例如调用 Windows API（Application Programming Interface，应用程序编程接口）、DirectX 功能等。C++ 允许程序开发人员直接访问内存，能进行位（bit）操作。因此，C++ 能实现汇编语言的大部分功能，可以直接对硬件进行操作，这在开发游戏时十分有利。因为不论从图形开发，还是游戏的效率考虑，都有一些功能必须通过底层（系统层）方法来实现，都需要程序语言能够直接操作内存，以及具有其他系统层的控制能力都有的一些功能。Visual C++.NET 集成开发环境如图 14-14 所示。

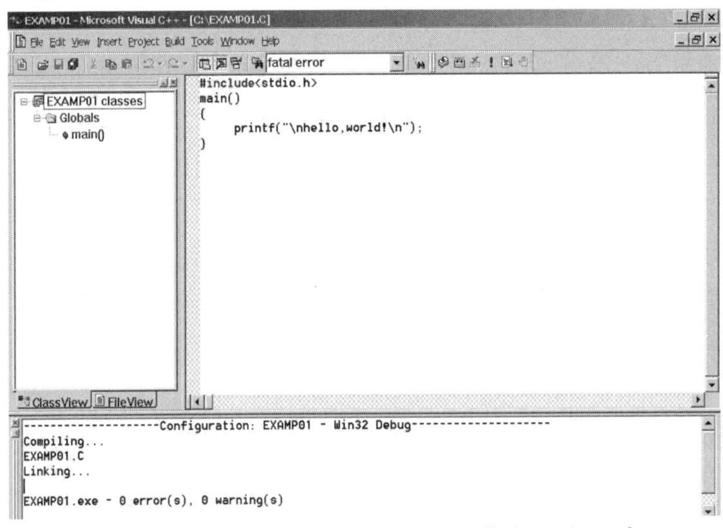

图 14-14　微软 Visual C++.NET 集成开发环境

14.3.3　Java 程序语言

在大型计算机游戏开发方面，C++ 是绝对的主流语言。然而，任何语言都不可能是万能的，它有优势也就会有自身的缺点。C++ 虽然有很多优点，但在手机及移动设备游戏开发上它要让位于 Java。

Java 程序语言由 Sun 公司首先提出，一度面临被迫停止的局面，后来却因为因特网兴起，成为当红的程序语言，这证明了 Java 程序在跨平台上拥有极高的优势。所谓跨平台功能，指的是 Java 程序可以在不重新编译的情况下，直接运行于不同的操作系统上。这个机制可以运行的原因在于“字节码”（Byte Code）与“Java 虚拟机”（Java Virtual Machine，JVM）的配合，如图 14-15 所示。

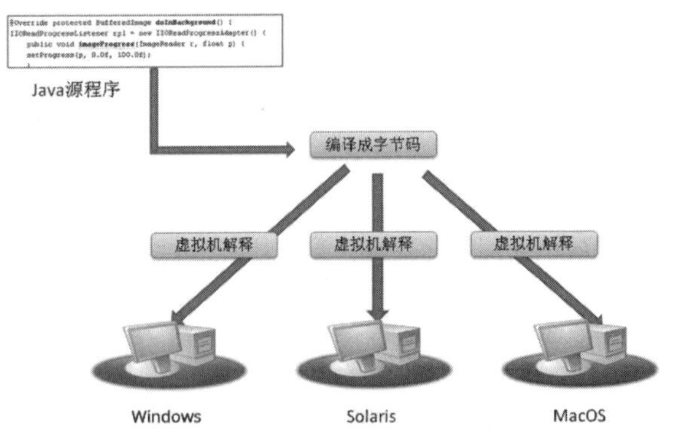

图 14-15　Java 程序分别在微软、Sun 和苹果三个公司的操作系统上执行

Java 程序在编写完成之后，第一次使用编译器编译程序时，会产生一个与系统平台无关的字节码文件（扩展名 *.class）。字节码是一种类似于机器语言的编码，说明了要执行的操作。而要执行字节码文件的计算机上必须安装有 Java 虚拟机，虚拟机根据不同系统的机器语言对字节码进行第二次编译，成为该系统可以理解的机器语言，并加载到内存执行。

也就是说 Java 虚拟机是构建于操作系统上的一个统一的虚拟机器，程序设计人员只需针对这个执行环境进行程序设计，至于虚拟机如何与不同操作系统进行沟通则是不同虚拟机的问题，程序设计人员无需理会，从而很好地保证了 Java 代码的可移植性。

在历经数个版本的改进与加强之后，Java 程序在绘图、网络、多媒体等方面都提供了相当多的 API 功能库，甚至涵盖 3D 领域，这使其有更大的发展空间。而另一方面，J2ME 的出现，使得许多手机程序与游戏也逐渐用 Java 语言来进行开发，Java 真正进入游戏业。

J2ME 是 Java 2 微型版的缩写（Java 2 Platform Micro Edition），如图 14-16 所示。作为 Java 2 平台的一部分，J2ME 与 J2SE（Java 2 Standard Edition）、J2EE（Java 2 Enterprise Edition）一起，为无线客户端和服务器端应用的开发提供了完整的环境。

21 世纪，上亿的支持 Java 的手机已经到了消费者的手中，如图 14-17 所示。它比 SMS（短信息）或 WAP 更好控制的界面，允许使用子图形动画，并且可以通过无线网络连接到远程服务器，这使它成为目前最好的移动游戏开发环境。J2ME 不是唯一的手机端开发语言，但它是一个被广泛应用的行业标准语言。

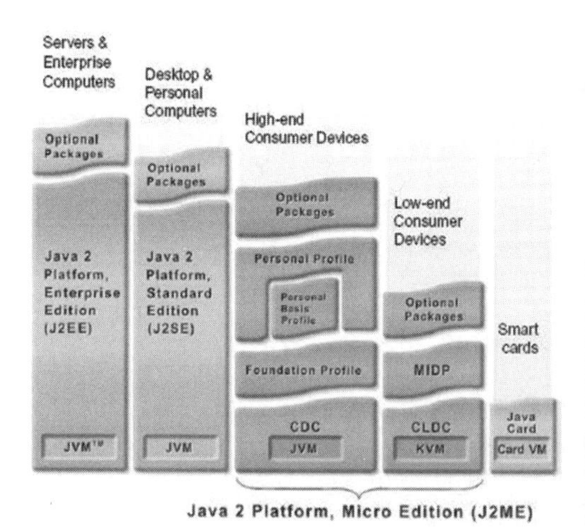

图 14-16　J2ME 在 Java 2 构架中的位置

图 14-17　Java 开发的 3D 手机游戏

14.4 数据结构基础

数据结构是所有编程的基础，自然也是游戏软件开发的基础。数据结构作为一门学科，主要研究3个方面的内容：数据的逻辑结构，数据的物理存储结构，对数据的操作（或称为算法）。通常，算法的设计取决于数据的逻辑结构，算法的实现取决于数据的物理存储结构。

在类似CS的多人联网游戏中，要存储玩家的列表，首先要考虑逻辑结构，例如是使用一个按玩家加入顺序排队的一维队列还是使用一个二维表格存储。其次，相同逻辑结构的玩家列表在内存中也会有不同的物理实现，例如在内存中连续存储还是分散存储。不同的逻辑结构和物理存储结构对操作也有不同的要求，对于某些适合随时添加/删除数据的存储结构，可以用来存储玩家的列表，因为玩家可以随时加入或离开；对于某些适合存储和访问的数据，则不适合随时改变的存储结构，可用来存放大量的游戏静态数据，如关卡地形。

14.4.1 数据的逻辑结构

数据结构按逻辑的不同分为线性结构和非线性结构。线性结构的特征是：若结构是非空集，则有且仅有一个开始结点和一个终端结点，并且所有结点都最多只有一个直接前驱和一个直接后继。用通俗的话说，线性结构中的数据就像挂在同一绳子上的彩旗一样，各旗前后只有一个“伙伴”，所以是线性的，如图14–18所示。

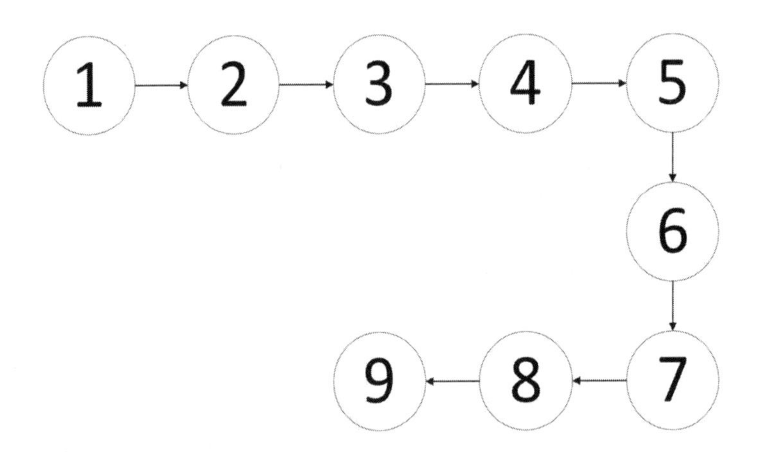

图14–18 线性数据逻辑结构

非线性数据结构特征是：一个结点可能有多个直接前驱和直接后继。用通俗的话说，非线性结构中的数据前后分别有不止一个“伙伴”，所以是非线性的，如图 14-19 所示。

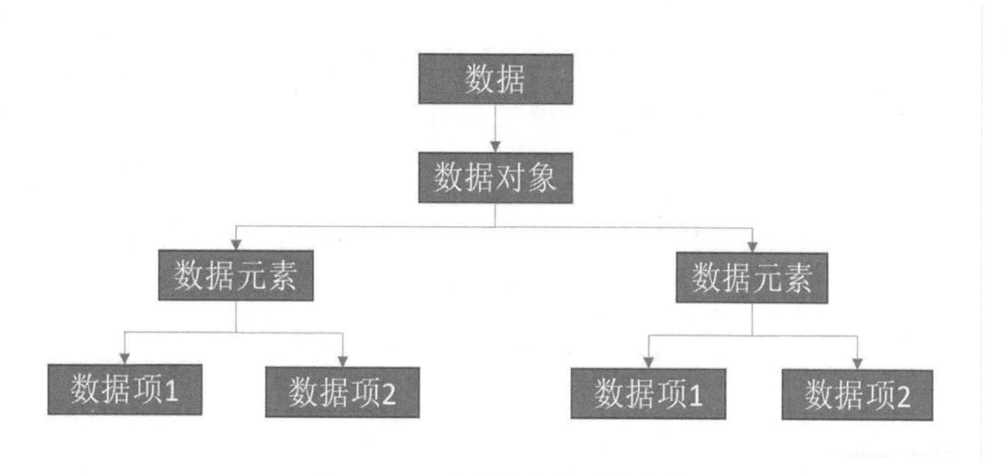

图 14-19　非线性数据逻辑结构

14.4.2　线性结构——队列和栈

队列和栈是我们经常听到的名词，从逻辑上看它们都属于线性结构，通常称它们为线性表。这是线性结构中的两种典型情况，由于它们在游戏程序开发中具有极其重要的作用，所以在此专门进行介绍。

1. 队列

队列是一种先进先出的线性表。它只允许在表的一端插入结点，而在另一端删除结点，允许插入的一端叫队尾，允许删除的一端则称为队头。它像日常生活中的排队，最早入队的最早离开，就是先进先出，如图 14-20 所示。

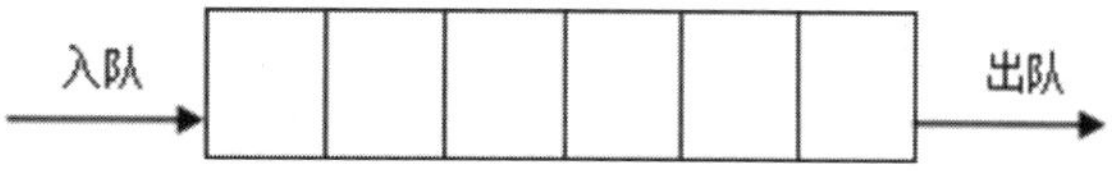

入队　出队

图 14-20　入队和出队

有《反恐精英》游戏经验的人都知道，游戏中的枪械朝墙面或地上射击的时候会留下弹孔，这种效果增加了游戏的真实度。但任何效果的实现都是要消耗内存的，要完成弹孔的显示就需要存储全部弹孔的位置信息，如果枪林弹雨中每颗子弹留下的弹孔都被显示出来，将消耗大量内存空间，这对任何游戏硬件平台都是个压力。细心的玩家会发现，《反恐精英》中的弹孔数量实际上是有限的，当达到一定程度后，最先留下的弹孔将消失，如图 14-21 所示。这就是典型的“先进先出”，也是队列在游戏中使用最典型的事例。

图 14-21 《反恐精英》中对弹孔的处理应用了队列思想

2. 栈

栈是仅允许在表的一端进行插入和删除的线性表。栈的表尾称为栈底，表头称为栈顶。可以把栈看成一个只有一端开口的容器，取出元素的口和放进元素的口是同一个口。此时先放进去的元素只能比后放进去的元素后取出，这是栈的特性——先进后出，如图 14-22 所示。

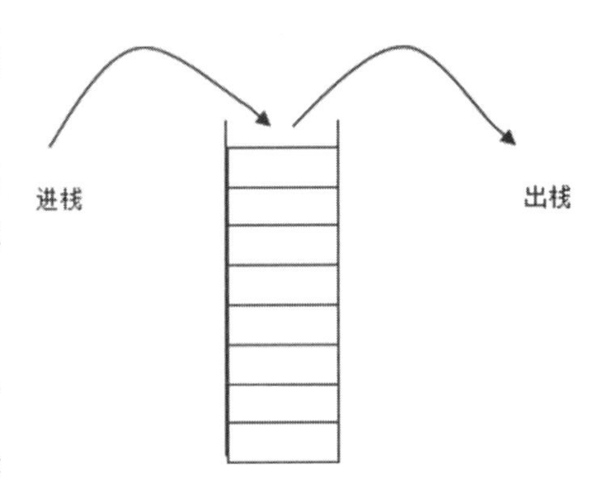

图 14-22 栈元素的进入和取出

很多软件都提供了 UNDO 功能，即用户可以按顺序撤销自己曾经进行的操作，其顺序是最近做的操作先撤销，这就是典型的先进后出，是栈的应用实例。

14.4.3 非线性结构——树与二叉树

1. 树

树是一种应用十分广泛的非线性结构。游戏中的许多技术都要使用到树，如对弈游戏、人工智能中的 A* 算法等都需要由树来实现。那么树是如何定义的呢？

树是 n（n>0）个结点的有限集合 T，在一棵非空树中有且仅有一个特定的结点称为树的根，当 n>1 时，其余结点分为 m（m>0）个互不相交的集合 T1，T2，T3，…，Tn。每个集合又是一棵树，称为这个根的子树。

上面的定义有些难理解，因为这是一个递归的严格形式化的定义，即在树的定义中又使用了树这个术语，但这也正是树的固有特性。下面通过图来理解树的定义。如图 14-23 所示的树 T 中，A 是根结点，其余结点分成 3 个互不相交的子集并且它们都是根 A 的子树。B、C、D 分别为这 3 棵子树的根。而子树本身也是树，按照定义可以继续划分，如 T1 中 B 为根结点，其余结点又可分为两个互不相交的子集。显然 T11、T12 是只含一个根结点的树。对于 T2、T3 可做类似的划分。由此可见，树中每一个结点都是该树中某一棵子树的根。

2. **二叉树**

树形结构中很常用的是“二叉树”。二叉树的定义是 n（n>0）个结点的有限集合，它或为空二叉树 n（n>0），或由一个根结点和两棵分别称为左子树和右子树的互不相交的树组成，如图 14-24 所示的是一棵二叉树，其中 A 为根，以 B 为根的二叉树是 A 的左子树，以 C 为根的二叉树是 A 的右子树。

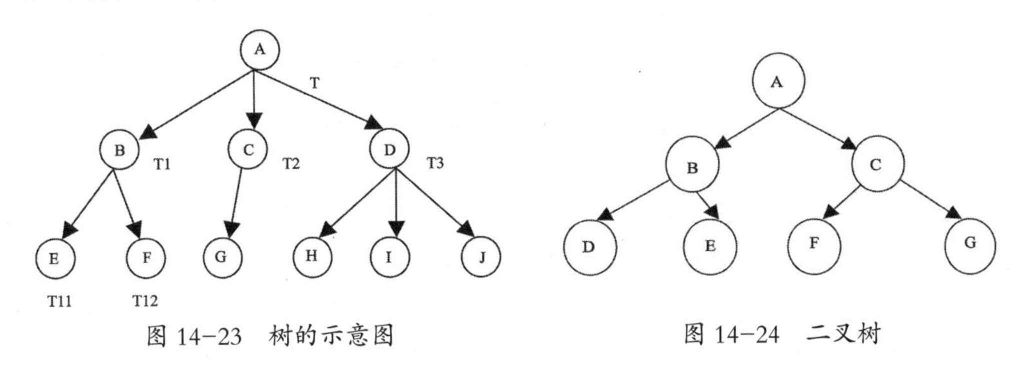

图 14-23　树的示意图　　　　图 14-24　二叉树

虽然二叉树与树都是树形结构，但二叉树并不是树的特殊情况，它们的主要区别是：二叉树的结点的子树要区分左子树和右子树，即使在结点只有一棵子树的情况下也要明确指出该子树是左子树还是右子树。如图 14-25 所示的 (a) 和 (b) 是两棵不同的二叉树，但如果作为树，它们就是相同的了。

二叉树常常应用于查找、压缩等算法。在 3D 图形算法中，最普遍的应用就是空间分割上的二叉树（BSP Tree）和八叉树分割算法，如图 14-26 所示。

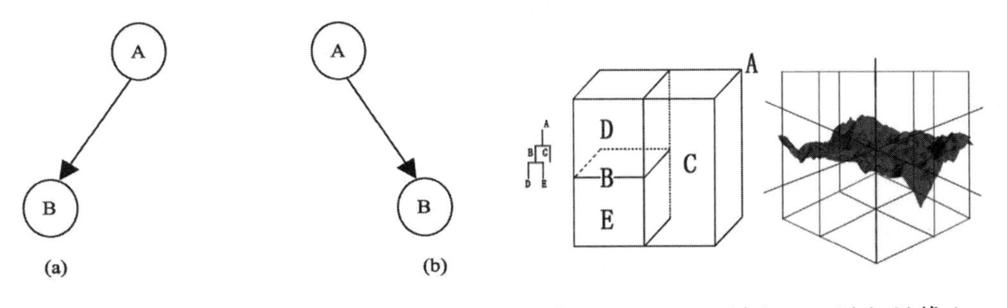

图 14-25　二叉树区分　　　　图 14-26　二叉树和八叉树分割算法

14.4.4 数据的物理存储结构

数据结构按物理存储的不同可分为顺序存储结构(顺序表)和链式存储结构(链表)。顺序存储结构把逻辑上相邻的结点存储在物理位置上相邻的存储单元里，结点间的逻辑关系由存储单元的邻接关系来体现，如图 14-27 所示。

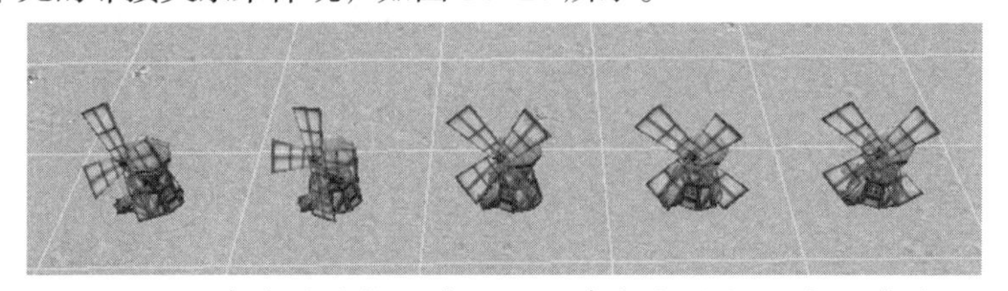

图 14-27 顺序存储结构示意图——在相邻的格子内顺序存储

1. 顺序存储

顺序存储结构的特点是：逻辑上相邻的数据元素存储在物理上相邻的存储位置，数据元素在顺序表中的存储位置取决于该数据元素在线性表中的顺序号。对于这种存储方式，可以直接计算出某个元素的存储地址，因而能随机存取表中任一数据元素。游戏中常利用顺序表的优点做查表运算，例如游戏中常用到三角函数计算，而该计算是非常消耗 CPU 时间的，所以常会将一定精度的三角函数提前计算出来，存放在顺序表里，需要时根据角度值查询就可以了，这可以百倍地提高效率。当然这种方法只适合于低精度计算，因为高精度的三角函数表将会占用大量内存空间。

而对于插入、删除操作，由于顺序表中逻辑上相邻的数据元素必须存储在相邻的物理位置上，所以在第 i 个位置插入或删除一个元素时必须将第 i 到第 n 个数据元素依次往后或往前移动一个位置，共需要移动（n-i）个数据元素，这是顺序表最明显的缺点。

2. 链式存储

链式存储结构不要求逻辑上相邻的结点在内存物理位置上亦相邻，结点间的逻辑关系由附加的“指针”等字段表示。“指针”是 C、C++ 语言中的一个概念，简单来讲就是记录内存位置的量。在链式存储结构中，每一个结点都包含一个记录了下一个结点位置的“指针”，通过“指针”可以将存放于不同物理位置的数据“串”连起来，如图 14-28 所示。链式存储结构的数据虽然没有

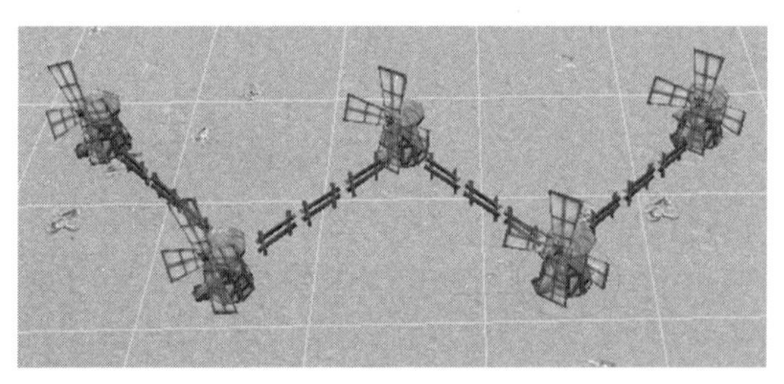

图 14-28 链式存储结构示意图——存储位置交错，以一定方式互联

集中存放在一处，但通过“指针”依然可以把全部数据当成一个整体。

在链式存储结构中插入一个结点或删除一个结点时，需要修改少量的指针，并不需要移动大量的数据元素，而且链表可以动态地改变长度，不必限制结点的数量，所以链表比较适合应用在经常要进行删除或插入操作的场合和不能预测线性表长度的场合。在多人联网游戏中，玩家好友列表就适合用链表来存储，因为玩家随时可能加入或退出，如图 14-29 所示。

图 14-29　玩家好友列表界面

14.4.5　算法

算法就是对数据的操作方法。不论数据采用什么样的逻辑结构和物理存储结构，总是会存在对数据的排序、查找、修改、添加和删除等操作。数据采用的逻辑结构和物理存储结构不同，算法的差距也非常大，如在顺序存储结构和链式存储结构的中间插入数据的效率就有非常大的差距，所以算法是与数据结构相关的。游戏中的各种数据会采用不同的数据结构，程序员应掌握不同的算法以提高程序的执行效率。

14.5　图形学与三维图形技术

电子游戏作为一种交互式软件，早期是以文字交互为主，如文字 MUD 等类型的游戏。随着 Windows 平台以及计算机图形硬件技术的发展，游戏由文字交互发展到了图形交互。现在，图形尤其是三维图形技术始终是游戏程序开发的核心。游戏的开发与 3D 计算机图形学密切相关，作为优秀的游戏软件开发工程师，一定要精通 3D 计算机图形学。本节将简要介绍计算机图形学尤其是三维图形学的基本概念和知识。

14.5.1　什么是 3D

我们真实看到的 3D 世界，是由我们的每一只眼睛来观察同一物体，而获得各自对物体的描述，然后由大脑把这两幅有一定角度、距离差别的图像合成起来，最终在大脑中形成我们看到的 3D 图像。正是通过对不同观察结果的比较，使我们能够感知第三维——深度的信息。可以做这样一个实验：蒙住自己的一只眼睛，然后试着去触摸某些远处的东西，会发现自己对于距离难以把握，这便是因为大脑丧失了对深度判断的结果。

大家都知道，计算机的显示器是一块平面，也就是说是完全二维的，那么应如何表现类似现实世界的三维效果呢？这里采用了最基本的透视原理。通俗地讲，透视原理是引入了现实世界中近大远小的视觉效果。对于计算机图形来说，就加入了场景深度的概念，使得我们在显示器上看到 2D 图像时产生如同看到 3D 图形一样的错觉。

图 14-30 所示为一个具有透视效果的矩形图。由于线段之间的角度差距，造成了深度上的错觉，使它看起来更接近于现实中的立方体。这样的图形，我们可以称之为 3D 图形。

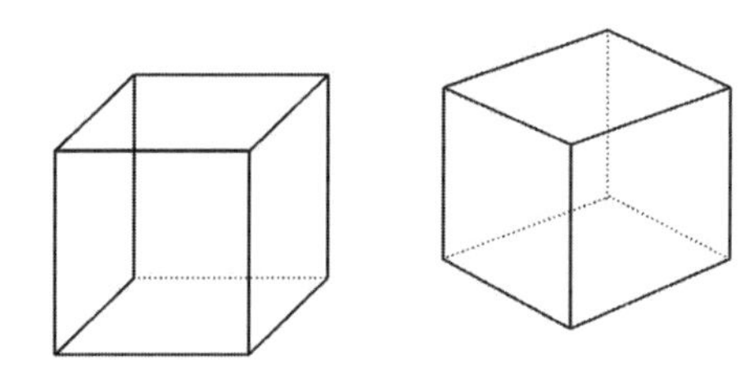

图 14-30　具有透视效果的立方体线框

按照以上的原理，我们很容易知道计算机屏幕不能把两幅图像从不同的透视效果落到两只眼睛上。也就是说，计算机上的 3D 图像并不是真正的 3D 物体，只是对于真实 3D 世界的仿真而已，而计算机图形学及 3D 图形技术便是研究模拟真实世界并使之表现出来的学科和技术。

14.5.2　三维图元与模型

在 3D 世界中，组成场景最基本的元素称为图元。最基本的图元包括点、线、三角形、多边形等，游戏中最常使用的图元是三角形，在最常用的 3D 建模软件 3ds Max 中我们会看到，大量三角形围成一个闭合体就构成了三维物体模型。当然，任何线、三角形和多边形都需要“点”才能定义，我们将这些点称为“顶点”。也可以说，3D 虚拟世界中的物体是由顶点的集合定义的。

图 14-31 中，构成两个物体的基本图元有所不同。第一个球是由四边形构成的，而第二个人头则全部由三角形构成，但是它们都被称为多边形网格模型（Polygon Mesh）。多边形网格模型是一系列多边形的集合，如果组成网格的所有多边形都是三角形，就叫作三角形网格。三角形网格是游戏中最常用的模型表示方法，其他表示方法

的模型都可以转换为三角形网格。显卡和底层图形 API 只支持三角形的处理，例如我们通常评价显卡性能的标准就是它的三角形绘制能力（每秒几十万到几百万三角形）。其他建模方式最终都必须转换为三角形网格。

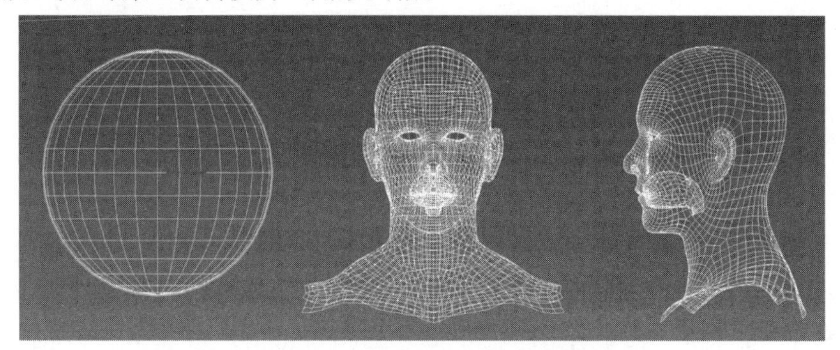

图 14-31　基本图元构成的三维物体

曲面模型是另一种常见的模型表示方式，其最常见的为 NURBS 建模方式。与多边形模型相比，曲面建模的优势如下。

• 曲面模型的描述更简洁：使用曲面和数学方程式描述。

• 比多边形模型更平滑、细腻：使用曲面计算，基本没有明显的转折。

• 存储空间小：只需要存储数学公式与关键点加以计算，而不像多边形模型需要存储所有多边形的顶点。

• 动画和碰撞检测更简单和快捷。

现在，部分高端显卡也通过各种方法提供了多边形模型与曲面模型的相互转换功能，但是三角形网格仍然是游戏开发中最主要的建模方法。

14.5.3　渲染流水线

前面提到过，人的两只眼睛分别对物体成像，大脑通过比较视网膜上的两个二维图像的不同就能感知物体的立体形状和距离远近。但并不全是这样的，如果我们闭上一只眼睛，看到的就只能是纯二维的世界吗？真实情况是：只用一只眼睛我们仍能感受到三维物体的形状和物体与我们的距离，虽然一般会有些许误差。这说明人脑还是可以从一张二维图像中感受到三维信息的，这就是透视法。将透视运用到绘画艺术表现中，是科学与艺术相结合的技法。

透视法主要借助于远大近小的透视现象表现物体的立体感。透视有三种：平行透视、成角透视、散点透视，如图 14-32 所示。三维游戏就充分利用了这一原理，将创建在内存中的 3D 场景投射在屏幕上，成为 2D 显示图像，如图 14-33 所示。

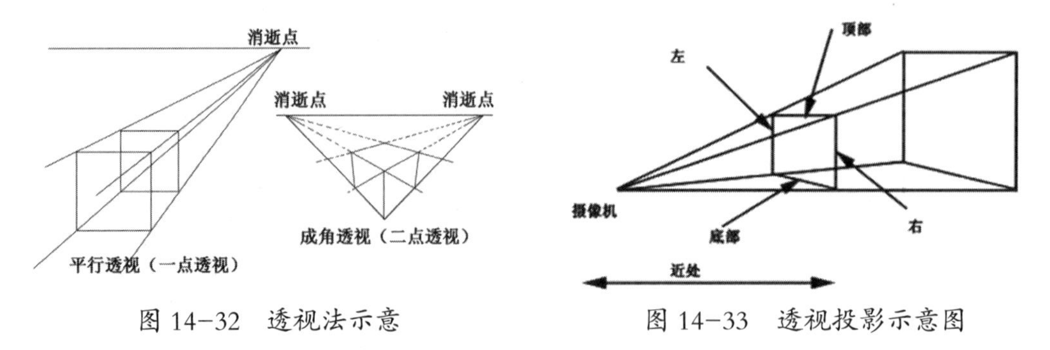

图 14-32　透视法示意　　　　图 14-33　透视投影示意图

一旦完成了 3D 场景的构建并设置了虚拟摄像机，我们就要把这个场景转换成 2D 图像且显示在显示器上。这一过程有一系列必须依次完成的操作，通常把这个过程叫作“渲染流水线”，又叫“渲染管道”（Rendering Pipeline），如图 14-34 所示。

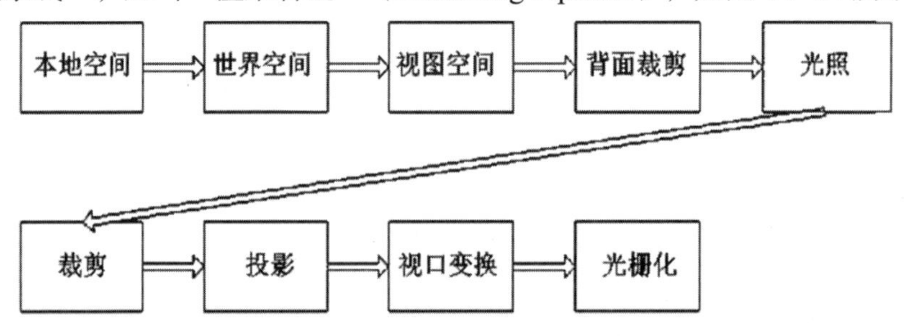

图 14-34　DirectX 3D 的渲染流水线

整个渲染流水线看起来似乎很复杂，实际上可以大致分为以下几类操作：

- 坐标变换。
- 消隐与裁剪。
- 应用材质与贴图。
- 光照计算。

在这个过程中需要考虑的因素有：指定用来投影的虚拟摄像机，3D 场景与模型本身，光源与光照模型，纹理与贴图等。其中，场景与模型在屏幕上的形状和位置等坐标信息由 3D 场景与模型本身、摄像机的位置、方向、视角等参数决定。而光源与光照模型，模型的材质、纹理与贴图，光照计算和实现的方法等决定 3D 场景与模型在屏幕上所呈现的外观效果。下面就分别介绍渲染流水线的每一步都做了什么。

1. 坐标变换

在现实中将一个物体放到任何位置，只需要将它从原来的位置移动到目的位置就行了。但是在 3D 虚拟空间中，要使一个物体处于正确的位置，则需要进行一系列的坐标变换操作。这些变换一般包括：世界变换（World Transformation），视图变换（View Transformation），投影变换（Projection Transformation)。

（1）我们构造的各种模型，都在自己的局部坐标系中，也就是以自己为中心的坐标系。但是我们需要把它们都放到同一个 3D 世界的坐标系中。物体从局部坐标系到世界坐标系的转换叫作世界变换。本质上，世界变换将一个模型放到世界中，并由此而得名。这个空间中的顶点是相对于场景中所有物体共有原点定义的。世界变换通常是用平移、旋转、缩放操作来设置模型在世界坐标系中的位置、大小、方向。

（2）将场景物体从世界坐标系变换到摄像机坐标系的变换叫作视图变换。物体的相互位置确定后，接下来就要确定观察者在世界坐标系中的方位，换句话说，就是在世界坐标系中如何放置摄像机。摄像机所看到的景象，就是最终在窗口中显示的视图内容。

确定视图需要三个量：摄像机的坐标；表示视线方向的矢量；上方向，就是摄像机的头顶方向，用一个矢量表示。确定后，以摄像机为原点，视线为 Z 轴，上方向或它的一个分量为 Y 轴 (X 轴可由左手法则得出，为右方向)，构成了视图坐标系。

（3）一般在流水线的最后都会是投影变换。投影变换的主要任务就是将 3D 场景转化为 2D 图像表示。这种从 n 维转换成（n-1）维的过程就叫作投影。投影的方法有很多种，但我们只对一种特殊的投影感兴趣，那就是透视投影。因为透视投影可以使离摄像机越远的物体投影到屏幕上后就越小，这可以把 3D 场景更真实地转化为 2D 图像。如图 14-35 所示，展示了一个 3D 空间中的点是如何通过透视投影到投影窗口上去的。投影变换的实质就是定义视锥体并将视锥体内的几何图形投影到投影窗口上去。

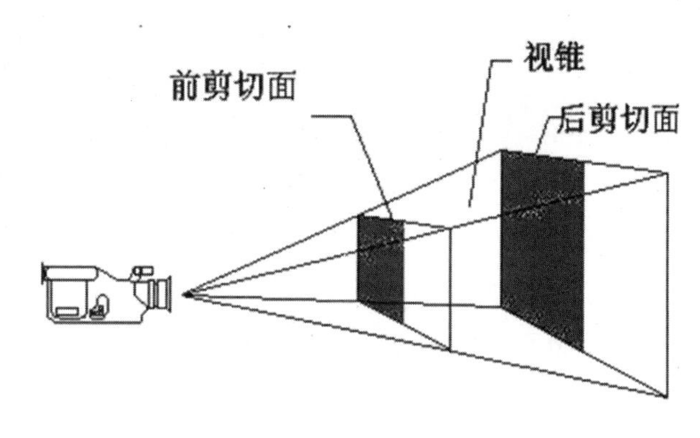

图 14-35　投影的空间是一个四棱锥体

2. 消隐与裁剪

当用计算机绘制 3D 物体时，肯定存在距视点较远的多边形和较近的多边形，也就出现了一些多边形遮挡另一些多方形的情况。制作物体时，必须绘制出可见的多边形，而被挡住的多边形不应该被绘制出来，这样才能正确地实现 3D 物体显示。要做到这点就要进行“面的消隐”。

这里举个例子来说明消隐的重要性。一个 3D 立方体，如图 14-36 所示，上、下、左、右、前、后一共六个面，无论从哪个角度看，最少也会看到一个面，最多能看到的不会超过三个面。如果将它的六个面都绘制出来，则会出现这样的情况：用眼睛盯住该物体十秒钟以上，就发现该物体正前方的面是无法确定的，这就是二义性，如图 14–37 所示。经过判断，发现其中三个面的方向是背向视点的。那么，背向视点的三个面就不被绘制，这样显示的图形才和真实的 3D 物体相同，如图 14–38 所示。

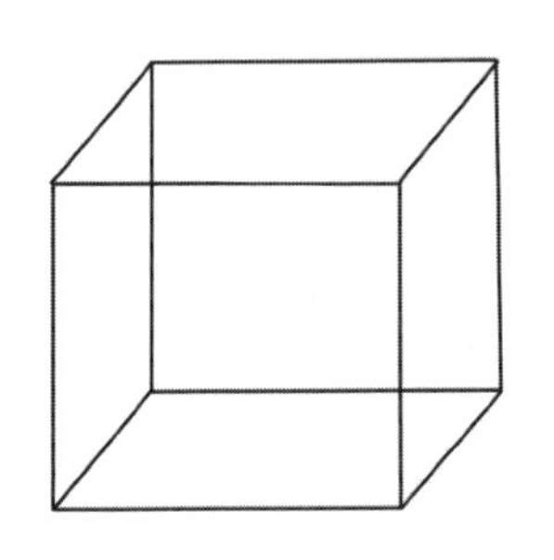

图 14–36　有二义性的立方体

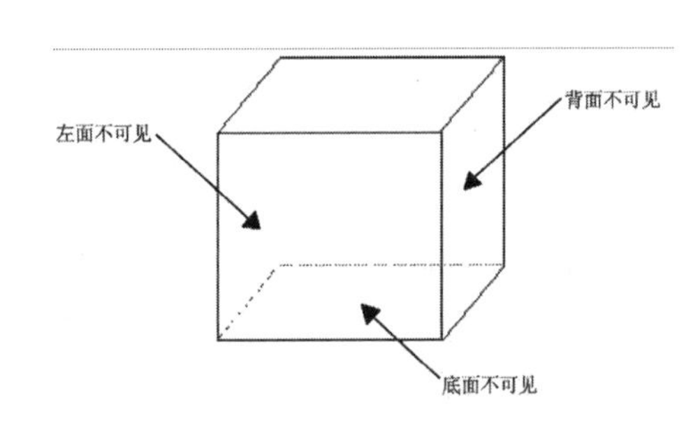

图 14–37　消隐背向视点的面

通常把判断一个图形是否处于一个指定范围以内的算法叫作裁剪算法，或者简单地称之为裁剪。用作裁剪的区域一般叫作裁剪窗口。裁剪的应用相当广泛，在游戏中最常见的应用是定义场景的可视区域，减少不必要的图形操作，提高效率，如图 14–39 所示。

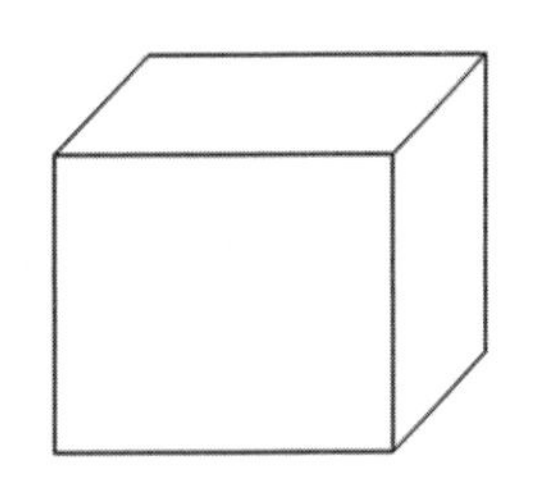

图 14–38 消隐操作后的立方体

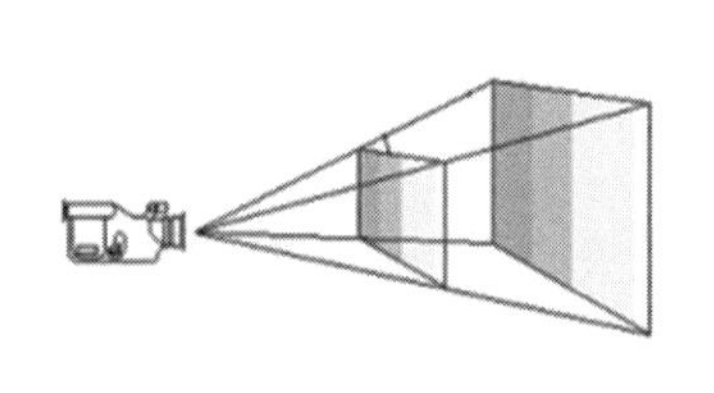

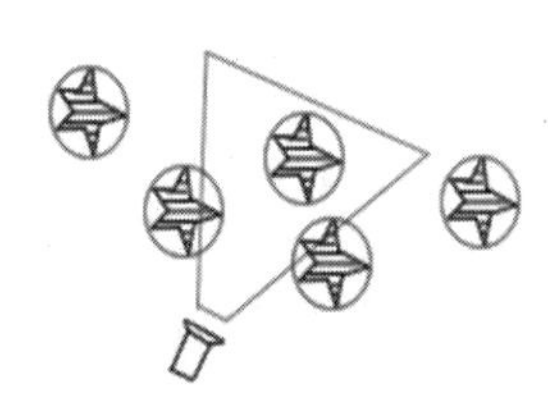

图 14–39　视锥裁剪能减少无效图形操作

3. 应用材质与贴图

前面所讲的图元、图形裁剪都是在线框图形之上的形状计算，而三维世界的精彩远远超过了这些。为了使三维世界更加真实，计算机图形学参照现实世界而引入了材质和贴图的概念。

材质类似于现实世界中的材料，比如布料、铁等；而贴图有点类似于某种材质的颜色或者说是样式。下面我们拿布料作为例子来更好地说明这一概念。一种特定的布料，有它自己的特性：对光的吸收，以及反射光的程度等，这就是材质的基本特性。有了布料后，我们可以加工它，染上颜色，或是印上花纹，这就像三维世界中的纹理贴图，如图 14–40 所示。

图 14-40　纹理贴图技术可以让三维图形更加真实

4. 光照计算

材质定义了一个表面如何反射光线，这为进行光照计算提供了基础。虽然光线并不是场景所必需的，但是没有光线，将使观察场景变得非常困难。如果在处理光线的同时，加上对场景阴影的处理，而且灯光的位置与材质特性符合现实中的要求，那么整个三维场景将会变得异常的真实，如图 14-41 所示。

图 14-41　加入了灯光与阴影的场景

14.5.4　其他优化技术

3D 图形的其他优化技术介绍如下。

1. 消锯齿技术

由于 3D 图形最终显示在屏幕上时是由一个个像素构成的，所以有时候容易看到锯齿，它这会严重影响视觉效果。为了处理这种情况，图形学里便有了消除锯齿这样的技术和算法。消锯齿技术能够使图像的边缘更加平滑，更接近于真实。

2. 雾化

雾是一种大气的效果，在游戏中适度地加入雾化效果可以更加逼真地模拟出真实环境，如图 14–42 所示。对于某些引擎性能不足的游戏，雾化可以限制玩家的视野，从而节约图形计算量。雾化效果的实现需要算法支持。

图 14–42　雾化后的场景

14.6　3D API

OpenGL 和 DirectX 都是进行游戏编程的 3D API 集合，那么什么是 API？它是应用程序编程接口 (Application Programming Interface) 的缩写，API 将不一致的后端用一致的前端呈现出来。举例来说，基本上每种 3D 显卡的 3D 渲染实现方式都有所差别，然而 3D API 将它们全部都作为统一的编程接口展示给程序员，所以一次编写的代码可以在不同 3D 显卡上有基本相同的输出结果。API 的出现使得游戏开发者的工作更加轻松、容易。目前，3D 游戏开发使用的主流 API 是 OpenGL 和 DirectX。

14.6.1　OpenGL

OpenGL 是 Open Graphics Lib(开放图形库) 的缩写，是一套三维图形处理库，可提供真正的设备无关性功能，适用于各种平台。它能在网络环境下以客户机 / 服务器模式工作，充分发挥集群运算的威力，是专业图形处理、科学计算等高端应用领域的标准图形库。它源于 SGI 公司为其图形工作站开发的 IRIS GL，在跨平台移植过程中发展成为 OpenGL。1992 年 7 月发布 1.0 版，之后成为工业标准，由成立于 1992 年的独立机构 OpenGL Architecture Review Board (ARB) 控制。SGI 等 ARB 成员以投票方式产生标准，并制成规范文档 (Specification) 发布，各软硬件厂商据此开发自己系统上的实现。只有通过了 ARB 规范全部测试的实现才能称为 OpenGL。许多软件厂商都以 OpenGL 为基础开发出自己的产品，其中比较著名的产品包括动画制作软件 Softimage 和 3D Studio

MAX、仿真软件 Open Inventor、VR 软件 World Tool Kit、CAM 软件 Pro/ENGINEER、GIS 软件 ARC/INFO 等。

OpenGL 图形库一共有 100 多个函数，其中核心函数有 115 个，它们是最基本的函数，前缀是 gl。OpenGL 实用库 (OpenGL Utility Library，GLU) 的函数功能更强一些，如绘制复杂的曲线曲面、高级坐标变换、多边形分割等，共有 43 个，前缀为 glu。OpenGL 辅助库 (OpenGL Auxiliary Library，GLAUX) 中是一些特殊的函数，包括简单的窗口管理、输入事件处理、某些复杂三维物体绘制等，共有 31 个，前缀为 aux。画面效果如图 14-43 所示。

图 13-43　OpenGL 画面显示效果

14.6.2　DirectX SDK

DirectX 是 Microsoft 开发的基于 Windows 平台的一组 API，它是为高速的实时动画渲染、交互式音乐和环境音效等高要求应用开发服务的。从 Windows 95 开始，人们就开始接触 DirectX 2.0，Windows NT 1.0 里面则是 DirectX 3.0a，但是没有 DirectX 1 的版本。到了 Windows 98 时代，DirectX 开始成为 Windows 家族操作系统中不可缺少的核心成员之一。Windows 98 中集成了 DirectX 5.0，Windows 2000 中集成了 DirectX 6.0，Windows Me 中集成了 DirectX 7.0，而 Windows XP 天生就带有 DirectX 8.1，目前的最新版本是 DirectX 11。

微软开发了 DirectX 标准平台，并且与硬件制造厂商和游戏厂商合作共同更新升级 DirectX 的标准。硬件制造商按照此标准研发制造更好的产品，游戏开发者根据这套标准开发游戏。也就是说，无论硬件是否支持某种特效，只要 DirectX 标准中有，游戏开发者就可以把它写到游戏中，当这个游戏在硬件上运行时，如果此硬件根据 DirectX 标准把这个效果做到了此硬件驱动程序中，驱动程序驾驭其硬件算出结果，用户就可以欣赏到此效果。这就是“硬件设备无关性”，是 DirectX 真正意义所在。

通常，Windows 对硬件访问的管制非常严格，用通常的办法不易访问，但 DirectX 通过“硬件抽象层(HAL)”赋予了开发人员直接访问硬件的能力。HAL 不仅解决了硬件及兼容性问题，而且开发人员可以利用它直接访问计算机的某些硬件设备，如显示设备的直接显存控制和渲染，键盘、鼠标和游戏杆的直接访问控制，音频设备的直接音频混合与输出能力等，因此开发人员可以充分利用硬件加速将程序的性能优化到一个新的高度，如果目标机器不支持相应的硬件加速，DirectX 还能用仿真加速器提供强大的多媒体环境。DirectX 家族包含的成员有 DirectDraw、Direct3D、DirectInput、DirectMusic、DirectPlay、DirectSound、DirectShow 等。

1. DirectDraw 和 Direct3D

DirectDraw 是 DirectX 家族中的元老，它为高速的 2D 渲染提供了良好的支持。由于其具备直接显存访问和位图快速传送的能力，使得 2D 图形的绘制速度相对 GDI 有了一个质的飞跃，两者渲染速度甚至有上百倍的差距。

DirectDraw 的功能在 DirectX 3.0 时就已经接近极致，但是随着 PC 图形技术的飞速发展，人们逐渐不满足 2D 的图形效果，而通过 2D 技术实现 3D 模拟又非常损失效率，这种需求直接导致了 Direct3D 的诞生，早期的 Direct3D 技术不甚完善，相对于 2D 技术还有一定的差距，直到图形加速卡支持硬件 3D 特效后，Direct3D 才逐渐步入正轨，慢慢显示出它的性能优势来，如图 14-44 所示。

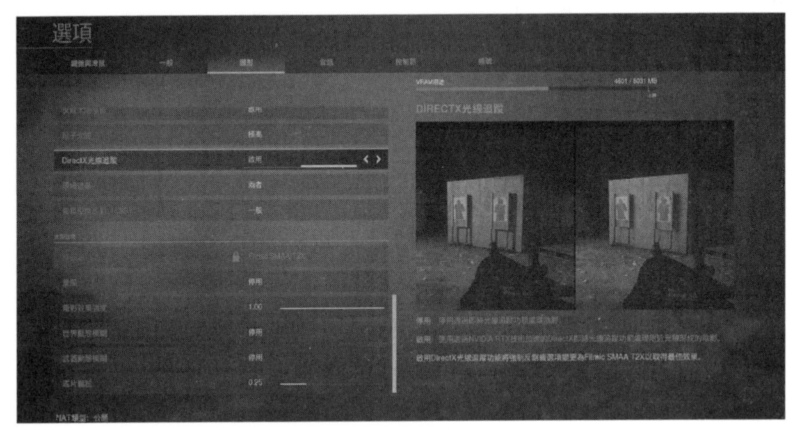

图 14-44　启用 DirectX 光线追踪的画面效果

2. DirectSound、DirectMusic

在 DirectX 中 DirectSound 和 DirectMusic 可以统称为 DirectX Audio。一个好的游戏是不能没有声音的，DirectX Audio 负责游戏中的音效控制。不仅仅是游戏，很多需要高质量音效的地方都有它们的影子，我们经常在一些播放软件的设置面板中看见是否使用 DirectSound 支持的选项。

DirectX Audio 不只是能简单地对声音进行回放，它还提供了一个完整的系统，能够利用硬件加速功能动态操纵控制音轨和声道。值得一提的是，在 DirectX 9.0 中加入的 DirectMP3 和 DirectCD 两个功能模块分别用于支持 MP3 和 CD 的播放。

3. DirectInput

在 DirectX 这个大家族中，DirectInput 掌管着“行为控制权”，专注于处理鼠标、键盘等用户输入设备的信息。与 Windows 事件响应相比，DirectInput 可以直接访问硬件，直接从输入缓冲区内检索数据，从而获得比响应 Windows 消息更快的速度。此外，DirectInput 也对力反馈游戏杆 (Force Feedback) 提供了良好支持。

4. DirectPlay

网络底层程序的开发向来是令开发者头痛的一件事情，而 DirectPlay 似乎兼顾了速度与易用性两个方面。在网络游戏这样一种对速度和效率要求较高的软件来说，针对优化游戏设计的 DirectPlay 显然是一个较好的选择。DirectPlay 提供了一个额外的层，使游戏和网络底层相隔。并且，游戏可以非常简单地使用 DirectPlay API，并用 DirectPlay 管理网络通信。DirectPlay 提供的特性，使多人游戏在开发中得到了很多简化，主要包括如下几点。

（1）创建和管理点对点、客户 / 服务会话 (Session)。

（2）在一个会话中管理用户 (User) 和组 (Group)。

（3）管理在不同网络平台上进行会话的成员发送的消息。

（4）使游戏在大厅 (Lobby) 中互动。

（5）使用户可以进行语音交互。

5. DirectShow

作为 DirectX 中的又一重要成员，DirectShow 提供了 Windows 平台下高质量的视频捕获和回放能力，支持 ASF、MPG 和 AVI 多种格式。用 DirectShow 可以编写 DVD 播放器、视频编辑程序、AVI 到 ASF 转换器、MP3 播放器和数字视频捕获程序等。

14.7　网络技术

2001 年，韩国网游《传奇》引进中国，开启了中国网络游戏市场的大门。在短短不到两年的时间内，中国市场上的网络游戏已超越单机游戏成为主流游戏形式，网络及其编程技术在游戏界已具有举足轻重的地位。

14.7.1　互联网 Internet

Internet 的出现是网络游戏存在并发展的前提。网络上的计算机来自于不同的厂家，那么它们之间又是如何交换信息的呢？实际上，网络中的各台计算机之间有一种互相沟通的语言，这就是网络协议，不同的计算机之间必须使用相同的网络协议才能进行通信。当然了，网络协议也有很多种，具体选择哪一种协议则要看情况。OSI 开放式系统互联模型是 1984 年国际标准化组织 (ISO) 提出的一个参考模型。此模型作为网络通信的概念性标准框架，使在不同的制造商设备和应用软件所形成的网络上进行通信成为可能。现在此模型已成为一个主要的用于计算机之间和网络之间通信的结构模型。目前使用的大多数网络通信协议都基于 OSI 模型的结构。OSI 定义为七层，即将网络计算机中有关活动信息的任务划分为七个更小、更易于处理的任务组。一个任务或任务组被分配到一个 OSI 层。每一层都是独自存在的，因此分配到各层的任务能够独立地执行。OSI 只是一种理想情况，实际上 Internet 中的计算机使用的是 TCP/IP 协议。TCP/IP 是个协议簇，包含了多种协议，分层模型从上至下分为四层：应用层、传输层、Internet 层、网络接口层。各层所用的协议模型，如图 14-45 所示。

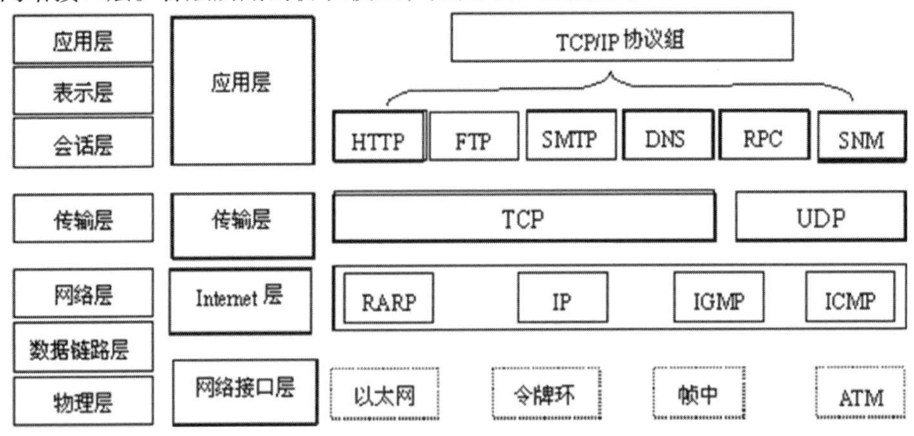

图 14-45　各层使用的协议模型

正如电话网中的电话要互相识别就必须采用电话号码一样，Internet 上的每一台计算机都被赋予一个世界上唯一的 32 位 Internet 地址，简称 IP 地址。32 位二进制数难以记忆，所以在应用时以 8 位二进制数为一单位，组成四组十进制数字来表示每一台主机的地址，每组数字介于 0 ~ 255 之间，如某一台计算机的 IP 地址可为：202.206.65.115。

有了 TCP/IP 协议模型和 IP 地址的概念，就很容易理解 Internet 的工作原理了。当一个用户想给其他用户发送一个文件时，TCP 协议先把该文件分成一个个小数据包，并加上一些特定的信息 (可以看成是装箱单)，以便接收方的机器确认传输是正确无误的；然后 IP 协议再在数据包中标上地址信息，形成可在 Internet 上传输的 TCP/IP 数据包。当 TCP/IP 数据包到达目的地后，计算机首先去掉地址标志，利用 TCP 的装箱单检查数据在传输中是否有损失，如果接收方发现有损坏的数据包，就要求发送端重新发送被损坏的数据包，确认无误后再将各个数据包重新组合成原文件。就这样，Internet 通过 TCP/IP 协议这一网上的“世界语”和 IP 地址实现了它的全球通信功能。

尽管 IP 地址能够唯一地标识网络上的计算机，但 IP 地址是数字型的，用户记忆这类数字十分不方便，于是人们又发明了另一套字符型的地址方案即所谓的域名地址。IP 地址和域名是一一对应的，对应关系存储在域名服务器（Domain Name Server，DNS）上。例如，某台计算机的 IP 地址是 202.195.112.11，对应域名地址为 http://www.recursion.com.cn。远程访问者只需记忆域名地址，并尝试访问它，DNS 会完成域名地址与 IP 之间的转换，并将访问引导到该 IP 的计算机上。

14.7.2　网络游戏与游戏网络

大型网络游戏的玩家群体庞大，那么网络游戏到底是如何实现百万人同时在线并保持游戏高效率运行的呢?

事实上，针对于任何单一的网络服务器及其程序，其可承受的同时连接数目是有理论峰值的，在现有技术条件下，一般网络游戏能够支撑几百到几千个连接。但这个数量离百万这样的数值相差太远了，所以百万人同时在线是单台服务器无法实现的。实际的网络游戏靠服务器群组来提供游戏服务，它的基本服务器模型是：登录服务器 + 群组控制服务器 + 游戏服务器。大量游戏服务器集成到一起构成“群组”，如图 14-46 所示，不同群组部署在不同地域为当地玩家提供服务，多个群组则构成整个游戏网络。

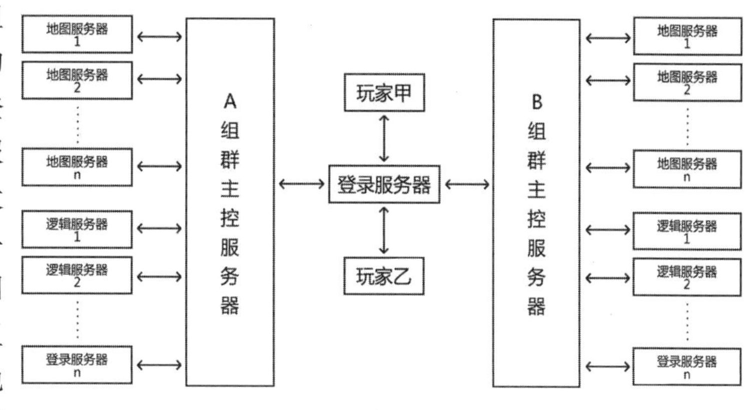

图 14-46　群组游戏网络图

14.7.3　Socket 网络编程

网络游戏不仅仅需要硬件，客户端软件本身需要互相传递类似移动、攻击、退出等信息。完成这些功能的开发需要网络编程，游戏网络编程一般用 Socket 实现。

Socket 在英文中的意思是“插座”，用于描述网络编程策略非常合适。当人们使用电器时，为了将电流导向电器，会把电源插头插入插座。同样，当两个计算机程序想要通信时，它们也创建 Socket 互相连接，以构成数据传输通道。具体做法是一台计算机建立监听 Socket，随时等待其他计算机的连接请求，已经建立监听 Socket 的程序被称为服务器。希望连接服务器的程序被称为客户。一旦服务器接受客户的连接请求，双方就可以传递数据了。这种客户机与服务器之间通信的模式也被称为 C/S 模式（Client/Server 模式）。

在服务器与客户机之间的 Socket 上传输的数据是可以被拦截的，游戏外挂就是利用了这一漏洞修改被拦截的数据包，从而欺骗服务器上的逻辑判断程序。

14.8 本章小结

本章主要介绍了游戏软件所应用的数学、物理、程序语言、数据结构、计算机图形学等知识，以及网络游戏涉及的计算机网络知识。正是这些知识撑起了绚丽多彩的游戏世界。

14.9 本章习题

1. 矩阵在游戏程序中有什么主要作用？
2. 游戏制作中，常用的数据结构有哪些？
3. 游戏中爆炸效果的实现原理是什么？
4. 3D 图形渲染都涉及哪些技术？
5. 什么是 DirectX？包括哪些内容？
6. 请描述 Socket 编程原理。

游戏引擎与编辑工具

教学目标

- 了解游戏引擎的概念
- 了解游戏引擎与游戏的关系
- 掌握基本游戏引擎的组成
- 理解游戏编辑工具的作用

教学重点

- 游戏引擎与游戏的关系
- 基本游戏引擎的组成

教学难点

- 游戏引擎中各种编辑器的使用

在阅读游戏相关的技术文章，常常会碰见“引擎”（Engine）这个词。引擎在游戏中究竟起着什么样的作用？它的进化对于游戏的发展产生了哪些影响？在这一章中，我们就来了解游戏引擎及游戏编辑工具与游戏、游戏开发的关系。

15.1 什么是游戏引擎

曾经有一段时期，开发者只关注如何尽量多地开发出新游戏并推销给玩家。尽管那时的游戏大多简单粗糙，但每款游戏的平均开发周期也要 8 ~ 10 个月以上，原因一方面是开发技术尚不成熟，另一方面则是因为几乎每款游戏都要从头编写代码，造成了大量的重复劳动。渐渐地，一些开发者摸索出一个简便的方法，他们借用上一款游戏中的部分代码作为基本框架，开发类似题材的游戏，以节省开发时间和开发费用，于是慢慢产生了游戏引擎。

我们可把游戏引擎比作赛车的引擎。众所周知，引擎是赛车的心脏，决定着赛车的整体性能，赛车的速度、操纵感这些指标都是建立在引擎的基础上的。游戏也是如此，玩家所体验到的剧情、关卡、美工、音乐、操控等内容都是由游戏引擎直接控制的，它扮演着发动机的角色，把游戏中的所有元素捆绑在一起，在后台指挥它们同时、有序地工作。简单地说，引擎就是用于控制所有游戏功能的核心程序，包括绘制图形、计算碰撞、管理游戏资源，到接受玩家的输入，以及按照正确的音量输出声音等。

游戏引擎不等同于游戏。引擎是通用的，只提供了完成各项游戏功能的核心程序，在引擎之上加入游戏世界、游戏逻辑等每个游戏特有的元素才能构成游戏。为了提高游戏开发效率，引擎往往会提供编辑工具和脚本语言模块，一个用于构建游戏世界，一个用于创建游戏逻辑。

15.2 引擎技术组成

经过技术的不断进步，如今的游戏引擎已经发展成一套由多个子系统共同构成的复杂系统，从建模、动画到光影、粒子特效，从物理系统、碰撞检测到文件管理、网络特性，还有专业的编辑工具和插件，几乎涵盖了开发过程中的所有重要环节，下面就对引擎的一些关键部件做简单的介绍。

从结构上来看，游戏引擎可以分为如图15-1所示的几大部分。

图中虚线框内的就是一个游戏引擎所包含的各个部分。它包括各种子系统、相关工具及支撑模块。当然，不同的游戏引擎结构是有差别的，下面介绍游戏引擎中最常见的各个子系统。

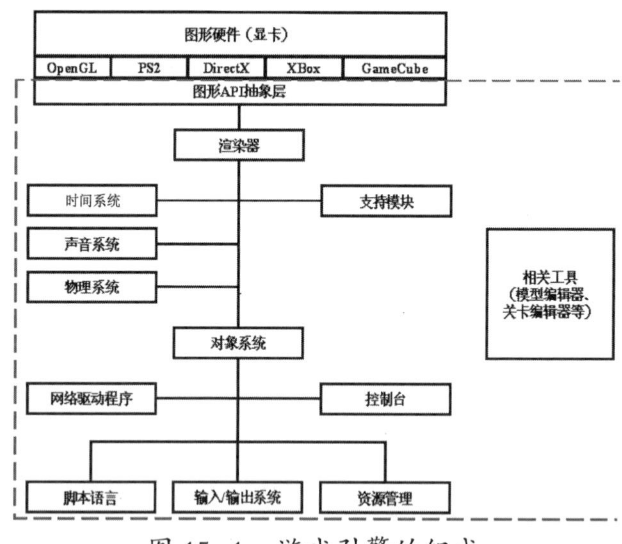

图 15-1　游戏引擎的组成

15.2.1　渲染系统

当构造一个游戏引擎的时候，通常要做的第一件事情就是创建渲染系统。渲染是引擎最重要的功能之一，当3D模型制作完毕之后，需要通过渲染系统把模型、动画、光影、特效等所有效果实时计算出来并展示在屏幕上。渲染系统在引擎的所有部件当中是最复杂的，它的强大与否直接决定着最终的输出质量。通常，可以 OpenGL、Direct3D 为基础来实现渲染系统，目前业界公认最好的渲染系统是 UE 引擎，如图 15-2 所示。

图 15-2　UE 是业界公认最好的渲染系统

15.2.2　动画系统

目前游戏所采用的动画系统可以分为两种：一是骨骼动画系统；二是模型动画系统，前者用内置的骨骼带动表面蒙皮产生运动，后者则是在模型的基础上直接进行变形。引擎把这两种动画系统预先实现，可方便动画设计师为角色设计丰富的动作造型。

在模型动画中，动画是由事先确定的关键帧连续播放构成的。对于每一个动画帧，要定义模型网格的每个顶点在世界中的位置。举例来说，如果一个包含 200 个多边形的手的模型有 300 个顶点（注意，在顶点和多边形之间通常并不是 3:1 的关系，因为有大量多边形共享顶点从而大幅减少顶点数量），动画有 10 帧，那么就需要 3000 个位置数据，而每个顶点又由 x，y，z 和颜色信息组成，所以这种动画实现方式造成的内存需求增长非常快。这个系统有动态变形网格的能力，比如使裙子摆动或者让头发飘动。《Quake》的早期版本就使用这个系统。

相比之下，在骨骼动画系统中，网格是由骨架组成的骨骼系统支撑（骨架是控制运动的基本对象）。网格顶点和骨架本身相关，所以如果移动骨架，组成多边形顶点的位置也相应改变。这意味着只需使骨骼运动，就能实现动画，如图 15-3 所示。典型情况下，骨架大约使用 50 个骨骼，这极大地节省了内存。骨骼动画的缺点是：如果想要使柔性物体运动，比如说头发或者披肩，为了让其看起来自然，就不得不设置数量惊人的骨架，这会大量增加处理时间。

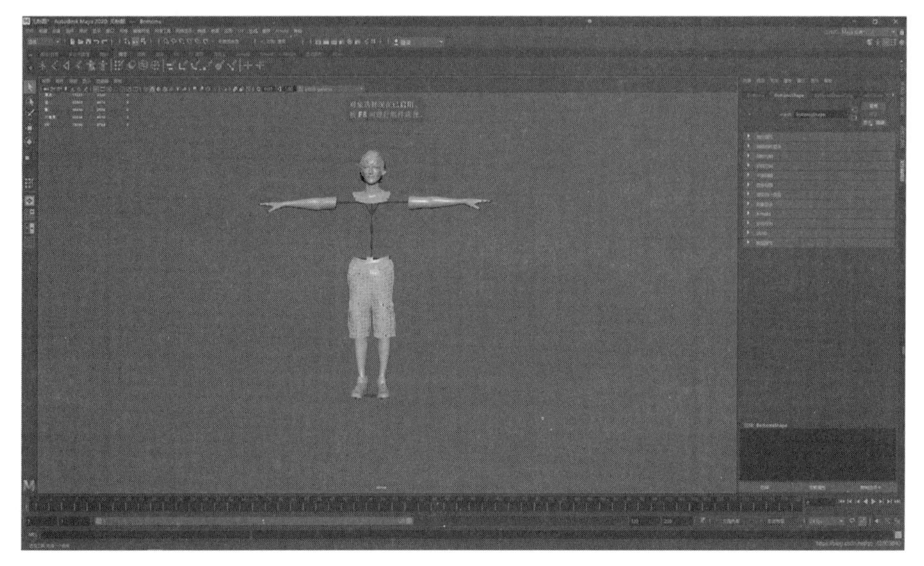

图 15-3　Maya 游戏角色骨骼设置

15.2.3　物理系统

引擎的另一重要功能是提供物理系统，这可以使物体的运动遵循固定的规律。例如，当角色跳起的时候，系统内定的重力值将决定他能跳多高，以及下落的速度有多快；子弹的飞行轨迹、车辆的颠簸方式也都是由物理系统决定的。

在游戏中，引擎可以从内存得到游戏世界的结构，接下来要做的事情有：防止角色掉到地底下，并处理地板、斜坡、墙壁、门变形，还必须正确地处理地心引力、速度变化、惯性和对象的相互碰撞。所有这些被看作游戏物理学。

碰撞检测是物理系统的核心部分，它可以检测游戏中各物体的物理边缘，如图 15-4 所示。当两个 3D 物体撞在一起的时候，这个技术可以防止它们相互穿过，确保当玩家撞在墙上的时候，不会穿墙而过，也不会把墙撞倒，因为碰撞检测会根据玩家和墙之间的特性确定两者的位置和相互的作用。

图 15-4　用物理系统实现的布娃娃 (Ragdoll) 效果

15.2.4　粒子系统

如今绝大多数的游戏引擎都包含粒子系统，通过这个系统可以做出很棒的特效，如图 15-5 所示。粒子被定义为拥有半透明纹理贴图、位置、速度、生命周期的小的可绘制物体。而粒子系统则是能大量产生粒子并控制粒子运动的系统。大量小粒子被粒子系统产生出来后，通过更改各项粒子参数可产生异常华丽的特效。

图 15-5　UE4 粒子系统实现的火焰特效

绝大多数游戏都倾向使用粒子系统模拟火、烟和爆炸等效果。但巨大的粒子数量和互相遮挡带来的半透明计算造成粒子系统非常消耗 CPU 时间，这可能会影响渲染帧率，所以在使用上应该有节制。

15.2.5 人工智能系统

人工智能在游戏开发中的重要性，仅次于游戏引擎的渲染能力。不久以前，人们在开发游戏时还是主要考虑能够渲染多少个多边形，制作的人物、场景能多逼真。但随着图形技术的进步，现在已经能够渲染出非常真实的游戏效果，人们的注意力就开始转移到用多边形做什么，即如何应用到游戏上面来，而人工智能在这个领域非常关键。

人工智能最关键和主要的工作就是在游戏世界中模拟出和玩家行为模式类似的NPC。NPC有自己的目的和任务，他们可能正在守卫、在巡查、在购买食品杂货或在整理床铺。而且NPC还要有感官能力，他们能看到他们应该能看到的，能听到他们应该能听到的。但是这并不是说NPC可以知道游戏世界中发生的所有事情，如果他们知道了，就可以说这个NPC在作弊。他们的认知范围应该和人一样，不可以看穿墙壁，但是如果墙壁的隔音性能不是很好的话，他们应该可以听到墙壁后面的声音。

15.2.6 脚本系统

故事情节是非常重要的游戏元素。游戏引擎中没有关于故事情节的代码，但情节表现却需要引擎来完成，将情节与引擎联系起来的正是引擎中提供的脚本系统及其脚本语言。游戏开发工程师根据游戏策划文档编写脚本来控制情节的发展，包括每一关中的主角要完成什么样的任务，会触发什么样的事件等，引擎中的脚本系统解析脚本语言代码并调动引擎其他系统完成相关动作。

有的引擎会自己实现脚本语言，而有的引擎则会直接将通用脚本语言与引擎集成起来，现在广泛应用的有Python、Lua，JavaScript，C#，C++等通用脚本语言。此外，直接编写脚本对策划人员来说确实辛苦，因为他们并不熟悉程序编写方法，所以行业内又产生了可视化脚本系统。使用这种方法，策划人员能够在真实的游戏环境中通过鼠标点击来实现情节设置。当然策划人员用可视化脚本系统完成的成果依然是脚本代码。

15.2.7 输入控制系统

输入控制系统负责接受玩家通过游戏控制设备（键盘、手柄、手机触摸屏等）发出的控制信息，而后将这些信息转化为引擎其他子系统的任务。

设计引擎中的输入控制系统时，首先要做的事情就是找到一个适合该游戏的控制方式。如果要做一个即时战略类游戏引擎，那么就可以不用考虑对游戏杆的支持。

其次就要通过编写代码取得输入设备的消息和状态。在Windows系统中，可以通过取得操作系统中的消息来知道键盘和鼠标的动作和状态。当然还可以通过DirectX中的 DirectInput 来获取这些内容。

接下来就是如何做出响应了。控制系统需要分析不同的控制指令，并将它们发往相关的引擎子系统。

15.2.8　声音系统

由于游戏在种类和技术上逐渐进步，声音和音乐在游戏中正逐渐变得重要起来，甚至在某些游戏中，声音是一个可玩点，比如 CS 中的脚步声。环境音效、声音的反射与折射是如今许多游戏提高玩家情绪的法宝。

目前常用的声音处理库有 DirectX 中的相关组件和 OpenAL。就如同 OpenGL 是一个图形 API 一样，OpenAL 是一个声音系统的 API。OpenAL 被设计为支持大多数常用声卡，而且当某项特性不被硬件支持时，可提供一个软件替代方案。

15.2.9　网络系统

如今大多数有长久生命力的游戏都至少有一些联网成分。最纯粹的单人游戏玩一次两次后，一旦游戏结束，容易被束之高阁。如果想让游戏生命力更强，那么多人连线游戏的方式是一个不错的选择。

要实现网络间的连接，就要利用网络间的通信。DirectX 中有一个组件 DirectPlay，可以用来实现网络间的连接，但是它支持的连接数很少，做局域网游戏可以，要实现大规模多人在线网络游戏就无能为力了。要实现大型网络游戏，可以使用 Socket 网络编程。

引擎中的网络系统是建立在 Socket 之上的一个层次，它利用 Socket 进行数据传输，但自己本身还要处理数据分类、数据封包、加密、网络延迟等问题。网络延迟是大多数网络游戏不得不面对的问题。客户端预测是为了解决网络延迟而被广泛使用的常用方法，当客户端连接到一台拥挤的服务器且不能及时获得服务器信息时，客户端预测就开始起作用了。它使客户端自动判断游戏可能的发展情况并执行，当它得到来自服务器世界的权威状态时再改正当前显示。客户端预测可以使游戏看起来运行比较流畅，当然偶尔也会出现玩家角色移动后被拉回原地的情况。

15.2.10　数据库支持

简单来说，数据库就是数据的存储仓库。与一般的货物仓库不同的是，数据库中存储的货物是数据。

仓库需要一个坚固的建筑物，一套完善的货架以及一套高效的仓库管理系统，需要在任何时刻都能够用最短的时间找到并完成对指定货物入库、出库的操作。对应于一般的仓库，在数据库中将文件作为存储数据的建筑物，将数据结构作为存放数据的货架，用数据库管理系统实现数据库数据的有效管理。

在单机游戏中，任何和游戏相关的数据都是通过文件保存的，并不需要数据库。而大型多人联网类型的游戏使用文件保存数据会有包括读写效率、安全性和不支持服务器群组等很多问题，所以该类型游戏都提供数据库支持。成熟的数据库系统有很多，例如微软公司的 SQL Server、Oracle 公司的 Oracle 或 MySQL 等，它们一般都提供开发接口，只需要在引擎中与之对接就可以了。

15.3 游戏编辑工具

游戏的内容创作需要使用很多专用工具软件提高效率，如通常会用到的 3D 模型编辑器，它可以付费购买，也可以到互联网下载一个免费的建模工具。除此以外，还有其他工具，比如关卡编辑器和特效编辑器等，这些软件一般都只与特定游戏相关，不存在通用产品。因此，如果没有一个能满足需要的关卡编辑器，就得动手自己写一个。同时，可能需要写一个打包程序来把零零碎碎的文件打成一个文件包，否则在产品里发布成百上千的文件容易造成版本控制困难。再者，还需要有个转换器或者插件来把 3D 模型编辑器的文件格式转换到游戏特有的格式。最后还需要一些处理游戏数据的工具，比如可见性计算或者光照图计算等。

一般来说，策划和游戏开发者是编辑器的“使用者”，而美工为编辑器提供可用的素材。

15.3.1 地图编辑器

地图编辑器，顾名思义，就是用来编辑地图的工具。如果玩家玩过《魔兽争霸》或是《帝国时代》《英雄无敌》《孤岛惊魂》，应该知道这几款游戏都附有地图编辑工具供玩家自行编辑地图关卡，如图 15-6 所示。

地图编辑器存在的意义可以举个例子进行说明。在《星际争霸》中，如何让军队无法越过高山河流，玩《英雄无敌》时，如何让军队在途经沼泽地带时减缓其行进速度，这些都是靠地图编辑器设定的。也就是说，地图编辑器不光是将地图拼接出来，游戏要靠地图编辑器来赋予地图单元适当的功能。

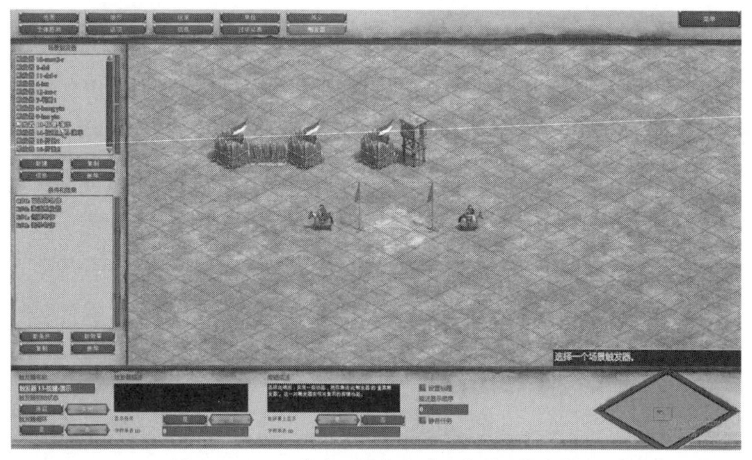

图 15-6　《帝国时代》的地图编辑

15.3.2　角色 / 模型编辑器

资深玩家都知道，每个游戏中都有自己特定的模型格式，这种格式最适合这个游戏，它保存的数据正好是这个游戏所需要的。

那么，这种特定格式的模型就要通过一个编辑器来编辑。这样的编辑器就叫作角色 / 模型编辑器，如图 15-7 所示，它要能读取美工人员通过 3ds Max 等软件生成的模型文件，并且把文件转换成游戏需要的格式。它还要能组合模型，如果美工人员做出来的只是一个模型的各个组件，我们要在这个编辑器中把它们组合在一起，在组合的过程中可能还涉及对现有模型的旋转、变形等操作。当然，功能强大的角色编辑器可以取代 3ds Max 等通用软件而直接创建游戏角色。

图 15-7　《剑三》的角色 / 模型编辑器

15.3.3 特效编辑器

在《暗黑破坏神》中，当女巫向敌人使用火球术的时候，从女巫的杖头中会有一个红色的火球飞向敌人；在《奇迹》中，当精灵向队友使用守护之光的时候，被施法的队友身上会有一个绿色的光环在流动。这里的火球和绿色流动光环就属于特效。

游戏中的大量特效其实都是由同一套程序实现的，例如粒子系统。各种特效表现得绚丽多彩的原因是它们的参数各不相同。特效编辑器（如图 15-8 所示）就提供特效参数的调整和预览功能。特效编辑器的渲染底层代码都来自实际游戏中使用的底层渲染代码，这样就可以保证渲染的效果在编辑器中和游戏中一致，并且不需要再次进行格式的转换。

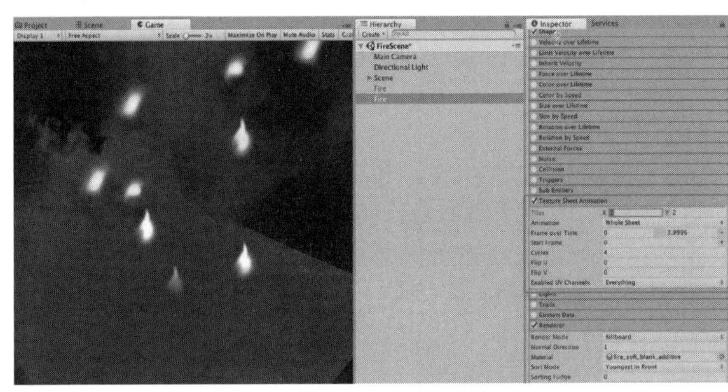

图 15-8 Unity 引擎的特效编辑

15.4 本章小结

本章详细描述了游戏引擎的组成结构，并分别对引擎中的各个组成部分从原理和内容上加以详细描述。本章最后还介绍了游戏引擎中最常用的三种游戏编辑工具，读者可以通过使用这些基本编辑工具，加深对游戏引擎的认识。

15.5 本章习题

1. 简述什么是游戏引擎，它的组成结构是什么。
2. 一般游戏开发都需要哪些游戏编辑工具？
3. 请举出最流行的三维游戏引擎。

第16章 成为优秀的游戏软件开发工程师

教学目标

- 了解成为优秀游戏软件开发工程师必备的技能和素质要求

教学重点

- 游戏软件开发工程师所必备的技能要求
- 游戏软件开发工程师所必备的素质要求

教学难点

- 游戏软件开发工程师所需的素质要求

16.1 技能要求

16.1.1 打下扎实的软件专业基础

成为一名游戏软件开发工程师，最起码应该熟练掌握软件专业所学的知识，主要包括软件工程、数据结构、编译原理等。线性代数、微积分、牛顿力学在图形和物理引擎开发方面用途也很广泛。如果想提高自己的话，还有必要了解硬件相关知识，如计算机体系结构、汇编语言，这些对将来学习新的硬件平台、编写最优化代码、提高竞争力非常有益。

16.1.2 熟练掌握常用程序语言

作为软件开发工程师，程序设计语言就是手中的武器，游戏软件开发工程师也是如此。

在游戏开发中，最为主流的语言是 C/C++，可以说对 C/C++ 的掌握是每个游戏程序员的必修课。熟练掌握语言的关键是要理解语言背后的编程思想。编写程序和写文章一样，都是先有一个提纲，然后慢慢地丰富内容，先抽象化得到程序的框架，然后再考虑填充细节。

16.1.3 精通图形、网络等专用技术

有了基本的专业基础知识和程序语言的应用能力，剩下的就是要掌握面向应用的具体技能。根据不同的岗位分工，游戏软件开发工程师需要掌握不同的程序开发环境。例如，进行渲染系统开发，需要掌握基本图形开发库 DirectX 或 OpenGL，对计算机图形技术尤其是三维图形技术需要有相当深刻的理解。开发网络游戏服务器端，就需要精通 Socket 编程，尤其对网络通信原理需要深入了解。

16.1.4 具备一定的英文水平

对于游戏软件开发工程师来说，不要求一定通过托福、GRE 考试，但是能看懂英文文献是最起码应该具备的能力。游戏技术在国外已发展多年，各类资料文档很多也比较优秀，经常阅读有利于自身的工作。而且国外的网络技术社区也很完善，具备一定的英文水平有利于直接进行技术探讨。由于中国的市场庞大，很多国外游戏公司开始在中国设立研发中心或成立分公司，他们对员工的英语水平往往要求比较高。

16.2 素质要求

16.2.1 合作能力

一个优秀的游戏背后必然有一个优秀的团队，一个优秀的团队首先表现在成员之间善于合作。如果说个人能力比较强，在过去看来是一种优秀的表现，那么在技术体系日趋复杂的现在来看，个人的作用正在降低。那种自认为聪明的程序员写的代码其他人就应该看得懂的想法显然并不聪明。

16.2.2　分析问题的能力

开发软件的关键是先有思想，再形成程序。当编程水平到达一定高度的时候，熟练使用编程语言并不是工作中最大的障碍，对问题的描述、分析能力才是关键。只有这样的能力才能针对现实的技术问题提出解决方案，才能构造出好的算法。形象地说，语言本身是皮毛，思想和算法是筋骨，没有分析能力的支撑，编程工作将会寸步难行。

16.2.3　写文档和注释的习惯

那种认为高水平程序员从来不写文档的想法无疑是完全错误的，良好的文档是正规开发流程中非常重要的环节。作为普通的游戏程序员，30% 的工作时间用于写技术文档是很正常的；而作为引擎级程序员，这个比例还要高很多。

缺乏文档，一个软件系统就缺乏生命力，在未来的查错、升级以及模块的复用时就都会遇到极大的麻烦。与此类似的是，对代码的注释极为重要，无论是多人合作还是个人开发，良好的注释风格都可以减少后期的软件维护及扩展成本。一般来说，理解别人写的代码是较困难的，在没有完事注释的情况下这个问题尤其严重。

16.2.4　良好的代码编写习惯

对于能写出高质量代码的程序员的需求至今还在增加。良好的编程习惯，比如有明显意义且较为统一的变量命名、可读性较强的代码组织、清晰的文件结构、分析并优化算法的性能、甚至明确规定语句嵌套中行缩进的长度和函数间的空行数等，不但有助于代码的移植、纠错，也有助于不同技术人员之间的协作，而且还是一个团队技术延续的关键，是保证技术传承的一种规范。

16.2.5　复用性和模块化思维能力

经常可以听到一些程序员有这样的抱怨：写了几年程序，变成了熟练工，每天都是重复写一些没有任何新意的代码。这其实是中国软件人才最大浪费之处，一些重复性工作变成了熟练程序员的主要工作，而这些其实是完全可以避免的。

复用性设计、模块化思维就是要程序员在完成任何一个功能模块或函数的时候，再多想一些，不要局限在完成当前任务的简单思路上，想想看该模块是否可以脱离这个系统存在，是否可以通过简单地修改参数的方式在其他系统和应用环境下直接引用，这样就能极大避免重复性的开发工作。如果一个项目组能够在每一次研发过程中都考虑到这些问题，那么程序员就不会在重复性的工作中耗费太多时间，就会有更多时间和精力投入到创新性的编程工作中去。

16.2.6 学习和总结的能力

善于学习，对于从事任何职业的人而言，都是前进所必需的动力。程序开发是个很容易被淘汰、很容易落伍的职业，因为一个技术可能仅在两三年内具有领先性，程序员如果想立于不败之地，就必须不断跟进新的技术，掌握新的技能。对于游戏程序员来说，这尤其重要。善于总结，也是学习能力的一种体现，每次完成一个研发任务，完成一段代码，都应当有目的地跟踪该程序的应用状况和用户反馈，随时总结，找到自己的不足，这样逐步提高，一个优秀的游戏程序员才可能成长起来。

16.3 本章小结

成为游戏软件开发工程师需要掌握很多专业知识，而成为优秀的游戏软件开发工程师就更有技能和素质上的要求。本章我们主要讨论的就是软件开发工程师所需掌握的技能和素质要求。

16.4 本章习题

1. 如何成为优秀的游戏软件开发工程师?
2. 请描述文档在开发中的重要性。
3. 请思考良好的编程规范在开发中的重要性。

第17章 游戏美术设计师及其工作

教学目标

- 了解游戏美术设计师的概念
- 掌握游戏美术设计师的基本工作流程
- 掌握不同游戏美术设计师的工作范围和职责

教学重点

- 游戏美术设计师的基本工作流程
- 游戏美术设计师的工作范围和职责

教学难点

- 游戏美术设计师各个部门之间的配合、协调

游戏行业内专门从事游戏美术设计的工作人员称为游戏美术设计师或游戏美工，他们的工作目标就是为游戏产品制作出与主题匹配的华丽视觉效果。由于工作量庞大且工作内容复杂，即使有能够胜任全部流程的美术人才，也无法高质、高效地完成工作任务，所以游戏公司会按不同的制作阶段和制作内容设置不同的美术岗位。根据游戏的制作流程，将内容分拆成不同的方向，使每个人都能专注于某个领域，发挥自己的专长，从而提高工作效率、确保工作质量。这些岗位大致可分为游戏角色原画、游戏场景原画、角色制作、场景制作、角色动画制作、游戏特效制作、2D平面及游戏UI制作、地形编辑等工作内容。同时，为了确保不同美工所完成任务的统一性，即游戏整体美术效果的协

调统一，每个游戏公司都会设置一个重要岗位：首席美术设计师。大型的游戏开发公司还会设置美术总监这个偏重管理职能的岗位。有些公司还会根据项目规模大小，机动灵活地设置美术主管（主美）、部门组长等岗位。

17.1 美术总监

美术总监在一个游戏公司中是美术设计方面的核心，多由行业经验丰富的人担任。他们不仅要有深厚的艺术底蕴，还必须具备相当强的管理能力，因为除了进行美术设计方面的重要规划与决策外，作为管理团队的一员，美术总监还必须协调全部美术设计人员的工作，并向制作人负责。

美术总监的工作内容包括：负责建立美术工作的品质标准、比例标准和规格标准；检查、指导美术工作；监管美术项目进程；负责美术部门与策划部门、程序部门的沟通协调；负责美术的工作分配、人员调整，实施监督和绩效管理；负责美术日常工作的行政、人事、奖惩管理；决定与美术项目相关的重大事项，包括风格、色彩、规模等，开列项目预算；对美术工作成果的最终品质负责，把控产品最终品质。

以下是一家游戏公司对美术总监的职位要求，仅当参考。

• 岗位：美术总监。

• 岗位职责：负责公司手游项目美术团队技术、人员管理、工作进度和质量统筹工作，保证游戏美术工作顺利完成；负责手游项目整体风格的制定及把控，并负责审核项目美术资源；能够独立承担设计任务，负责手游项目的角色、场景概念的主要设计；负责与策划和程序部门沟通与对接，制订美术团队的工作计划，保障项目进度。

• 任职要求：

（1）美术类学科，有场景建模、原画经验优先。

（2）5年以上游戏美术从业经验，至少一款完整U3d手游开发经验，熟悉游戏开发的工作规范和流程，并有担任主美的完整经历。

（3）敏锐的色彩感觉、出色的审美能力，扎实的美术手绘设计能力；对同类游戏产品进行美术表现的分析和借鉴、游戏风格和设计有深刻的见解。

（4）负责人员技术能力提升、工作安排、质量监控、进度把握、人员评估。

（5）良好的沟通协调能力和执行能力，善于与制作团队的程序、策划合作和沟通。

（6）有成功的U3d项目网游美术管理经验者优先。

17.2　首席美术设计师

任何游戏产品的美工团队都需要一个核心，否则很难让所有人把握统一的风格，所以出现了首席美术设计师这一职位，在国内也常被称为“主美术设计师”。相对美术总监来说，首席美术设计师的管理职能较弱，但他们会承担美术设计流程中最关键和难度最大的工作。可以说是首席美术设计师决定了游戏画面的效果，让用户在游戏过程中得到艺术的享受。

以下是游戏公司对首席美术设计师的招聘要求，仅供参考。

• 岗位：首席美术设计师。

• 岗位职责：把控游戏项目整体的美术风格，为项目的美术设计提供指引，监控美术的制作质量；负责项目工作计划的制订，人员的调配和工作的安排，统筹项目美术的制作进度；收集和整理美术素材，管理游戏美术资源，协调项目内部对于资源的调配和使用；承担团队的培训及技术提升工作。

• 任职要求：

（1）大专及以上学历，美术类相关专业，5 年以上游戏美术工作经验， 1 年以上手游主美工作经验，擅长二次元风格者优先考虑。

（2）具备丰富的创作实践经验和深厚的美术功底，优秀的美术鉴赏能力，熟悉 3ds Max、Photoshop、Flash、Painter 等相关软件。

（3）了解游戏行业，对策划及程序的工作方式有一定的了解，能很好地与策划和程序进行项目协同开发。

（4）细心认真，责任心强，具有高度责任感和团队合作精神。

（5）具备良好的沟通协调能力和执行能力，善于与制作团队的程序、策划合作和沟通。

17.3　原画设计师

原画设计师的工作总体来说就是把策划的文字描述结合风格定位进行细节绘制，如将人物造型、场景设定等实现在设计稿上。这是游戏美术制作的开头部分，也是把握整套游戏美术风格的关键，如图 17-1 所示。

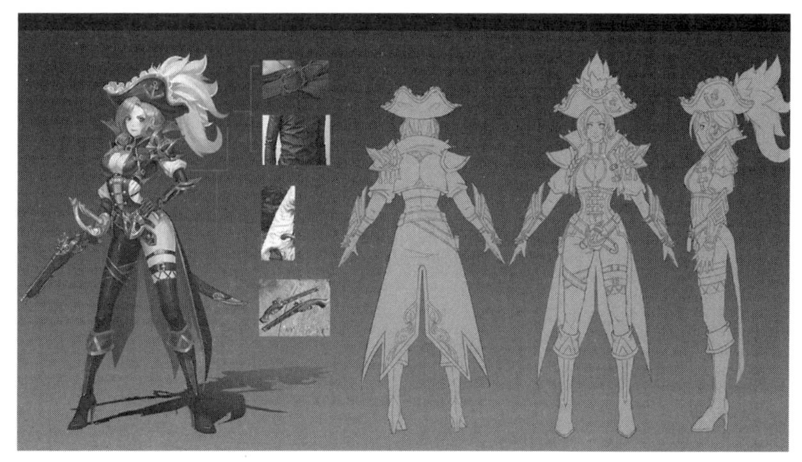

图 17-1　游戏原画设计图

原画设计师这个工作要求任职人员一定要有很强的美术功底，尤其是手绘的能力要高。同时经验也非常重要，毕竟原画设计不只是简单地绘画，更多的要通过画笔表达出策划的所想所思。一个游戏公司的原画设计师人数往往比 3D 和动画人员要少得多，作为原画，要将设计稿的数量准备到足够每一个 3D 和动画人员完成他们的制作工作，否则的话，制作的进度就有可能被拖延。

以下是游戏公司对原画设计师的招聘要求，仅供参考。

• 岗位：游戏角色原画师。

• 岗位职责：根据游戏风格，设计并绘制各类角色和相关需求；根据主美的美术要求，完成高水准的原画设定；根据文案需求，绘制 2D 角色设定图、宣传图、海报等 2D 角色相关的设计工作。

• 任职要求：

（1）美术相关专业，具备 3 年以上角色原画经验，仙侠、武侠写实类风格优先。

（2）有较强的手绘能力和设计能力，对人体结构有详细的了解，有良好的色彩感觉。

（3）同原画及美术相关部门进行沟通，根据项目的制作需求提供 2D 角色原画支持，具备良好的视觉设计思路。

（4）对各国的宗教、神话、服饰、花纹，以及主流的艺术特色有一定的了解，并能融合自己的想法于具体的设计中。

（5）热爱游戏行业，具有高度责任心和抗压能力。

17.4　2D 美术设计师

在以制作二维游戏内容为主的公司里，2D 美工无疑是占据多数的工作岗位。但即便是在三维游戏公司里，2D 美工同样发挥着重要的作用。

首先，在很多公司里，2D 美工与原画人员的关系非常密切，他们的工作首先是给游戏角色或场景最初的素描稿设定颜色，当然也有部分公司的原画人员自己完成这项工作，因为颜色也是原画设定的一部分。他们非常重视氛围的刻画，如图 17–2 所示，因此会花大量时间来考虑每张图要表现什么，要用什么颜色。他们不希望画出来的图让人不知道是在表现什么主题。

图 17–2　场景素描稿上色效果

其次，2D 美工与 3D 美工之间也常常会进行密切的合作。2D 美术设计师绘制的材质纹理更加细腻、真实，能够表达出足够的体积感和细节，这能简化 3D 模型的复杂度，从而节约出宝贵的多边形渲染数量。因此，越来越多的游戏厂商把手绘材质列入 3D 美工的技能需求之一。

再次，游戏中人机交互的基础界面（UI）、功能图标等同样需要 2D 美工来完成，如图 17–3 所示。

图 17–3　三维游戏 UI

最后，游戏推广时使用的大量宣传海报是由2D美术表现的，虽然画面中可能充斥着3D元素，但最终的平面设计工作仍是由2D美工完成的，如图17-4所示。

图17-4 《超级英雄》宣传海报

2D美工们工作充满着色彩，充满着活力。以下是游戏公司对2D美术设计师的招聘要求，仅做参考。

- 岗位：2D美术设计师。
- 岗位职责：负责独立游戏的美术设计、风格建构；制作游戏美术素材，包括角色、界面、UI、特效等；与其他美术成员统一风格，整合和把控游戏资源。
- 任职要求：

（1）精通各种绘画软件（Photoshop、Sai等）。

（2）会使用Spine制作2D动画。

（3）熟悉2D角色、动作、UI、特效、场景制作。

（4）一年以上游戏美术工作经验。

17.5 3D场景设计师

三维场景是游戏世界中最重要及最有表现力的空间结构实现，没有可视场景的游戏只属于二十几年前的MUD时代。中国神话故事认为是盘古开天辟地创造了这个世界，而3D场景设计师正是三维游戏世界中的盘古。

在虚拟的游戏世界里，存在大量不同时代的建筑，尤其在奇幻题材的游戏里，建筑类型甚至都未在历史上出现过。要完成这些建筑的制作，需要设计师具有很深的建筑造型能力和抽象能力，许多游戏公司的场景设计师具有建筑行业背景也正是基于这个原因。

游戏中同样存在大量的花、草、树木等植物，这些也都需要 3D 场景设计师来制作。如何使用最少的多边形做出形态各异的植物是 3D 场景设计师首先要面对的问题。

3D 场景设计师往往并不直接做出最终的游戏场景，他们的主要工作是完成场景需要的 3D 模型。然而随着游戏市场日益成熟，相对单一的制作技能已无法满足游戏公司对设计师复合生成能力不断提高的要求。特别是在大型游戏公司中，许多较为成熟的场景设计师也应掌握地形编辑等能力，即把 3D 场景设计师做出的 3D 模型作为素材，使用关卡编辑器制作游戏场景，如图 17–5 所示。

图 17–5　UE4 编辑 3D 游戏场景

以下是某游戏公司对 3D 美术设计师的招聘要求，具有参考意义。

• 岗位：3D 场景设计师。

• 岗位职责：

（1）负责 UE4 游戏场景的制作输出工作，整合地形、模型、特效等各种资源开展场景地编工作，控制和整合贴图、模型、材质等资源，对场景最终效果负责；能根据策划案自行搭建空间白模。

（2）审核、整合外包提交的场景资源，指导外包制作并保证产品进度和质量。

（3）积累和共享设计制作经验。

（4）偏向未来科幻风格优先。

• 任职要求：

（1）熟悉各种引擎 UE4（必须）及 Unity3D（辅助）并且精通相关次时代场景制作流程模块，2 年以上游戏场景制作经验，能独立输出 3D 场景美术资源和进行关卡的编辑制作。

（2）优秀的场景物件塑造能力、气氛把控力、打光烘焙光照贴图，地形编辑制作，场景特效气氛（如体积光、体积雾）有丰富的经验，根据场景 shader 材质配置对应的贴图种类和参数制作资源，并且在地编工作时调好效果准确地表达出场景的气氛。

（3）乐于体验前沿游戏，善于探索一线的3D场景制作方式，抗压能力强，适应敏捷开发，做事认真细致，精益求精，具有高度责任感和团队合作精神，善于主动提出问题并协同解决，大专及以上学历。

17.6 3D角色设计师

如果说3D场景设计师创建了游戏中的世界，那么3D角色设计师就为这个世界带来了生命。3D角色设计师的主要工作是制作游戏中的角色、怪物或是NPC等。

从二维的原画设定到三维的角色模型是一个巨大的飞跃，这需要3D角色设计师了解解剖学并有很强的造型能力。虽然人物模型的制作具有一定的规律性，但不同游戏中的不同人物角色在体型、服饰（体现为模型的一部分）上的差异极大，3D角色设计师必须非常注重细节的刻画。游戏中的怪物可能在现实世界中根本就不存在，如图17–6所示，在失去参照对象的情况下，对原画与策划案仔细研究是做出高质量怪物模型的前提。

图17–6　3D角色模型制作效果

由于目前的3D游戏引擎和硬件条件已经能支撑高精度的角色模型在游戏中流畅运行，所以很多公司会特别要求3D角色设计师具有低、高多边形模型的制作能力。当然，对3D建模软件的精通是对3D角色设计师最基本的要求。

以下是游戏公司对3D角色设计师的招聘要求，仅做参考。

• 岗位：3D角色设计师。

• 岗位职责：完成项目的原画建模，模型修改；与原画人员及动作特效人员精准沟通，确保建模质量和后期制作的便利性；对美术的整体效果提出修改意见，并努力完善美术表现力。

• 任职要求：

（1）参与过二次元 3D 项目为佳或对卡渲技术和 U3D 开发环境有深刻理解。

（2）有 2 年以上相关游戏行业工作经验，扎实的美术功底，具有敏锐的观察力，造型能力强，精通人体结构。

（3）熟悉游戏多边形建模，包括 UV 贴图及骨骼蒙皮。

（4）熟练使用相关设计软件。

（5）擅长人物的建模及贴图，优秀的 3D 低面（lowpoly）角色造型能力。

17.7　3D 角色动画设计师

根据游戏开发流程，在完成角色的模型结构后，再由 3D 角色动画设计师为其进行骨骼设置，进行蒙皮后，再结合角色的规格特点进行动作的设计及制作。完成这项工作的方法有很多，比如通过 Character Studio 制作，甚至直接通过动作捕捉设备捕获。相对来讲，直接通过软件制作动作成本更低，这也是目前游戏公司最常用的做法。在流行的 3D 软件里，一般都带有 IK（反向动力学）功能，调试动作也比较方便。动作制作的主流软件主要有 Max、Maya 等。

要做出合格的角色动画，必须对解剖学和动画规律很熟悉。通过对舞蹈或武术的研究，可以增强动作设计的合理性，当然在合理的基础上进行发挥也是必需的，毕竟游戏中的动作几乎都带有夸张的成分，如图 17-7 所示。

图 17-7　《侍魂：晓》中的 3D 游戏角色动画

以下是游戏公司对 3D 角色动画设计师的招聘要求，仅供参考。

• 岗位：3D 角色动画设计师。

• 岗位职责：

（1）熟练掌握 Max 或 Maya，了解骨骼绑定及运动规律。

（2）熟悉两足、四足及多足角色的动画制作，熟悉飘带运动的动画制作。

（3）游戏物体模型角色和各类动作设计与制作，达到流畅、合理、有创意。

（4）有丰富的想象力与常识积累。

（5）注重团队意识，及时与团队沟通设计方案在游戏中效果。

• 任职要求：

（1）熟悉动画流程，基本功扎实，熟悉各种风格。

（2）对游戏、动漫、电影有丰富的兴趣，善于观察其中的设计。

（3）能够充分理解需求，用丰富的知识积累和想象力来设计动画。

（4）保持初心，善于在工作中发现乐趣，轻松工作。

（5）能参与完成各种项目，善于表达和沟通。

（6）具有两年或以上相关工作经验者优先。

17.8 游戏特效设计师

游戏中有很多时候需要烟、火等特效，甚至魔法师所施展的魔法也是特效，如图 17-8 所示。特效的制作比较特殊，往往由专人来完成，完成这项工作的人就是游戏特效设计师。

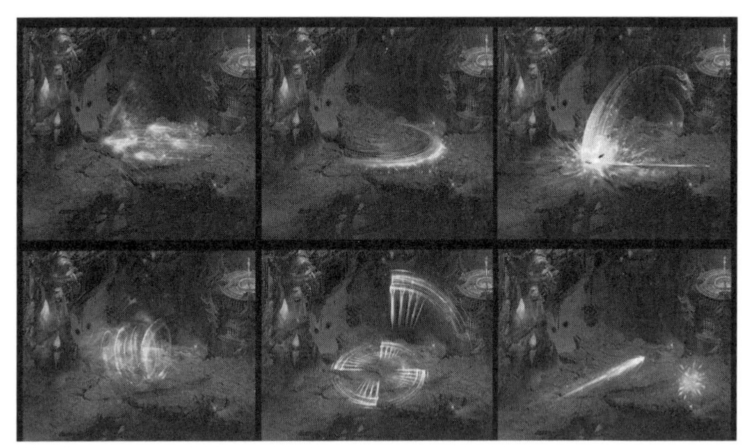

图 17-8 游戏中华丽的特效

特效有不同的实现方法，包括公告板和粒子系统等。除了常用的特效设计软件外，技术人员也会提供相应的编辑器给特效设计师使用。特效设计师通过自身对各种效果参数的理解，在特效编辑器上通过大量的尝试来获得需要的特效。每种特效背后都有带透明效果的贴图，特效设计师必须具有很强的半透明贴图制作能力。

以下是某游戏公司对游戏特效设计师的招聘要求，仅供参考。

• 岗位：3D 游戏特效设计师。

• 岗位职责：负责手机游戏 3D 特效设计制作，包括特效动画，及需要特效支持的相关动画；能独立使用引擎特效工具完成 3D 特效的制作，对 3ds Max、Maya、AE 及相关工具掌握熟练；在开发过程中，能积极参与到各项可由特效提升的工作内容中。

• 任职要求：

（1）有 2 年以上的三维特效制作经验；参与过至少 1 个完整的 U3D 项目开发，有三维移动平台开发项目经验者优先。

（2）熟练地使用 Unity 3ds Max、Photoshop 以及各种辅助软件进行特效制作。

（3）熟悉 U3D 游戏引擎和特效制作方式，了解游戏特效编辑器的基本功能和常用规则，能有使用 Unity 3D 引擎等基础开发游戏经验的优先。

（4）能监督、把控其他特效美术的质量和统一风格。

最后，需要强调的一点是，虽然美术设计人员之间有复杂的分工，但并不是绝对的，他们的工作经常会有交叉，所以，具有扎实的专业知识和丰富制作经验并能不断提升才是在行业中立足的根本。

17.9 本章小结

本章介绍了游戏美术设计师的不同岗位划分，详细介绍了美术总监、首席美术设计师、原画设计师、2D 美术设计师、3D 场景设计师、3D 角色设计师、3D 角色动画设计师、游戏特效设计师的工作职能和任职要求。本章可以帮助学生了解游戏美术设计团队中的工作划分以及能力要求。

17.10 本章习题

1. 游戏美术设计师主要有哪几种？请简述其在公司中的职能。
2. 试简述要成为 3D 美术设计师所需具备的条件。
3. 为什么 3D 游戏也需要大量 2D 设计师？
4. 为什么 3D 场景设计师需要了解建筑学知识？
5. 为什么游戏特效设计师需要较强的半透明贴图制作能力？

美术制作背景知识体系

教学目标

- 掌握美术设计所必需的基本艺术知识

教学重点

- 基本艺术知识在游戏中的运用

教学难点

- 东西方艺术的特点和差异，以及在游戏中的运用

作为具体的表现形式之一，画面对于一款游戏主题氛围的营造、世界观的体现起着重要的作用。依照美学的原理来看，内容和形式的关系是：既要强调内容的决定性影响，也不能忽视表现形式对于内容的积极作用，艺术美是内容与形式的高度统一。按照此原理，画面是否与游戏主题相得益彰，是评判一款游戏质量好坏的重要标准。

18.1 素描与速写

游戏中漂亮的三维场景、物品和角色都不是一次性完成的，它们都是从草图开始逐步加工成的。草图是游戏中一切画面的起点。要完成从文字创意到草图的飞跃，首要的基础就是扎实的素描与速写功底。

素描，狭义的概念就是“朴素的描写”的意思，是指凡以木炭条、炭精条、毛笔、铅笔、钢笔等较为简单的工具或少量的颜色在纸面、板面、墙面上所作的图画。素描是美术创作的造型基础，它以锻炼观察和表达物象的形体、结构、动态、明暗关系以及气质、精神特征为目的。素描是人类绘画史上出现得最早的表现形式。古代人类洞穴中的壁画，往往是以简单的线条和单一的色彩（或两三种少量的颜色）表现的。小孩子作画，开始阶段也总是用一些简单的线条来描摹物象。每一个学习艺术的人在刚刚接触造型时，总是要从素描入手，至今世界各国的美术院校仍以素描作为培养学生造型能力的基础课。

素描训练的主要途径是写生。写生，是指直接以实物为对象进行描绘的作画方法。写生是初学者及画家锻炼绘画表现技法和搜集创作素材的重要手段之一，通过对静物、风景、人物的写生，可提高作者对物象的认识能力和表现能力。其中人物写生的锻炼意义更大，因为和石膏像和静物不同，人物是从外表到思想感情都不断地活动，各类形象千变万化，不易掌握。人物写生同时也涉及透视规律和解剖学甚至社会学方面的知识，必须同时进行研究。人物写生可以全面地提高作者各方面的修养，如图 18-1 所示。石膏像写生，即运用石膏模型作为教具的辅助训练方法，也是训练中很重要的内容，因为石膏模型是单色物体，比较容易辨别其形状、体积和结构，加以作画可以不受时间长短的限制，比较方便。许多石膏翻铸的头像、人体等，都是历代有成就的艺术大师们的经典作品，在培养艺术审美能力方面也具有不可忽视的作用。

图 18-1　人物素描绘制效果

速写，是指用简练的表现方法，迅速地将生活中的人物形象、动作姿态、生活场景、服装道具等描绘下来的一种绘画形式。速写是培养形象记忆能力与表现能力的重要手段。通过深入生活，多画速写，不仅可以积累大量的创作素材和形象资料，而且可以训练敏锐抓取对象特征的技巧，从而得心应手地表现对象。

速写与素描的关系十分密切，速写是素描的一种形式。素描和速写往往是相互补充的，具有坚实素描基础的设计师，往往能够更准确地抓住对象的实质，寥寥几笔就可以表达出对象在形体、结构上的主要特征；同样，具有长期速写实践经验的设计师，在进行素描作业时，更能生动地抓住对象特有的气质、神态与运动变化等。

在游戏开发的初期阶段，大量设定都未确定，对素描概念图的讨论常常是策划会议的主要内容，如图 18-2 所示。

图 18-2　游戏素描概念图

18.2　色彩

色彩是最重要的视觉元素，是玩家接触一款游戏首先映入眼帘的内容，对游戏来说是至关重要的。色彩具有大众性，人们对于色彩的搭配往往有着相同或者相似的选择。但每个人对不同色彩的喜好不同，所以色彩同时也是最具争议性的一个主题。

游戏设计中主要使用的是 RGB 色彩系统，如图 18-3 所示。这种色彩系统类似电视机的画面生成原理，即三个阴极射线管发出红、绿、蓝三种颜色的光，当三种最强的光汇聚在一起的时候就是白色，反之就是黑色。所以 RGB 色彩系统又被称为增色系统。游戏设计人员大部分时间都在使用 RGB 色彩系统，只有当设计游戏相关的印刷品时才会使用减色系统——CMYK 色彩系统，如图 18-4 所示。其中 C 代表青色、M 代表洋红色、Y 代表黄色、K 代表黑色，这四种颜色是印刷行业最常用的油墨的颜色。由于油墨对光有吸收作用，当多种颜色的油墨混合时，人眼看到的是黑色，所以 CMYK 色彩系统称为减色系统。

图 18-3　RGB 色彩系统

图 18-4　CMYK 色彩系统

早期的游戏由于受到硬件的限制，只能允许同屏显示 16 色或者 256 色，这就需要游戏设计者们选择最优的方案，设置最合理的调色板，才能最大程度地把自己想要表现的效果展现出来。调色板就是游戏系统提供的游戏中可选颜色范围，硬件条件不同调色板的大小也不同，但调色板内的颜色却是可以设置的。对于一个游戏美工来说，调色板的设置好坏直接影响整个游戏的色调风格。

当时一个最主要的矛盾就是在分辨率和色彩之间要做出取舍。由于计算机硬件的限制，分辨率和色彩不能兼得。设计者或者取高分辨率（640×480）加小调色板（16 色），如图 18-5《三国志Ⅲ》所示，或者取低分辨率（320×200）加大调色板（256 色）。日本的美工采取了前一种策略，他们在 16 色系统下使用了色点间隔法，就是在比较高的分辨率（640×480）下，把不同颜色的点混合排列，看上去就成了中间色。这种利用人眼的不足来进行视觉欺骗的方法大获成功，很多日本游戏都在 16 色系统上显示出了超出人们想象的华丽效果。

图 18-5　《三国志 III》在 16 色系统下达到的效果

《帝国时代Ⅱ》是微软出品的经典即时战略游戏，如图 18-6 所示。在图像方面它采用了 2D 的 DirectDraw 技术编写，使用了 256 色。在有限的色彩范围内，其地图可以实现多种不同的地形地貌，包括山岳、丛林、荒漠、海洋等，而且这些地图并不局限于预设的内容，还可以由玩家自己编辑（通过地图编辑器）。由此也可以发现《帝国时代Ⅱ》开发者高超的制作功力。

图 18-6　256 色的《帝国时代 II》

随着硬件性能的提高，状况得以改善。现在的游戏可以随意使用 8 位到 32 位的真色彩，使设计人员获得了创造的自由。但是，给游戏进行合理配色仍是一项艰巨的任务，当然也不乏新奇之举，如《文明Ⅲ》使用的是一幅文艺复兴时期的名画《巴比通天塔》作为调色板参照，使得整个游戏有一种油画般的厚重感，如图 18-7 所示。

图 18-7　《文明Ⅲ》画面效果

一般来说，游戏中的色彩应该遵循以简代繁的原则。一款游戏不可能单一地运用一种颜色，这会让人感觉单调乏味；但是也不可能将所有颜色都运用到游戏中，这会让人感觉轻浮花哨。限制色彩数量，可以使游戏画面达到某种和谐的效果，对比鲜明，重点突出。所以，确定游戏的主题色也是设计人员必须考虑的问题之一。通常情况下，一款游戏中的主体颜色不超过三种，如图 18-8 所示。把握游戏的整体风格非常重要，也具有相当的挑战性。如果在开始阶段没有规划好游戏的色彩风格，那么做出来的游戏就会给人一种杂乱无章的感觉。

图 18-8　场景整体画面效果

18.3　构成艺术

构成是创造形态的方法，它研究如何创造形象，形与形怎样结合，以及形象排列的方法，可以说是一种研究形象的科学。实际上，人类所有的发明创造行为本身就是对已知要素的重构，大到宏观宇宙世界，小到微观原子世界，都可以有自己的组合关系、结构关系。从纯粹的构成形式区分，构成有平面构成、色彩构成、立体构成三大类型，游戏美术设计师必须要熟悉这些构成形式。

18.3.1　平面构成

平面构成是设计中最基本的构成形式，它不是以表现具体的物象为特征，但是它反映了自然界运动变化的规律性。依据构成的原理，任何形态都可以进行构成。平面构成可以分为自然形态构成和抽象形态构成两大类。

（1）自然形态的构成就是以自然本体形象为基础的构成形式，如图 18-9 所示，这种构成方法保持原有形象的基本特征，通过对形象整体或局部的分割、组合、排列，重新构成一个新图形。

（2）抽象形态的构成是以抽象的几何形象为基础的构成形式，如图 18-10 所示，即以点、线、面等构成元素，进行几何形态的多种组合。其构成方法是以几何形态为基本构成元素，按照一定的规律进行组合排列。

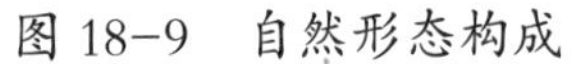
图 18-9　自然形态构成

图 18-10　抽象形态构成

18.3.2　色彩构成

色彩构成是构成艺术中的一个重要组成部分。根据构成原理，将色彩按照一定的原则去组合，创造（调配）出符合要求的美好色彩，这种创造（调配）过程，称为色彩构成。色彩构成中的基本要素是色相、明度、纯度，这些分词是学习色彩构成的基础。

（1）色相：色彩的相貌，是区别色彩种类的名称，指不同波长的光给人的不同的色彩感受。红、橙、黄、绿、蓝、紫中的每个字都代表一类具体的色相，它们之间的差别属于色相差别。

（2）明度：指色彩的明暗程度，任何色彩都有自己的明暗特征。从光谱上可以，看到最明亮的颜色是黄色，处于光谱的中心位置；最暗的是紫色，处于光谱的边缘。一个物体表面的光反射率越大，对视觉的刺激程度越大，看上去就越亮，其颜色的明度就越高。

（3）纯度：指色彩的鲜艳度。从科学的角度看，一种颜色的鲜艳度取决于这一色相发射光的单一程度。人眼能辨别的有单色光特征的色，都具有一定的鲜艳度。不同的色相不仅明度不同，纯度也不相同。

色彩构成一般从色彩的形成及知觉原理入手，分别从色彩的物理性、感知色彩的生理性、色彩心理、配色原则及色彩调和等方面进行系统的研究。

我们把以上在白光下混合所得的明度、色相和彩色组织起来，由下而上，每个横断面上的色标都相同，上横断面上的色标较下横断面上色标的明度高。再以黑、白、灰作为中心轴，由中心向外，使同一圆柱上的色标纯度都相同，外圆柱上的色标比内圆柱上的色标纯度高。由中心轴向外，每个纵断面上色标的色相都相同，不同纵断面的色相不同的红、橙、黄、绿、青、蓝、紫等色相自环中心轴依时针顺序排列，这样就把数以千计的色标严整地组织起来，成为立体色标。目前影响较大的立体色标是奥斯特华色标和门塞尔色标，如图 18–11 和图 18–12 所示。

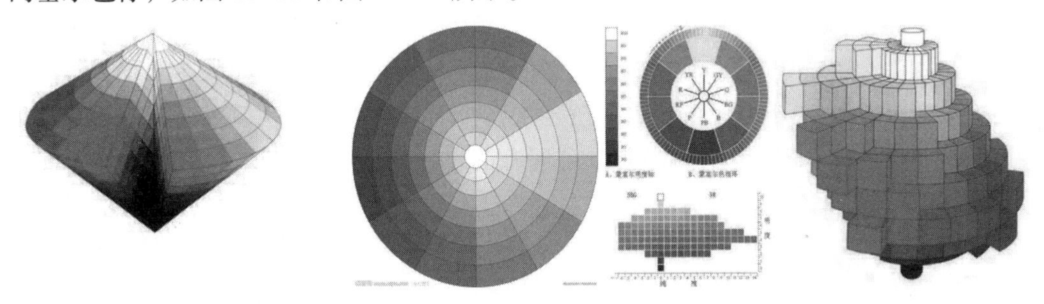

图 18–11　奥斯特华色标　　　　图 18–12　门塞尔色标

18.3.3　立体构成

立体构成研究立体形态各元素的构成法则，是立体创造的一种科学方法。它有感性的直觉创造和理性的逻辑创造两种方法。它不仅是材料媒介的运用，也是个人感情、认识、意志的表达。它的表达形式是图式的，它的构思方式是数理的。

立体构成的对象分为三方面：一是构成形态的基本要素，如点、线、面、体、空间等，如图 18–13 所示；二是制作形态的材料，如木材、石材、金属等；三是材料构成过程中的形式要素，如平衡、对称、对比、调和、韵律、意境等。

分析立体的各元素及它们之间的构成法则，通过创造立体、观察立体、把握立体的方法不断创新，即是立体构成的本质意义。

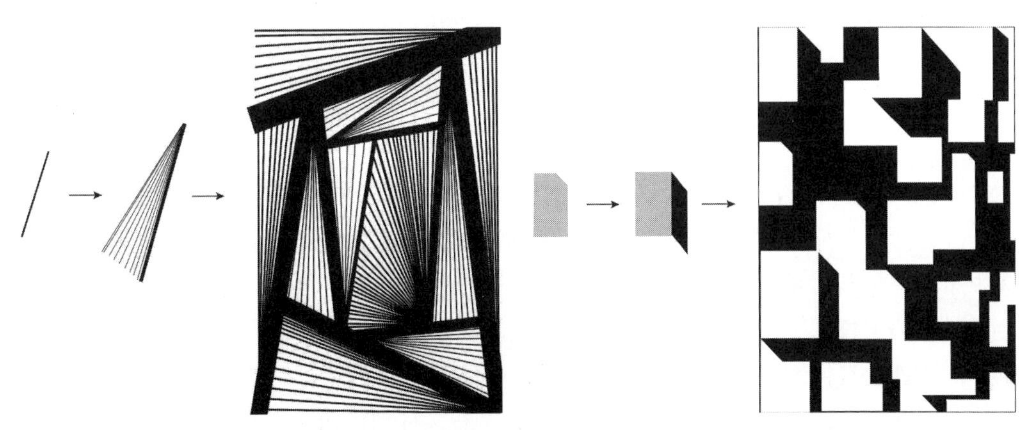

图 18–13　线体、面体、块体构成

18.4 艺用解剖学

游戏中的主要角色是人物或类人生物，要想正确地绘制出鲜明、生动的人物形象，必须具备人体解剖的基本知识。动画艺术家们早就发现，那些橡皮玩具似的大鼻子卡通动画角色只能在短片中吸引观众的兴趣，在一个 90 分钟的长片中，它们就无法锁住观众的注意力了。由此可见，动画需要更多的写实成分，游戏更是如此。游戏美工不同于一般的画家，他们不能完全照着模特来画，必须具有想象力，但在塑造各种游戏角色形象的过程中，任何想象力都会源自现有的生物体。图 18-14 所示为人体肌肉与骨架结构。

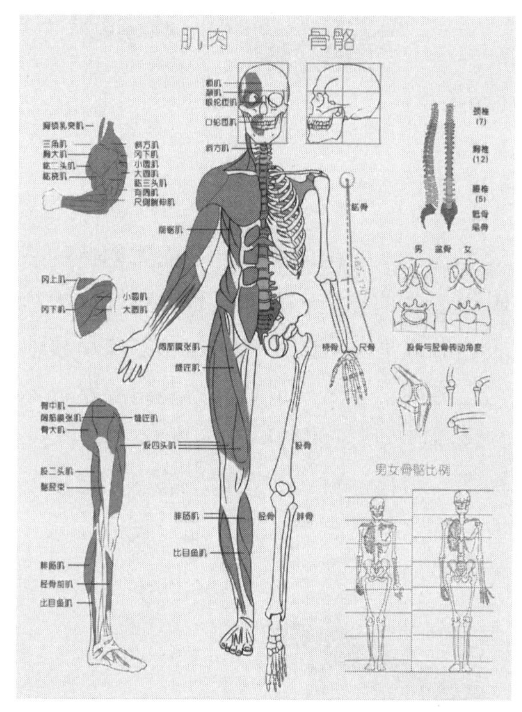

图 18-14 人体肌肉与骨架结构

虽说人体的骨骼构造非常复杂，如图 18-15 所示，如果将它们分解并对其动作进行分析的话，就能在很大程度上化繁为简。人体的骨骼哪些是可以活动的？如何活动？这些知识都是非常重要并需牢记在心的。注意观察肘、腕、膝和踝关节的活动情况，学会识别肩部与臀部关节的独特运动方式。设计动作时可以充分利用脊骨的柔韧性，但要注意，脊骨没有伸缩性，它只能用弯曲的程度体现出量的增减。因此，优秀的游戏美术人员必须熟悉人体肌肉结构，如图 18-16 所示，这对制作角色模型有着重要意义。

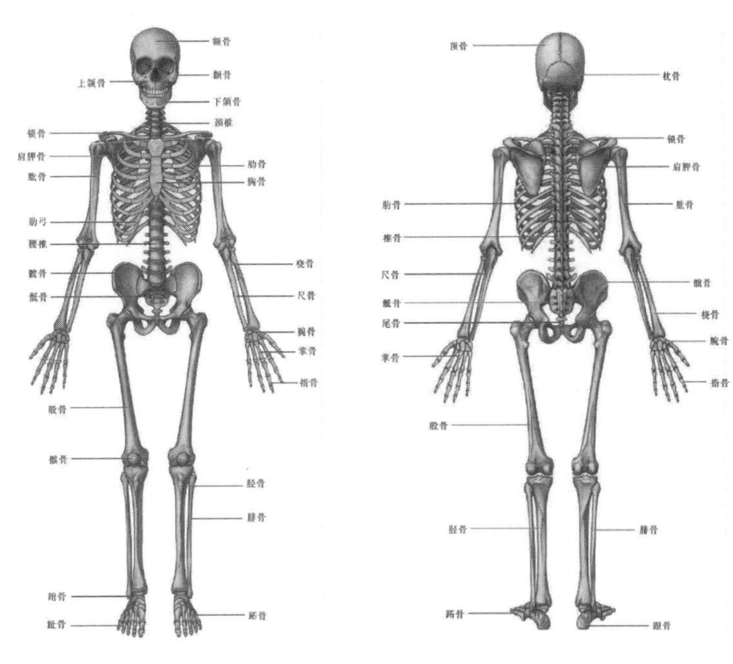

图 18-15　人体骨骼构造

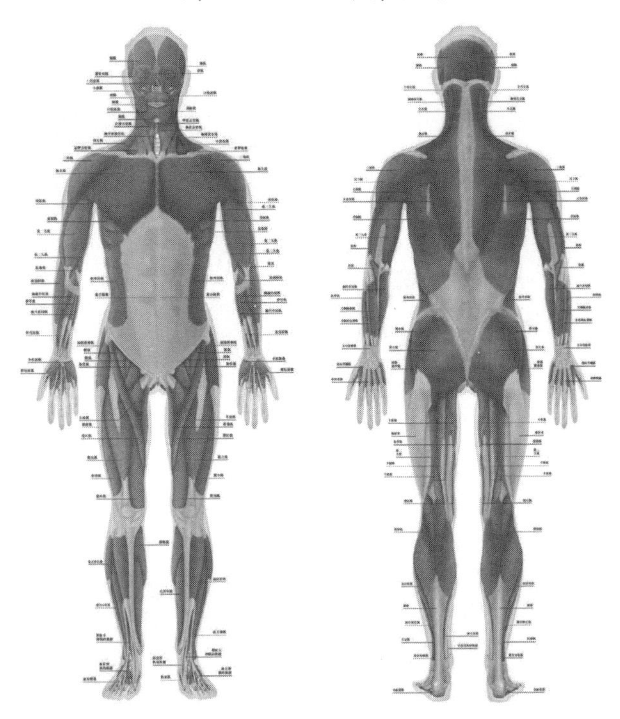

图 18-16　人体肌肉解剖

角色模型面部会吸引玩家 60% 以上的注意力，是设计的关键。人物的脸部遵循“三庭五眼”的原则。“三庭”是指人脸的长度分为三等份，即额发际缘至眉之间的距离与眉至鼻基底的距离、鼻基底至颏部的距离相等。“五眼”是指脸在眼水平线上的面宽分为五等份，每份为一个眼的长度，即除了两眼外，两内眦（上下眼睑交结处）之间的距离与外眦至同侧耳部的距离也为 1 个眼的长度，如图 18-17 所示。

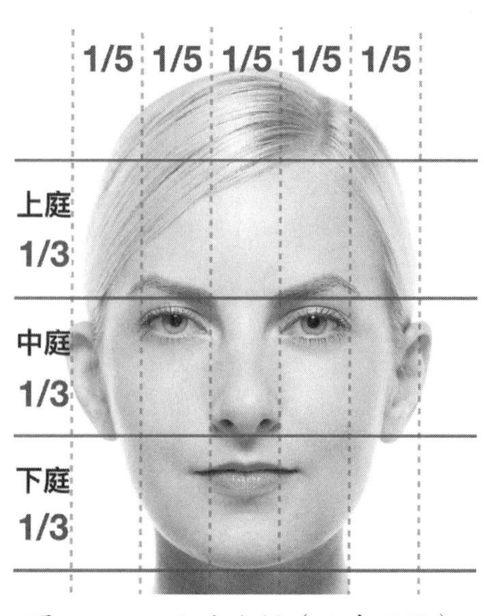

图 18-17　人头比例（三庭五眼）

在游戏的世界中，人物身高不是用“米”或者“英尺”来计算的，而是用一个特殊的计量单位“头”。常规人的身体一般是头的 7 ~ 7.5 倍高。游戏中的人物通常也是 7 头身，胯部一般在身体的中心。但游戏的主角或重要人物通常是 8 头身，甚至是 9 头身，这样的身体比例会显得男性挺拔威武，女性优美性感，如图 18-18 所示。

图 18-18　游戏中的人体比例

18.5 东西方文化艺术特点

文化艺术是有历史的，不同国家或民族的游戏美术设计师对此的理解也有很大差异，其结果是游戏产品风格上的差异。要做出适应不同国家或民族风格的游戏，就应该了解不同地区的文化艺术史及其背后所反映的文化。

这里用一个真实的实例来帮助大家了解东西方不同文化艺术特点在游戏中的表现。

以暴雪公司出品的《魔兽世界》为例，为了适应不同的市场，《魔兽世界》游戏中大量的模型形象设计实际上有所改动，各个种族的造型特点非常鲜明。可以看到，在欧美运营上线的游戏中，亡灵族及不死族生物显得更为狰狞恐怖；而在中国运营上线的游戏中，亡灵族及不死族生物则显得更为阴郁。由于调整了角色模型设计，更照顾到中国人的审美，该游戏在中国市场上取得了极大的成功，如图 18-19 所示。

图 18-19 《魔兽世界》游戏模型

东西方文化在处理英雄人物的方式上有很大差异，以中国为代表的东方文化崇尚“自古英雄出少年”，所以，大量文学、戏剧、影视作品中的英雄人物都在 20 岁左右就具备强大势力并有力挽狂澜的惊人表现，而西方文化中的英雄大都 40 岁左右，沉着而睿智。

此外，在艺术表现方式上的差异使得中外游戏在美术表现上也有着很大的不同。美国游戏用色厚重，使用混色多，有时感到昏暗浑浊。日本游戏一般比较明快，色彩比较明朗。这也是西方油画和日本版画传统对游戏的影响。

游戏《古墓丽影》的整个色调偏灰黑，游戏色彩浑重，给人一种神秘、恐惧的感觉，如图 18-20 所示。

图 18-20　《古墓丽影》画面效果

世嘉的索尼克系列带给我们一种轻快、明朗的游戏风格，这种游戏风格在很多日式游戏中都能看到，如图 18-21 所示。

图 18-21　《索尼克世代：青之冒险》

游戏开发过程中，在美术风格上需要考虑不同民族的历史与传统习惯、不同艺术形式的风格与特点，要分析游戏产品的目标市场，避免盲目模仿。

18.6　本章小结

本章主要介绍了游戏美术设计师应该掌握的美术背景知识，内容包括基础的素描、速写、色彩、三大构成到艺用人体解剖，最后剖析了东西方不同的文化艺术特点对游戏产品的影响。

18.7 本章习题

1. 为什么说游戏中的色彩应该遵循以简代繁的原则?
2. 什么是素描、速写?它们有什么样的关系?
3. 构成艺术分几种类型?
4. 游戏制作中的人体高度设置有什么特点?
5. 举例说明东西方艺术的差异。

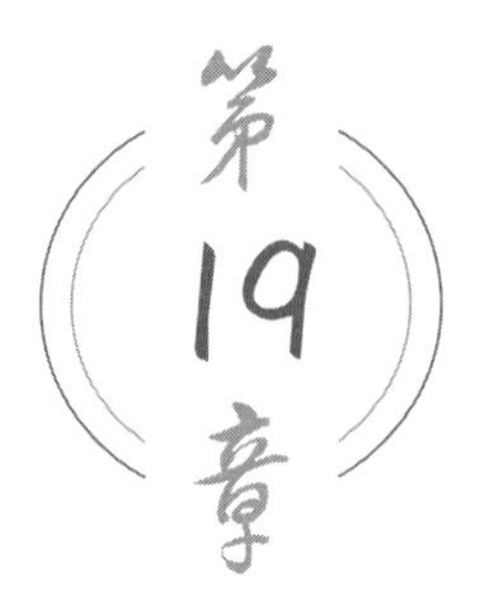

理解原画的作用

教学目标

- 理解原画的作用
- 掌握原画的实现流程

教学重点

- 原画的实现流程及方法
- 原画的类型划分

教学难点

- 原画绘制的技术

19.1 原画的定义

原画广义的概念是基于文案描述对特定形象的设计。有人说，在动画片中，动作设计称为原画，它是导演艺术创作的重要组成部分；还有人说，原画是指物体在运动过程中的关键动作，在计算机设计中也称关键帧，原画是相对于动画而言的。在游戏中所说的原画设定和上面的说法有很大不同，原画是在大规模游戏制作中产生的，是为了便于游戏的工业化生产独立出来的一项重要工作，其目的是为了提高游戏质量，加快生产周期。游戏中的原画是指把策划的文字信息转化为图形信息的工作，是把握总的游戏风格，也是决定游戏质量好坏最重要的一道工序。原画对后期建模和材质贴图有极大的影响。为后期工作提供参照和规范是原画的意义所在。

19.2 原画的类型

根据原画表现的内容，可以将原画分为角色、场景和其他几种类别，每种类别都有其特殊的绘制技巧和特点。

19.2.1 角色原画

无论在国内、韩国还是欧美，网络游戏里都会有玩家角色和NPC角色。游戏业发展到今天，玩家的品位也逐渐提高，对角色的设计也越来越有挑战，相应的角色原画设计就显得更重要了。不管是玩家角色还是NPC角色，都可以分为正派、反派、可爱、残暴、神经质等类型，在进行各种类型角色的原画设定时，要尽可能依据角色的特点进行塑造。

1. 正派人物角色

一般正派人物角色有着标准7头身的挺拔体型，英雄人物可以达到8～9个头的高度，他们具有强健的身体、英俊儒雅的面容和坚毅专注的目光，如图19-1所示。角色的发型、发色和肤色都比较大众化，因为正常来说，玩家很少会把正派人物和奇装异服、奇形怪状联系起来，除非是为了满足特殊剧情的需要；同时，正派人物在色彩搭配上也以暖色居多。

图 19-1 正派类的人物角色

2. 反派人物角色

真实世界中的坏人不会在长相上就告诉别人自己是一个反派人物，但在游戏世界中，反派角色往往具有鲜明的特征，能够让玩家一眼分辨出来。他们往往奇装异服，面目可憎，言行古怪，性格凶暴甚至精神失常，如图19-2所示。对于设计人员来说，设计这样的角色不但有趣，而且可以留给设计人员的想象空间广阔，也有了更大的发挥余地。

图 19-2　反派类的人物角色

3. 怪兽

异形角色或者说是怪兽，通常在设计上有更多的灵活性，如图 19-3 所示。虽然世界上这些生物并不存在，但是在设计的时候应该把它们作为一种动物来对待，把动物或者人类身上的某些特征移植并组合到一起，会使这些怪兽有着与它们的外形相对应的运动方式，同时还应拥有可以用于攻击和防御的器官。

图 19-3　怪兽原画设计

19.2.2　场景原画

场景在游戏中最能体现游戏风格，场景制作也需要花费整个游戏制作成本的很大一部分，而原画质量的好坏将直接影响场景制作能否按时完成。在场景原画设计的前期，原画设计师一般会和游戏设计师召开联席会议，通过讨论场景规范和草图来确定工作方向。

既然原画作品要为后期的工作提供参照和规范，那么，对于场景来说，至少要绘制两种图，一种是有颜色的透视效果图，这张图用来表达色调关系和场景气氛，并尽可能体现出灯光效果；另一种则是表现场景中物体分布及大小比例的顶视效果图，这张图只用铅笔或钢笔勾勒即可，无须着色。三维场景设计师看到这两张图就一定会胸有成竹。如果场景中有一些结构较复杂的物体，那么，最好将它们的结构特征和相关细节单独画出来，如图 19-4 所示，因为场景设计师不会像原画人员那样一开始就清楚具体细节。

图 19-4　游戏场景效果图和部分细节刻画

19.2.3　其他原画

在游戏原画设计中除了角色原画和场景原画外，还有许多其他类型的原画，例如武器、装备、道具等。一般人会认为这些东西都是附属品，在设计的时候应该很容易，其实恰恰相反，它们的设计往往让设计师们更头痛，因为效果需要既简洁又新颖、独特，深深吸引玩家，这就考验设计师的丰富想象力和创造力了。

1. 武器原画

武器是游戏中至关重要的内容，如图 19-5 所示，也是游戏中玩家的玩点之一。游戏中的武器甚至带有文化的味道，武器装备的外形、颜色、属性等都是玩家最关心的问题，甚至某些玩家会根据武器的美观程度来选择是否购买和装备，而且在网络游戏中角色的外观会影响其他玩家的行为。

图 19-5 武器原画

2. 道具原画

在一个游戏产品中，通常包括三种类型的道具，如图 19-6 所示，分别为消耗类道具、装备类道具和剧情类道具。从某种意义上说，剧情道具也属于一种特殊的消耗道具。几乎所有的道具都是经常与玩家见面的，所以在设计的时候不能因为它们是附属物品而忽略其重要性。

3. 游戏图标

游戏图标是决定玩家游戏体验的重要因素，如背包内的各种道具、操作界面上的各种功能按钮、技能图标等，如图 19-7 所示。玩家在操作和浏览游戏的过程中，总是需要反复点击这些图标，因此在设计的时候不能把它们单纯当作纯粹的美术作品，还要考虑其具体的功能性。

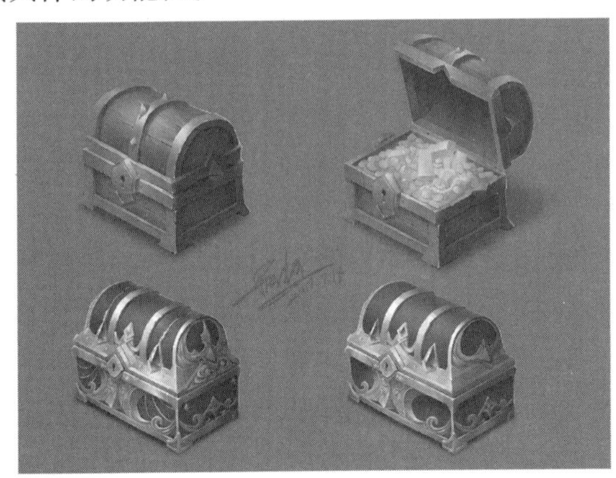

图 19-6 道具原画

图 19-7 游戏中的技能图标

19.3　原画设计的准备

在动手进行原画设计之前，需要认真做一些准备工作，包括阅读策划案和资料收集等。

19.3.1　阅读策划案

对于一个原画设计师来说，在没动笔之前，他们对游戏的全部理解几乎都来自于游戏策划者所写的策划案。要想让原画作品得到游戏设计师的认可，就必须仔细阅读策划案。很多原画设计师会在自己的原画稿上到处写满注释，比如这个角色多高、什么性格等各种关于游戏伦理观的说明，这些注释就来自于策划案。当然，只通过最简便的纸笔就表达出每个角色的个性，如图 19-8 所示，原画设计师必须是大胆的、有思想的。

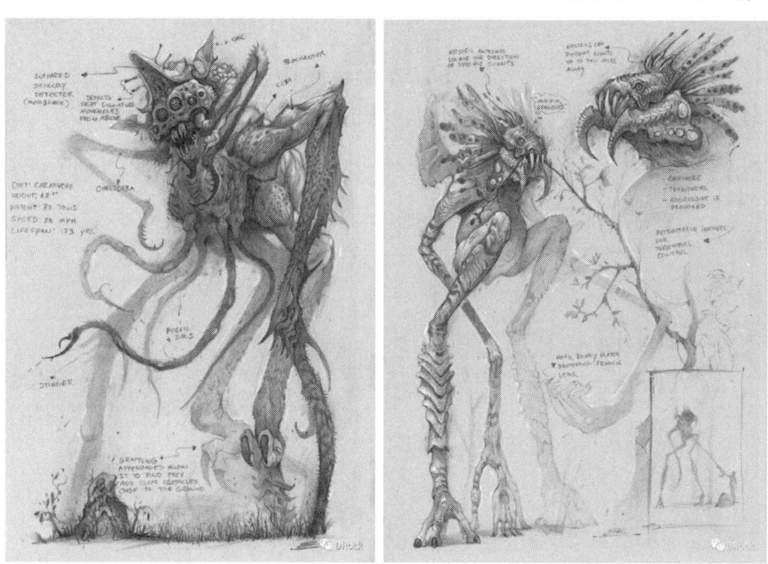

图 19-8　美国概念设计师 Bobby Rebholz 的怪物设定

19.3.2　资料收集

在进行原画创作之前，要收集所有相关的材料。虽然策划案已经给出了比较详尽的说明，但是对美术创作来讲还是远远不够的。

19.4 原画稿的实现

原画稿的实现至少要经过两个步骤，第一步是完成素描稿，将设计目标的轮廓表达清楚；第二步是上色，因为色彩也属于原画设定的一部分。

19.4.1 素描稿

所谓素描稿，就是用素描的方法，按照游戏设计师的描述来完成的游戏中原画的设定。它所要解决的表现是形状与明暗。

设计前要想象设计对象的特征、酝酿自己的情绪。根据对象的职业、年龄、气质、爱好等考虑该如何表现，最后欲达到怎样的效果。当成竹在胸，下笔就大胆潇洒，不应该仓促作画。

作画时先画准轮廓，整体观察，整体比较，运用辅助线帮助确定位置。在捕捉外形时要狠抓特征，表现特征。深入细部时要始终保持整体关系，一幅画的好坏主要取决于整幅画面的整体感，完整感。抓住了大的关系，又注意了微妙的关系，整个画面就有主有次，可以有条不紊地进行深入。每深入一层，再从最凸处开始，带动次明部，如图 19-9 所示。

图 19-9　游戏线稿造型设计

19.4.2　上色

上色是给游戏最初的素描稿设定颜色，使其充满色彩与活力。在表现一个故事背景时，每个场景、每个角色的颜色都十分讲究。游戏若要表现雪景，无疑首先考虑的就是冷色调，因为氛围的刻画极其重要。原画设计师在上色的时候，必须用大量时间来思考这张图要表现什么，要用什么颜色，必须不断地了解和体会游戏的精髓，然后将自己对游戏的理解用色彩在原画作品里淋漓尽致地表现。如图 19–10 所示为《tera》角色色彩。

图 19–10　《tera》怪物角色原画上色

19.4.3　技术手段

随着计算机硬件的发展，原画设计师已经不单单靠铅笔和白纸来完成工作，设计师们有了全新的工具。Photoshop、Painter 等绘图软件结合数位板，已经完全取代了以前用铅笔绘画再通过扫描仪导进计算机的过程，原画设计师经常用数位板在计算机上直接绘画，如图 19–11 所示。

图 19–11　数位板

19.5 本章小结

精彩的视觉效果，风格统一的画面是吸引玩家的关键之一。游戏中的美术元素有界面、场景、角色和过场动画等几大部分，要实现统一的整体风格，美术元素的统一是首先要解决的问题，原画设计师的职责就是在 3D 人员开始工作前，按照策划文案大体勾勒出游戏在美术方面的发展方向，使最终完成的游戏具备整体视觉效果。

19.6 本章习题

1. 怎样才能成为一名优秀的原画设计师？
2. 原画设计的准备工作有哪些？
3. 原画稿有哪些基本的要求？
4. 收集并欣赏十幅以上国内外优秀原画设计作品。
5. 尝试临摹两张经典原画稿。

第20章 建模及贴图

教学目标

- 理解三维建模原理
- 理解模型贴图原理
- 掌握游戏中的模型制作流程

教学重点

- 多种建模方式的区别
- 模型制作的原理和方法

教学难点

- 贴图制作的原理和方法

无论哪种类型的游戏，美术表现手段不外乎有两种：一种是基于传统点绘技术的2D美术；另一种是虚拟三维空间的3D美术。随着电子计算机技术的发展，3D游戏逐渐成为主流。

三维模型可分为低精度模型和高精度模型。其中低精度模型相对简单和粗糙，面数较少，能被大部分游戏引擎支持。高精度模型能表现出丰富的细节，但数据量大，即便目前电脑、手机硬件的性能越来越强大，但在对高精度游戏模型的使用依然会做出必要的限制，以保证游戏的流畅度。高精度模型常用于影视领域，本章讨论的技术也多针对低精度模型。

20.1 三维建模

三维模型的建模方法主要有多边形（Polygon）建模、非均匀有理B样条曲线（NURBS）建模等，每种方法都可以帮助你建立一个想要的模型，但不同的方法之间有优劣、繁简之分。

20.1.1 多边形建模

多边形建模技术是最早采用的一种建模技术，它的思想很简单，就是用小平面来模拟曲面，从而制作出各种形状的三维物体，小平面可以是三角形、矩形或其他多边形，实际应用中多使用三角形或矩形。目前3ds Max最强大的建模手段就是多边形建模，如图20-1所示，游戏角色就是用多边形建模的方法制作出来的。

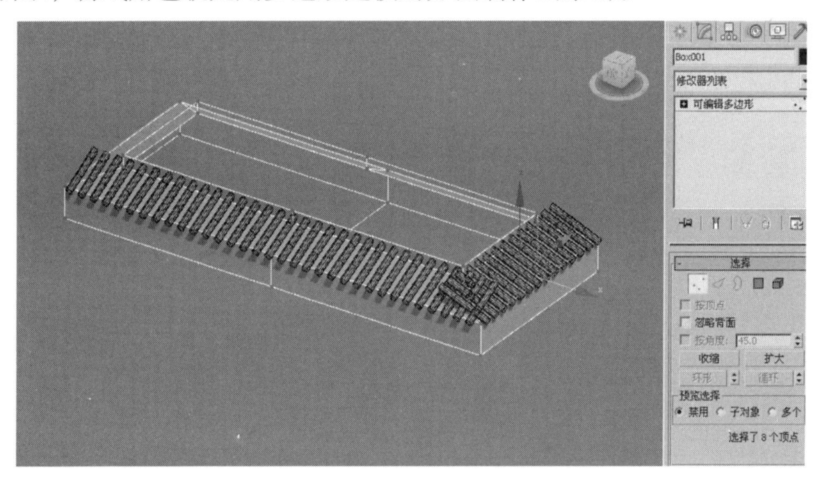

图20-1 采用多边形建模技术创建的游戏模型

多边形建模的主要优点是简单、方便和快速，但它难以生成光滑的曲面，故而适合构造具有规则形状的物体。最新的软件针对该情况设计有修改器，使通过多边形方法制作的模型同样会非常平滑，如3ds Max中的Mesh Smooth功能，同样，Softimage 3D中的Rounding工具、Phoenix Tools插件，Maya中的Smooth命令，以及Lightwave中的Metaform工具都是起同样作用的。这样，多边形建模就可以制作人体以及生物模型，常见的鸽子、海豚、飞机甚至人的头部、恐龙等都可以完成。

所有采用多边形建模创建的三维模型在三维空间中都是由点（Point）、线（Line）、面（Face）构成的。三维空间中的三个点可以构成一个三角形平面，多个三角形平面就可以构成更大、更复杂的面。相对来说，多边形建模的面数越多，所表现的细节也就越多，即增加细节会使模型更加具体。实际应用中要看细节需要到达什么程度，如果仅有低细节需求，增加多边形的面数只能是画蛇添足。很多游戏会要求同一个模型做出不同精度的版本，以供在不同的情况下使用。

面数较少的多边形模型也称为低多边形模型，或简称“低模”，在游戏中会根据不同场景、不同情节的变化使用不同细节的模型，如图 20−2 所示。

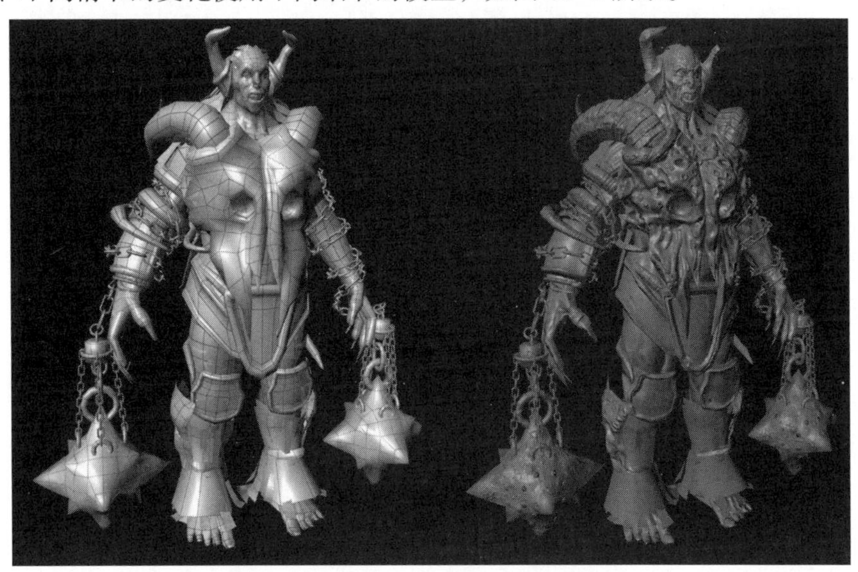

图 20−2　有着不同细节的角色模型

20.1.2　NURBS 建模

NURBS 是 Non-Uniform Rational B-Splines（非均匀有理 B 样条曲线）的缩写，它纯粹是计算机图形学的一个数学概念。NURBS 建模技术是 20 世纪 90 年代兴起的建模方法，特别适合创建光滑的、复杂的模型，而且在应用的广泛性和模型的细节逼真性方面具有其他技术无可比拟的优势。它以光滑曲线为基础，曲线垂直交叉就构成了曲面片，大量曲面片可以构成更复杂的曲面。但由于 NURBS 建模必须使用曲面片作为其基本的建模单元，所以也有以下的局限性：NURBS 曲面只有有限的几种拓扑结构，导致它很难制作拓扑结构很复杂的物体（例如带空洞的物体）；NURBS 曲面片的基本结构是网格状的，若模型比较复杂，会导致控制点急剧增加而难于控制；构造复杂模型时经常需要裁剪曲面，但大量裁剪容易导致计算错误；在制作有棱有角的形体时存在困难。如图 20−3 所示为 NURBS 建模的汽车。

早期的 NURBS 建模技术只存在于 SGI 工作站的高端软件中，如 Alias/Wavefront

公司的 Alias 等，因为这种技术可以用极少的控制点绘出平滑的曲面结构，所以是高精度要求制作的首选，如工业设计、影视后期制作等。在计算机硬件性能得到提高后，NURBS 被广泛应用到了 PC 平台的软件中，如 Maya、3ds Max、C4D 等，这促进了该技术在游戏中的应用。

图 20-3　NURBS 建模的汽车

20.1.3　模型编辑技术

通常，三维软件会提供一些简单的几何体，如球体（Sphere）、立方体（Cube）、圆柱体（Cylinder）、圆锥体（Cone）、平面（Pane），甚至 3ds Max 还提供了一个著名的茶壶（Teapot）。设计人员可以通过对这些基本几何体的修改、合并等获得最终想要的模型，如图 20-4 所示。

图 20-4　场景模型效果

20.2 三维模型贴图

贴图就是物体材质表面的纹理，利用贴图可以不用增加模型的复杂程度就可以表现对象细节，并且可以创建反射、折射、凹凸、镂空等多种效果，比基本材质更精细、更真实。通过贴图可以增强模型的质感，完善模型的造型，增强游戏画面的效果。

对大多数三维模型的贴图而言，必须告诉渲染程序此贴图要从对象的何处开始显示，而这就必须依赖“贴图坐标”。UVW 贴图坐标是最常见的贴图坐标，它是一种坐标系，类似 XYZ 坐标系但又有很大不同，它是针对模型的“面”建立的，“面”的方向不同，那么它的 UVW 坐标系方向也不同。

20.2.1 贴图的制作要求

为游戏制作的 3D 模型都是需要实时渲染的模型，在面数很低的情况下又要表现出出色的立体效果，贴图的制作就显得尤为重要了。

由于引擎的限制，模型的贴图也就受到了限制，例如为了节约贴图空间，某游戏中的模型只有半个面部贴图，另外的半张脸采用镜像的方式实现，或者将某块纹理进行重复利用，如图 20-5 所示。在制作游戏模型时，贴图的大小要根据引擎性能来决定，既要节省贴图占用的空间又要表现到位。这是一个非常重要的指标，它直接制约着游戏的画面效果，贴图越大表现出的内容就越细致，反之则相反。

图 20-5　在游戏场景中常常重复使用某个纹理

大部分的三维软件都是使用二维软件来绘制贴图的，而且一般是通过插件或截屏等方式把贴图坐标导入二维软件中进行绘制。贴图尺寸一般都是 2 的倍数，例如 128、

256、512、1024 等，因为这样的尺寸有利于更有效率地将贴图读入内存。

20.2.2 贴图的绘制

贴图的绘制过程分为两步，第一步需要将三维线框模型展开成二维形式，第二步才是在二维线框图上绘制纹理。

1. UV 点的调节

模型本身是三维的，而贴图是二维的，要将二维的贴图“包裹”在模型上，就必须建立起模型上的顶点与贴图之间的对应关系，这项工作称为 UV 展开，如图 20-6 所示。UV 展开和建模一样富有创造性，是必须掌握的一种艺术形式。有些模型需要花上数小时来调整 UV 点，因为 UV 点决定了贴图的坐标信息，所以花时间也是值得的。建立好 UV 点后，便可以开始绘制纹理了。

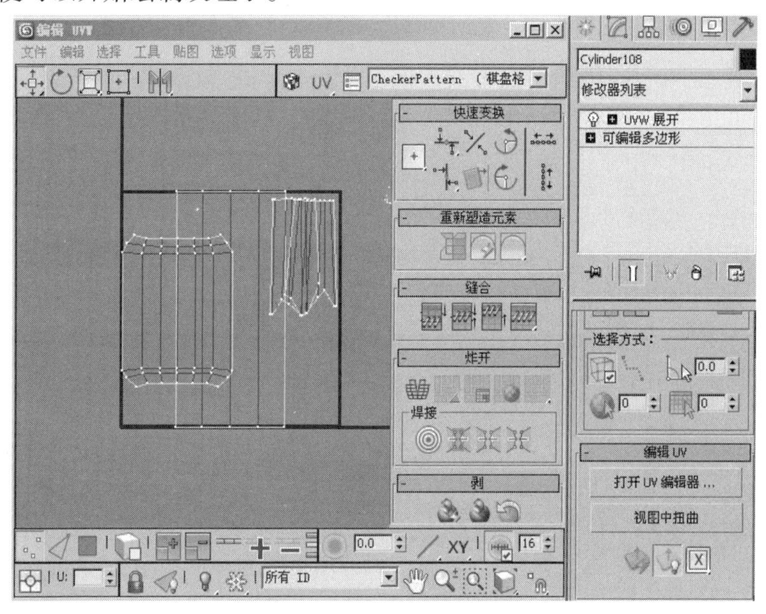

图 20-6 3ds Max 中 UV 点的调节

2. 绘制纹理

由于低多边形模型的面数相对比较少，因此绘制纹理主要依靠制作人员手绘，需要制作人员通过纹理来弥补原有模型在细节方面的不足。同时还要对光线进行模拟，要想象模型在引擎中的受光方向，表现出完美的立体视觉效果，这就要求设计师不仅要有控制色彩的能力，还要有很强的立体空间感。如图 20-7 所示就是在 Photoshop 中绘制贴图的情形。

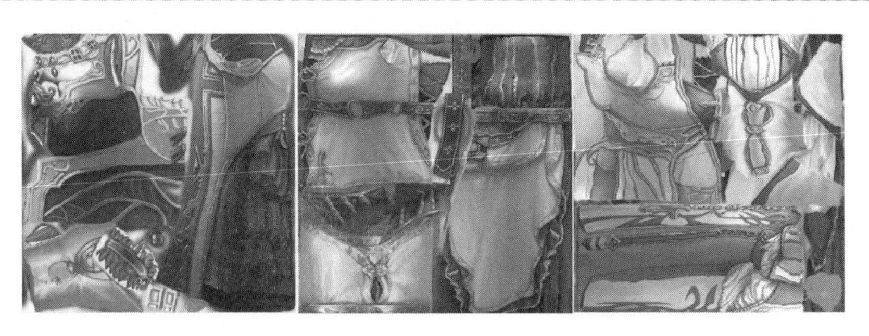

图 20-7　Photoshop 中的纹理绘制

20.3　游戏中的模型制作

在原画的设计工作进展到一定程度时，下一步的任务就是制作大量的模型。通过研究原画所描述的内容，利用三维软件制作出相应的模型，而这些模型就是游戏最后用到的美术元素。从模型表达的内容上看，建模工作可分为角色模型、场景模型和其他模型制作等几部分，各部分工作可由专人负责，以发挥各自的特长。

20.3.1　角色模型制作

由于游戏所受到的硬件平台和引擎的制约，3D 角色身上的衣着打扮应当尽可能地简洁，尽量避免穿着过于宽松肥大充满褶皱的衣服，这样才能降低三维模型的面数。让英雄们穿上紧身衣和布料是比较好的选择，如图 20-8 所示，当然有的时候他们还可以带着武器上阵。角色模型的面部需要比其他部位更精细一些，因为面部器官起伏变化比较大。

图 20-8　角色及其服饰设计

20.3.2 场景模型制作

游戏场景通常由室内场景和室外场景构成。室内场景的制作集中在桌椅、墙壁、室内装饰物等。室外场景的制作则集中在地形、地表和树木等。场景制作同样受到游戏引擎的制约，需要在面数精简的同时达到最好的效果，表达出模型最丰富的细节，如图20-9所示为典型的低多边形建筑模型。一般来说，可以在贴图中解决的细节描述问题就可以在模型中进行简化，因为细致的贴图可弥补低多边形模型在表现力上的不足，这样制作出的模型才不会给引擎带来不必要的负担，这需要设计师对建筑及植物等场景元素有深刻理解和具备较强的概括能力。

图 20-9 低多边形建筑模型

20.3.3 其他模型制作

前面已经了解了角色模型和场景模型的制作，但是游戏里面还有很多其他模型，如武器模型、饰品模型、盔甲模型等，如图20-10所示。这些模型的面数会更加精简，而要在简洁的基础上表现出最好的效果并不是一件容易的事情。这就要求设计者有着丰富的制作经验，对武器和其他类物品有着深入的了解，并且在制作的过程中反复调试直至达到满意的效果。

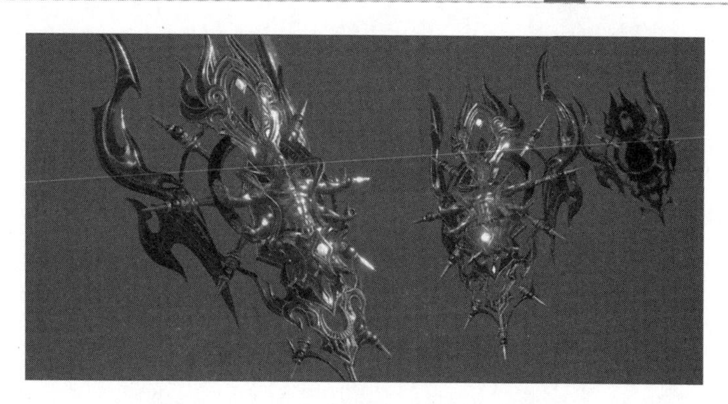

图 20-10　角色装备金属质感表现

在这类模型的制作过程，除了要参照原画，还可以加入自己的想法，因为毕竟有时候原画表现的内容在实际模型制作中是很难用如此少的多边形实现的，这就要求美术设计师与游戏设计师充分协调。

20.4　本章小结

本章介绍了制作 3D 模型及贴图的原理。在一款 3D 游戏，最主要的美术内容就是 3D 模型和贴图，无论是游戏中的简单道具，还是建筑场景，甚至是复杂的角色，都是由一个个基础的 3D 模型和贴图制作出来的，因此读者要熟练掌握本章内容。

20.5　本章习题

1. 什么是多边形建模？试简述其概念。
2. 什么是 NURBS 建模？试简述其概念。
3. 什么是模型贴图的 UV 展开？
4. 游戏中主要有哪些类别的模型需要制作？

动画设计

教学目标

- 了解三维动画的基本原理
- 掌握各种常用动画的制作技术
- 了解高级动画技术

教学重点

- 常用动画的制作技术
- 关键帧动画的原理
- 游戏中的动画类型

教学难点

- 了解高级动画技术在游戏中的运用

游戏中的动画和游戏一样分为二维和三维的，它们都是利用视觉暂留原理来“欺骗”观众的视觉，以至少每秒 12 张的速度播放画面序列来模拟现实中的运动，如图 21-1 所示。二者的不同就是画面生成的方法：二维动画的每帧画面一般为手工绘制而成；而三维动画则是利用三维软件制作模型，赋予材质纹理、建立灯光、建立摄像机视角等，配置好这些参数，然后渲染（由三维数据生成二维图像的过程就叫作渲染）出各帧画面。

游戏中的动画分为两种，一种是片头或过场动画，另一种是游戏中游戏元素的动画。片头和过场动画的制作与传统的影视动画相比没有本质区别，因为它们的成果形式就是

AVI 或 MOV 等视频文件。而游戏元素的动画则要考虑与游戏引擎的结合，因为需要由引擎去控制并显示它们。本章讲述的内容更多是指后者。

值得注意的是，越来越多的游戏开始采用受引擎控制的游戏元素动画代替纯视频的片头和过场动画，因为开发者能够借用引擎的脚本功能控制动画进程。

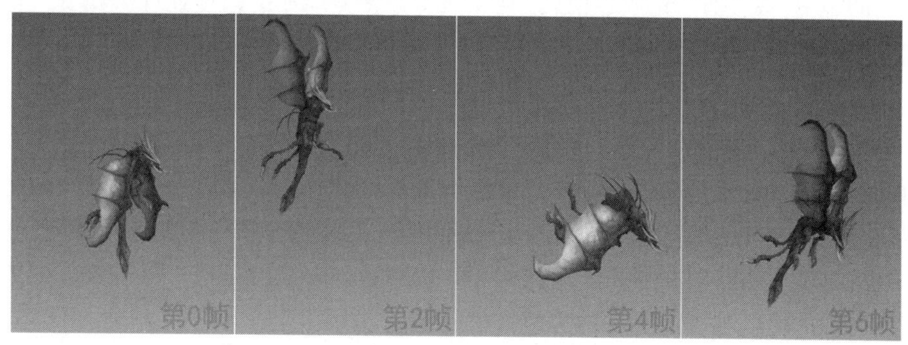

图 21-1　三维软件渲染出动画的各帧画面

21.1　基本动画原理

动画中的活动形象，不像写实电影那样用胶片直接拍摄客观物体的运动，而是通过对物体运动的观察、分析、研究，用动画的表现手法（主要是夸张、强调动作过程中的某些方面），一张张地画出来或者一帧帧地渲染出来，然后连续放映使之在银幕上活动起来的。因此，表现物体的运动规律既要以客观物体的运动规律为基础，又要有它自己的特点，而不是简单的模拟。

研究动画首先要清楚地理解时间、空间、速度的概念以及彼此的相互关系，从而掌握规律，处理好动画中动作的节奏。

21.1.1　时间

所谓“时间”，是指动画中物体（包括生物和非生物）在完成某一动作时所需的时间长短，及这一动作所占帧数。

在动画制作中，计算时间使用的工具是秒表。在想好动作后，自己一面做动作，一面用秒表测时间；也可以一个人做动作，另一个人测时间。对于有些无法做出的动作，如孙悟空在空中翻筋斗，雄鹰在高空翱翔或是大雪纷飞、乌云翻滚等，往往用手势做些比拟动作，同时用秒表测量时间，或根据自己的经验用大脑默算的办法确定这类动作所需的时间。对于自己不太熟悉的动作，也可以采取拍摄动作参考片的办法，把动作记录下来，然后计算所需的时间。

21.1.2 空间

所谓“空间”，可以理解为动画中活动形象在画面上的活动范围和位置，但更主要的是指一个动作的幅度（即一个动作从开始到终止之间的距离）以及活动形象在每一张画面之间的距离。动画设计人员在设计动作时，往往把动作的幅度处理得比真人夸张一些，以取得更鲜明、更强烈的效果。

21.1.3 速度

所谓“速度”，是指物体在运动过程中的快慢。按物理学的解释，速度是指路程与通过这段路程所用时间的比值。在通过相同的距离时，运动越快的物体所用的时间超短，运动越慢的物体所用的时间越长。在动画中，物体运动的速度越快，所占用的帧数就越少；物体运动的速度越慢，所占用的帧数就越多。

21.1.4 匀速、加速和减速

在一个动作从始至终的过程中，如果运动物体在每一张画面之间的距离完全相等，称为“平均速度”（即匀速运动）；如果运动物体在每两张相邻画面之间的距离是由小到大，那么播放的效果将是由慢到快，称为“加速”（即加速运动）；如果运动物体在每两张画面之间的距离是由大到小，那么播放的效果将是由快到慢，称为“减速”（即减速运动）。

上面讲到的是物体本身的“加速”或“减速”，实际上，物体在运动过程中，除了主动力的变化外，还会受到各种外力的影响，如地心引力、空气和水的阻力以及地面的摩擦力等，这些因素都会造成物体在运动过程中速度的变化。由于游戏中存在专门的物理系统用于处理各种力学现象，所以制作游戏动画主要考虑主动力的变化，制作的内容也主要是物体自身动作而非相互影响，这是游戏动画制作与影视动画制作最大的差别。

在动画中，不仅要注意较长时间运动中的速度变化，还必须研究在极短暂的时间内运动速度的变化。例如，一个猛力击拳的动作运动过程可能只有6帧，时间只有1/4秒，用肉眼很难看出这个动作过程中速度有什么变化。但是，如果逐帧放映，并用动画纸将这6帧画面一张张地摹写下来，加以比较，就会发现它们之间的距离并不是相等的，往往开始时距离小，速度慢；后面的距离大，速度快。

在动画中，造成动作速度快慢的因素，除了时间和空间（即距离）之外，还有一个因素，就是两帧之间所加中间帧的数量。中间帧的张数越多，速度越慢；中间帧的张数越少，速度越快。

21.1.5 节奏

在日常生活中，一切物体的运动（包括人物的动作）都是充满节奏感的。动作的节奏如果处理不当，就像讲话时该快的地方没有快，该慢的地方反而快了；该停顿的地方没有停，不该停的地方反而停了一样，使人感到别扭。因此，处理好动作的节奏对于加强动画的表现力是很重要的。

产生节奏感的主要因素是速度的变化，即“快速”“慢速”以及“停顿”的交替使用。不同的速度变化会产生不同的节奏感，举例如下。

（1）停止、慢速、快速，或快速、慢速、停止，这种渐快或渐慢的速度变化造成动作的节奏感比较柔和。

（2）快速、突然停止，或快速、突然停止、快速，这种突然性的速度变化造成动作的节奏感比较强烈。

（3）慢速、快速、突然停止，这种由慢渐快而又突然停止的速度变化可以造成一种“突然性”的节奏感。

21.2 不同动画类型及实现机制

在基本原理之上有很多不同的动画制作方法，它们都是在基本原理的基础上修改不同的属性而形成动画的。

21.2.1 关键帧动画

关键帧动画是各种类型三维动画的基础。三维动画软件一般都提供很多工具来设定关键帧。设定关键帧的对象可以是三维模型、摄像机、灯光、表面材质甚至具体的某一项参数。

先用个例子说一下最基本的位置移动动画。在动画的开始和结束时刻，将小球放置在不同位置，分别设定关键帧（Key Frame）之后，三维软件可以在两个关键帧之间自动生成中间帧，有了这些帧，就可以预览动画了。如图21-2所示，蓝色的小球表示关键帧位置，黄色的小球表示三维软件插入的中间帧。

三维软件会根据每秒钟帧数（Frame Per Second）等参数自动计算出中间帧时刻小球的位置，这个计算的过程叫作插值操作（Interpolating）。在三维动画软件中，经常使用编辑二维坐标的手段来调整插值。如图21-3所示，Y轴代表了位置移动、旋转角度或者其他参数变化，而X轴代表时间，关键帧在坐标图中显示为点，点之间的连线就是插值操作所生成的中间帧。对于关键帧动画来说，比较常见的可用于插值的参数有空间中的位置、角度和比例，它们可以构成移动、旋转和缩放等动画效果。

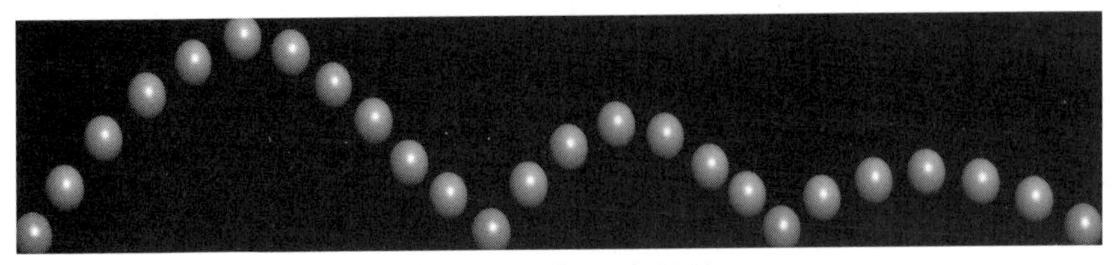

图 21-2　插入中间帧

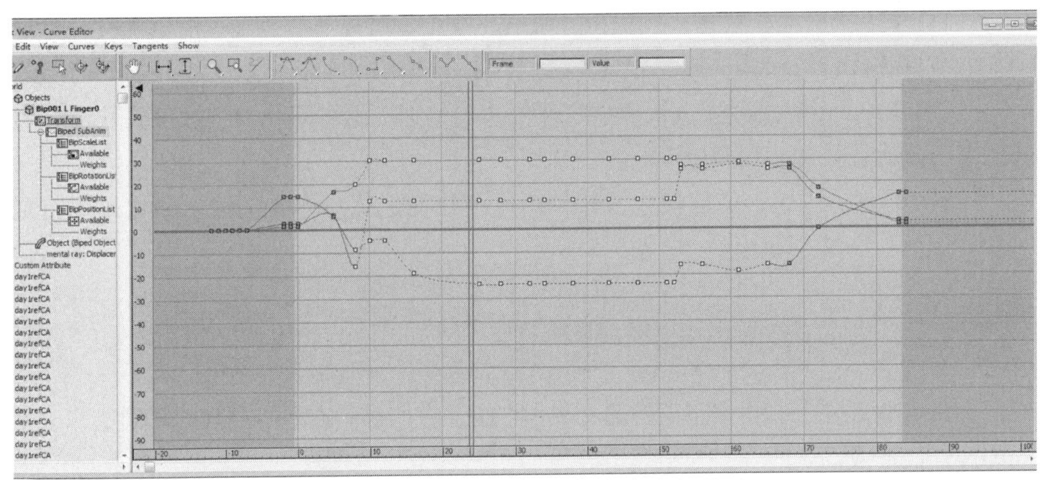

图 21-3　3D 软件中的关键帧编辑界面

关键帧动画是最基本的动画形式，很多其他动画形式在底层都是采用关键帧动画实现的。

21.2.2　层次结构动画

所谓层次结构，是指任何物体的各组成部分之间都存在主次关系和依附关系。现实中物体的层次结构对其运动有极大的影响，三维世界中的层次关系也是制作完美动画的基础。

因为层次结构的存在，各个层次的运动也存在着继承关系。父结点的运动要被所有子结点所继承，而子结点的运动并不影响父结点。现实中的很多运动都是有继承的，比如人移动手臂的时候，手要继承小臂的运动，而小臂和手都要继承大臂的运动。再举个通俗的例子，图 21-4 所示演示了太阳、地球和月球的运动。月球可以看作是连接在地球上的一个子结点。地球的运动有围绕太阳的公转和绕自己轴的自转，月球的运动有围绕地球的公转和绕自己轴的自转。继承关系体现在月球实现自己的两种运动之外，还要

图 21-4 太阳、地球、月球的层次结构关系

继承父结点地球的公转，以及和地球一起围绕太阳运动。

正向运动学（Forward Kinematics，简称FK）是一种基于层次结构的运动方法。这种运动是从根结点向叶子结点驱动的，按走向来说是向前的，所以称为前向运动。总体结构所处位置越向根部的运动就会牵动越多的叶子结点运动，而叶子结点的运动影响不了根结点。利用这个方法来设置动画中物体的关键帧姿势，是从根部结点开始调整，最后调整叶子结点。比如调整手臂的姿势，就要先调整大臂，然后调整小臂，最后才是手部，如图21-5所示。前向运动的优点是方便、灵活，只需依次调整关节的旋转角度，但是越是灵活自由，就越不容易控制。前向运动方法在处理某些问题的时候，需要动画师具有专业水平。比如用手臂去拿一个杯子的动作，开始帧的手臂姿势是很容易摆设的，有难度的是如何通过旋转关节让手到达位置然后握住杯子，每个关节要用多长时间、旋转大概多少度、到什么位置哪个关节的运动就应该停止，只有具有一定专业素养的动画师才可以正确地设置这些。为了解决类似触摸这样的问题，就产生了反向运动学。

图 21-5 正向运动学示意图

反向运动学（Inverse Kinematics，简称IK）不同于前向运动的运动方式，应用相当普遍。举个例子，当你想去拿一个杯子的时候，你会想要把手移动到杯子的位置，而不

是先旋转大臂再旋转小臂再旋转手腕，这就是反向运动和前向运动思想的根本区别。在机器人应用中，机器人通过三维扫描获得物体的三维位置信息，从而得到最终机械手的位置和朝向，通过反解各个关节的旋转角度和机械臂的伸缩，使得机械手达到目标位置，如图 21-6 所示。而传统的层次结构模型，只能实现大臂带动小臂、小臂带动手，而无法实现反向的运动传递。反向运动方法提供了反向运动传递，可以更好地实现这类动作。

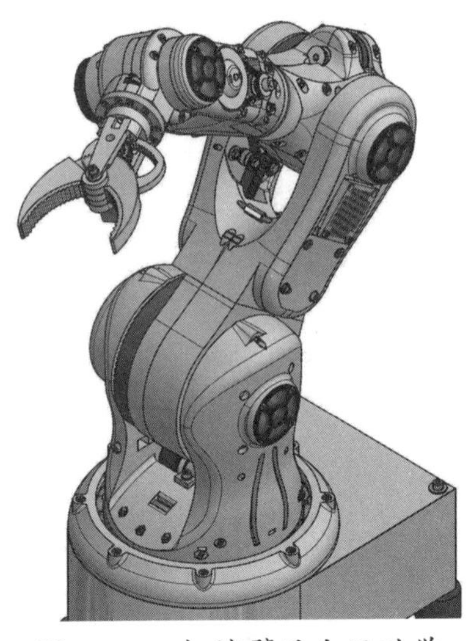

图 21-6　机械臂反向运动学

21.2.3　外形变化动画

物体本身形状改变的外形变化动画（Shape Changing Animation），如图 21-7 所示，也是三维动画的重要部分之一。现实中物体外形变化非常普遍，比如花蕾绽放成花朵、泥塑的变形、肌肉的收缩等。三维软件提供有各种方法用于处理物体的外形变化，其基础的思想都是关键帧动画；在变形开始和结束时设定关键帧，然后自动生成中间帧。

图 21-7　液态机器人是典型的外形变化动画

外形变化动画最基础的方法就是对物体外形的控制点或者外壳设置关键帧。这种方法简单、方便，但是如果每个时间要调整的控制点太多，就会非常烦琐。改进后的方法称为融合外形（Blend Shapes），其思想是在原有物体的基础上，复制出不同变形的复制体（也称为关键外形，Key Shapes），然后直接利用这些复制体来设定关键帧，这样

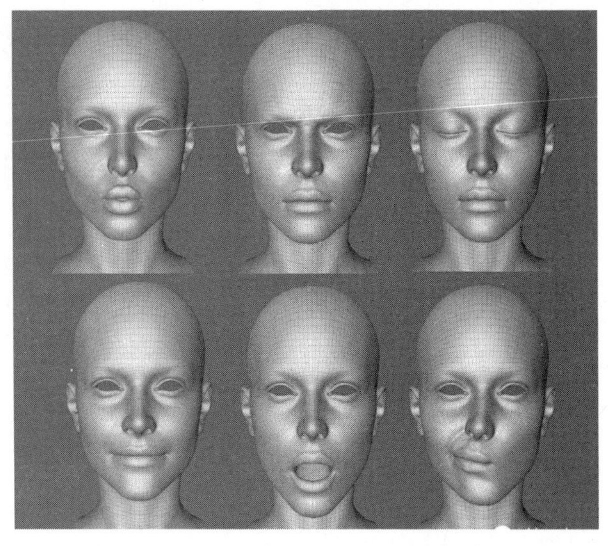

图 21-8　人物面部的不同表情

就不用对每个修改的控制点都设定关键帧了。

融合外形方法经常用在人物表情动画（Facial Expression）上。一般在完成人物脸部模型后，复制人物脸部，并在不同的部位调整出不同的表情，然后用融合外形的方法在动画中设置关键帧。人物的不同表情，如图 21-8 所示。

21.2.4　表面材质动画

表面材质动画主要是通过设定表面材质各种参数变化的关键帧来制作关键帧动画，比如材质的位置、大小、角度等。图 21-9 所示为某游戏中的瀑布水流，它是通过材质动画加粒子系统实现的。

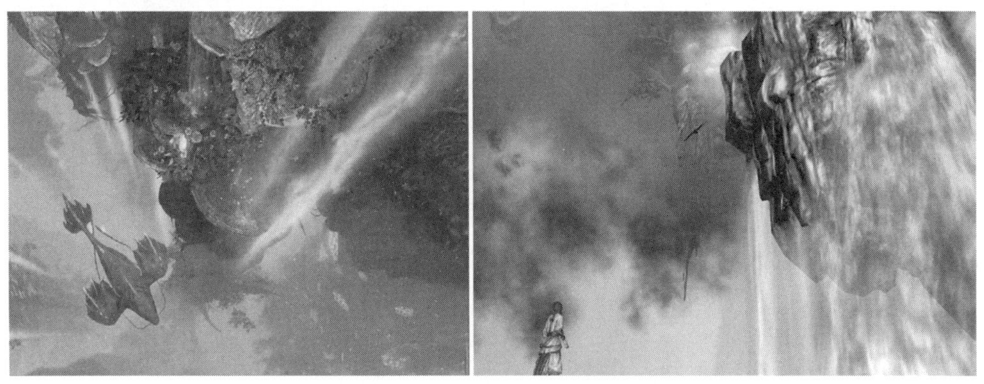

图 21-9　某游戏中的瀑布水流

材质动画中有一种特殊的技术叫图像序列动画（Images Sequence），常用来制作三维场景中正在播放的电视或者计算机屏幕类的东西。其基本思想就是用二维图像序列按时间顺序依次贴在三维模型上，而为了节省资源，使用的二维图像序列经常是可以循环播放的，如图 21-10 所示。其实这种图像序列方法用处很大，在很多实时游戏中，因为灯光处理太过消耗资源，有时候就用图像序列动画来模拟灯光的变化，比如篝火周围的光影忽明忽暗就可以用地面上的循环图像序列来表现。

图 21-10　游戏室内灯光序列动画

图像序列动画也经常用来做人物表情，很多卡通类人物的面部不是用建模，而是通过贴图来表现五官，通过设置不同的五官贴图可实现表情变化。

21.2.5　动作捕捉技术

动作捕捉技术是一种应用普遍的获得动作动画的方法。基本原理是通过捕捉真实人物或者动物在运动时关键部位的运动数据，来驱动三维人物或者动物。动态数据的采集经常采取分层的方法，比如利用精度不是很高的设备采集人物手臂和身体等大范围动作（Basic Tracks of Motion），而在此基础上，使用精度高的设备采集手指等细节动作（Secondary Motion），最后合成动作来驱动三维人物。当然也可以在大范围动画的基础上，手工调整细节动画。

图 21-11 所示体现了动作捕捉中的一个基本概念——传感器。传感器就是附着在演员身上不同部位的数据采集器，根据精细程度和性能的不同，传感器的数量和位置也不同，从 70 多个传感器的高级系统到十几个传感器的廉价系统都存在。

大多数动作捕捉系统都是对应人体运动的，其实人物表情也可以利用这种技术来捕捉，这就是表情捕捉（Face Tracker）。它使用数十个脸部传感器来取得关键表情的皮肤位置，再结合前文提到过的关键帧动画来制作脸部表情。

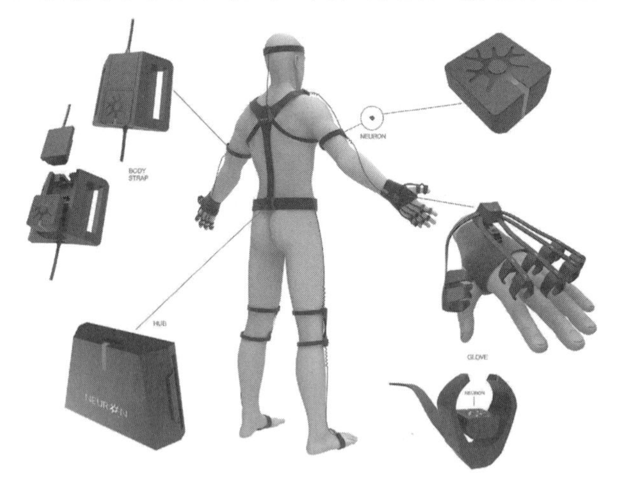

图 21-11　动作捕捉

21.3　游戏中的动画制作

在了解动画制作的基本原理之后，还有必要了解游戏中有哪些特有的动画形式。游戏中的动画主要分为角色动画、特效动画、其他动画等。

21.3.1　角色动画

角色动画是游戏交互性的重要体现。为了塑造真实的角色动画，游戏中采用了与普通影视动画类似的技术，在游戏引擎的驱动下给予玩家真实的体验。游戏中的角色动作基本是三维软件根据关键帧、表达式或动作捕捉制作的。

近年来游戏中不断强化动画能力，并逐步提高到电影级的真实程度，力图营造更真实、更自然的游戏体验。现代游戏特别是角色扮演游戏、射击游戏、动作冒险游戏、体育竞技游戏，对动作提出了非常细致的要求，如著名的《反恐精英》中的角色至少能完成200多种动作，玩家的参与感很强。有时一个简单的跑就需要设计出每个动作的作用，如加速跑、跑攻击、翻滚、加速跑后跳、加速跑后蹲、加速跑后攻击等；从《孤岛惊魂》到《马克思佩恩》《鬼泣》，角色动作越来越复杂、越来越绚丽，某游戏中甚至还加入了许多生活情趣的成分（搔头、钓鱼、耸肩膀、打哈欠、看昆虫、按摩脖子等），如图21-12所示。虚拟人物对现实角色的模仿程度越来越高，玩家在游戏中获得互动性的自由程度就越来越高，从而为游戏增加了更多的娱乐性。

图21-12　自由度极高的游戏动作

21.3.2　特效动画

游戏中有大量的光影、武器技能特效，例如各种魔法、刀光、激光效果等，如图21-13所示。有些特效是由程序来实现的，比如场景中的雾、水、岩浆等，由程序来实现会方便一些；也有许多游戏用引擎和提前做好的动画相结合的方式来实现特效。

图 21-13　游戏技能的特效

21.3.3　其他动画

除了上面提到的角色动画和特效动画外，游戏中还有很多动画，比如场景中旗帜的飘动、风车的旋转、树木被砍伐动画等，这些都可以通过基本动画原理实现。

21.4　本章小结

游戏中存在大量动画，由于游戏通过软件程序提供了控制机制，动画是可受玩家控制的，所以它的吸引力远比电影更大。本章首先介绍了动画制作的基本原理，然后从最基本的关键帧动画开始，由浅入深地介绍了各种不同的动画形式。

21.5　本章习题

1. 试简述动画的原理。
2. 试简述三维动画和二维动画原理有什么异同。
3. 试简述关键帧动画的原理。
4. 试解释 FK 与 IK 有什么区别。
5. 试简述表情动画一般如何实现。
6. 什么是动作捕捉技术?

第22章 成为优秀的美术设计师

教学目标

● 了解成为优秀游戏美术设计师必需的技能和素质要求

教学重点

● 游戏美术设计师所必备的技能要求
● 游戏美术设计师所必备的素质要求

教学难点

● 游戏美术设计师所需的素质要求

22.1　游戏美术设计师的技能要求

工欲善其事，必先利其器！要设计出完美的作品，必须利用先进的软件工具。与游戏美术设计相关的软件很多，不同的公司甚至不同的人都有自己的喜好。在众多的软件中，有一些是业界共同使用的软件工具。本章就这些工具及其特点进行介绍。

22.1.1　常用2D设计工具

1. Photoshop

20世纪80年代中期，Michigan大学的博士研究生Thomas Knoll编写了一个在苹果机上显示不同图形文件的程序。经过多次修改并加入图像编辑功能后，该程序命名为Photoshop。该软件于1989年授权给Adobe公司，从此开创了一个数字图像处理的时代。

短短10年间，Photoshop被安装到了几乎所有平面设计师的计算机里。

Photoshop不仅提供强大的绘图工具，可以直接绘制艺术图形，还能直接从扫描仪、数码相机等设备采集图像，并进行修改、修复。它可以调整图像的色彩、亮度，甚至是颜色模式，能改变图像的大小，能对多幅图像进行合并增加特殊效果，使现实生活中难得一见的景象十分逼真地展现出来。Photoshop的启动界面如图22-1所示。

图22-1　Photoshop的启动界面

2. Painter

Painter软件是由美国Fractal Design公司开发、研制并推出的，它让使用者能像在现实生活中一样用各种画笔来进行绘画和着色。在Painter中提供了铅笔、钢笔、喷枪、毛笔、粉笔、擦除器等十多种绘图工具。在使用每种工具时，都可以手动调整透明度、颜色、压力、形状等多种特性，为制作实际绘画效果打下了基础。Painter最大的特色是仿天然绘画。Painter的启动界面如图22-2所示。

图22-2　Painter的启动界面

3. Spine

Spine 是一款可以构建 2D 动画的工具。在设计动画的时候，经常需要设计人物动作，这些动作需要通过骨骼建立运动流程来实现变化，对于动作、打斗、人物运动画面等方面的设计是非常有帮助的。使用内置的大量渲染工具以及图形创建工具，模型可以通过移动、转换、变形、弯曲等方式修改动作，从而让人物的运动更加逼真。Spine 的操作界面，如图 22-3 所示。

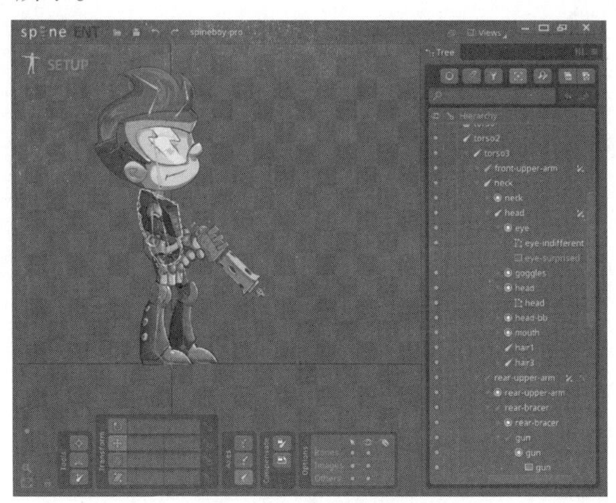

图 22-3　Spine 的操作界面

22.1.2　常用 3D 设计工具

1. 3ds Max

3D Studio Max 是 Discreet 公司开发的（后被 Autodesk 公司合并）基于 PC 系统的三维动画渲染和制作软件。其前身是基于 DOS 操作系统的 3D Studio 系列软件。在 Windows NT 出现以前，工业级的 CG 制作被 SGI 图形工作站所垄断。3D Studio Max + Windows NT 组合的出现一下子降低了 CG 制作的门槛，首先应用在电脑游戏的动画制作，后来开始参与影视片的特效制作，例如《X 战警 I》《最后的武士》等。在 Discreet 3Ds max 7 后，其正式更名为 Autodesk 3ds Max。3ds Max 具有非常好的性价比，它所提供的强大的功能远超自身价格，可以使作品的制作成本大大降低。此外，利用安装的插件（plugins）可使用 3D Studio Max 所没有的功能（比如说 3ds Max 6 版本以前不提供毛发功能）或强化原本的功能；强大的角色（Character）动画制作能力，可堆叠的建模步骤，使模型有非常大的灵活性，并逐渐向智能化、多元化方向发展。3ds Max 的启动界面，如图 22-4 所示。

图 22-4　3ds Max 的启动界面

在应用范围方面，3ds Max 广泛应用于广告、影视、工业设计、建筑设计、三维动画、多媒体制作、游戏以及工程可视化等领域。在国内的游戏开发制作公司中，3ds Max 一直保持着非常高的使用率。

2. Maya

Maya 是顶级三维动画软件，国外绝大多数的视觉设计领域都在使用 Maya，即使在国内该软件也是越来越普及。由于 Maya 软件功能更为强大，体系更为完善，可以大大提高电影、电视、游戏等领域开发、设计、创作的工作效率，因此国内很多的三维动画制作人员都开始使用 Maya 作为其主要的创作工具。在很多大城市和经济发达地区，Maya 软件已成为三维动画软件中的主流。Maya 的应用领域极其广泛，比如《星球大战》系列，《指环王》系列，《蜘蛛侠》系列，《哈利波特》系列，《木乃伊归来 》《最终幻想》《精灵鼠小弟》《马达加斯加》《Sherk》以及《金刚》等都是出自 Maya 之手，至于其他领域的应用更是不胜枚举。

Maya 改善了多边形建模，通过新的运算法则提高了性能，支持的多线程可以充分利用多核心处理器的优势，新的 HLSL 着色工具和硬件着色 API 则可以大大增强新一代主机游戏的画面表现，另外在角色建立和动画方面也具有

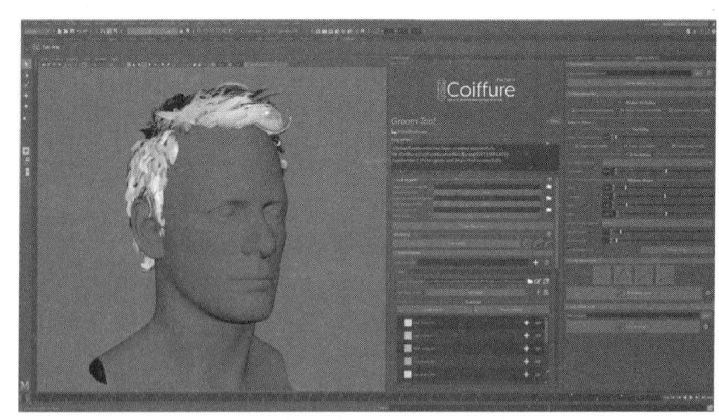

图 22-5　Maya 的使用界面

灵活性，因此在使用UE引擎开发的主机游戏项目中也开始扮演较为重要的角色，其使用界面，如图22-5所示。

3. ZBrush

ZBrush是Pixologic公司推出的一个数字雕刻和绘画软件，它以强大的功能和直观的工作流程彻底改变了整个三维行业。在一个简洁的界面中，ZBrush为设计师提供了世界上最先进的工具。设计师可以通过手写板或者鼠标来控制ZBrush的立体笔刷工具，自由自在地雕刻形象，至于拓扑结构、网格分布等烦琐问题都交由后台自动完成。ZBrush能够雕刻高达10亿个多边形的模型，细腻的笔刷可以轻松塑造出皱纹、发丝、青春痘、雀斑之类的皮肤细节，以及这些微小细节的凹凸模型和材质。它还可以把这些复杂的细节导出成法线贴图和展好UV的低分辨率模型，这些法线贴图和低模可以被所有的大型三维软件如Maya、Max、Softimage|Xsi、Lightwave等识别和应用，是专业动画制作领域里面最重要的建模材质辅助工具。ZBrush参与了很多电影特效、游戏的制作过程（如《指环王III》《半条命II》都有ZBrush的参与）。它可以和Max、Maya、XSI合作做出令人瞠目的细节效果，其独一无二的建模方式将会成为CG软件的发展方向。ZBrush的使用界面，如图22-6所示。

图22-6 ZBrush的使用界面

4. Marvelous Designer

Marvelous Designer（简称MD）是用于设计3D虚拟服装的软件，使用此工具，可以短时间内在三维环境中设计出基础的衣服，还可以表现复杂的褶皱、花纹、配饰、折叠等物理特性，同时允许与其他三维软件联动，比如3ds Max、Maya等，只需模拟将衣服穿在角色上即可，目前也被广泛运用在游戏影视等行业。Marvelous Designer使用界面，如图22-7所示。

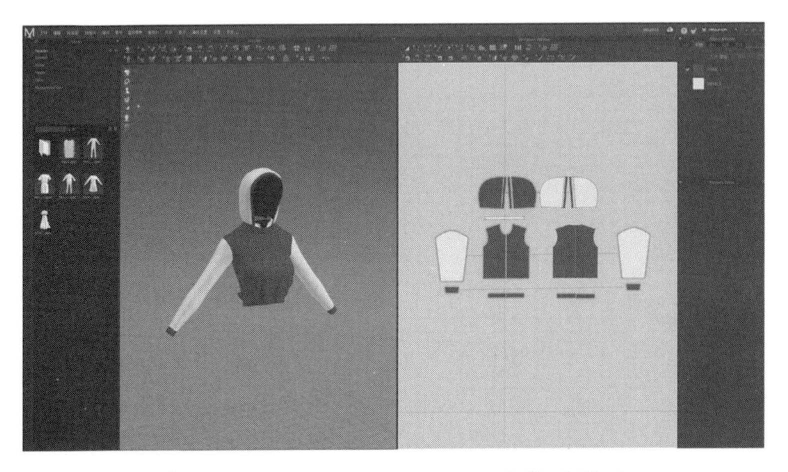

图 22-7　Marvelous Designer 的使用界面

22.1.3　其他常用设计工具

1. Substance 3D Designer

Substance 3D Designer（简称 SD）是 Substance 公司推出的世界顶级的 3D 贴图软件，2019 年被 Adobe 收购。它是一款专业且功能强大的工具，内置很多免费实用的工具，适用于游戏、电影、运输、建筑等领域，是大多数电子游戏和视觉效果素材管道所使用的核心工具。Substance 参数化素材在大多数 3D 工具中均受支持，与三维软件搭配使用能制作出各种复杂的贴图。Substance 3D Designer 使用界面，如图 22-8 所示。

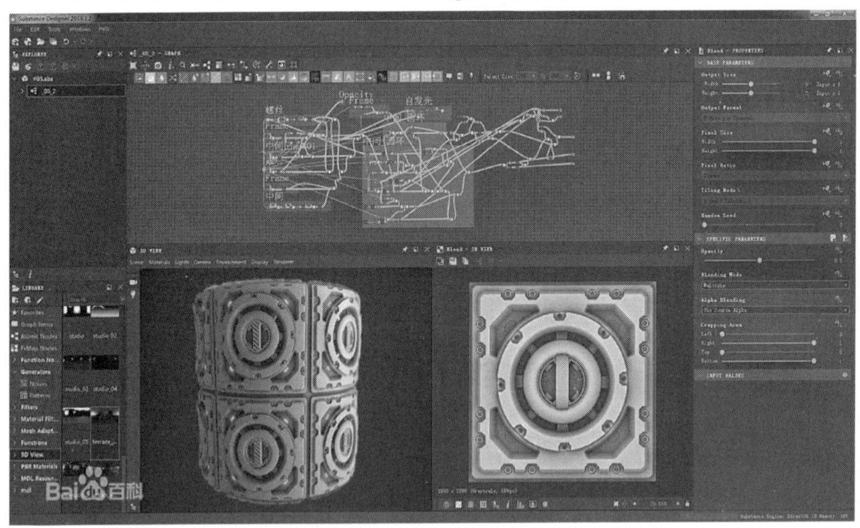

图 22-8　Substance 3D Designer 的使用界面

2. After Effects

After Effects 是 Adobe 公司的一款专业视频后期处理软件，是制作动态影像设计不可或缺的工具，适用于从事设计和视频特技的机构，包括电视台、动画制作公司、个人后期制作工作室以及多媒体工作室。它汇集了当今许多优秀软件的编辑思想（例如，Photoshop 的层概念、遮罩理论，三维软件的关键帧、运动路径、粒子系统等）和非线性编辑技术，综合了影像、声音和数码特技的文件格式。 游戏的片头动画和过场动画常用 After Effects 进行后期制作。After Effects 使用界面如图 22-9 所示。

图 22-9 After Effects 使用界面

3. Houdini

Houdini（电影特效魔术师） 是创建高级视觉效果的三维计算机图形软件，是加拿大 Side Effects Software Inc.（简称 SESI）公司开发的旗舰级产品（SESI 公司由 Kim Davidson 和 Greg Hermanovic 创建于 1987 年）。Houdini 是在 Prisms 基础上重新开发的，可运行于 Linux、Windows、Mac OS 等操作系统，是完全基于节点模式设计的产物，其结构、操作方式等和其它的三维软件有很大的差异。Houdini 自带的渲染器 Mantra 基于 Reyes 渲染架构，因此能够快速渲染运动模糊、景深和置换效果。Mantra 是经过验证的成熟渲染器，可以满足电影级别的渲染要求。当然，Houdini 也有第三方渲染器的接口，比如 RenderMan、Mental Ray、Vray、Arnold 和 Torque 等，可以把场景导出到这些渲染引擎进行渲染。Houdini 使用界面，如图 22-10 所示。

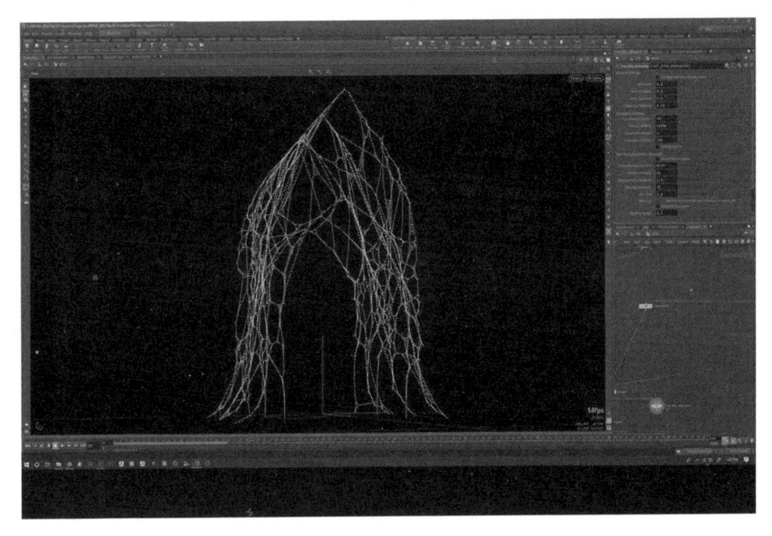

图 22-10　Houdini 使用界面

22.2　游戏美术设计师的素质要求

22.2.1　强烈敏锐的感受能力

无论是听东方的《二泉映月》还是听西方的《命运交响曲》，都需要在大脑中把对音乐丰富多彩的理解整理成体系，否则就谈不上艺术的享受，而感受力是其中的关键。游戏美术设计师的感受力是否敏锐直接影响着其对游戏策划案的理解，而这是一切游戏美术工作的起点，重要性不言而喻。感受力的培养是个积累的过程，看得多了、听得多了自然想得也多了，思路也更广了。

22.2.2　对设计构想的表达能力

艺术与游戏有着内在的联系，想象和自由创造是艺术和游戏的共同本性。制作不存在的事物或把本来存在的事物组合应用，形成独特的新形象，这在游戏美术创作过程中是非常常见的。这一点需要锻炼。此外，还要不断地进行表达训练，工作之外的日常训练对表达能力的提高很有帮助。

22.2.3　独立的表现方法

一个人可以学会的技能很多，游戏创作需要的技能也很多，任何人都难以成为通才。

与广而不专相比，具备一种有竞争力的技能将使自己更有吸引力。前文已经多次提到游戏美工的各种岗位分配，设计师有必要针对一种进行特殊技能训练。

22.2.4 人际关系

在工作中认为自己是最棒的是一件好事，但是如果认为除了自己优秀其他人都是无能的，或者只相信自己的作品，认为别人的作品全是缺点和不足，这非但不是在制作游戏，反而是在分解游戏。即便是超精英团队，若彼此不信任，也不会做出好的游戏，而平凡的人通过良好的合作反而能够取得成功。在实际工作中，应该尽量做一个能使工作氛围融洽的人。

22.3 本章小结

本章首先介绍了游戏美术设计师常用的各种美术设计工具以及各工具的主要功能，再从职业规划的角度上提出了成为一个优秀的游戏美术设计师应该具备的综合素质。

22.4 本章习题

1. 做一个优秀的游戏美术设计师应该掌握的工具有哪些？
2. 3ds Max 与 Maya 的主要建模方式分别是什么？
3. 美术设计师在技能以外还有什么素质要求？

第23章 成为游戏公司的一员

教学目标

● 设置自己的游戏行业职业生涯规划

教学重点

● 职业职能队伍及自身职业规划

教学难点

● 如何展示自己的综合能力

23.1 职业规划

职业是一个人在他(她)的整个工作生涯中所从事的工作过程。职业规划是一个人制定职业目标、确定实现目标手段的行为，在人们的职业决策过程中必不可少。它有助于人们发现自己的人生目标，平衡家庭与朋友、工作与个人爱好之间的需求，而且能使人们做出更好的职业选择。更重要的是，职业规划有助于人们在职业变动的过程中，对已经变化的个人需求及工作需求进行恰当的调整。关于这方面的知识，大家可以参考一些专门介绍如何进行职业规划的书籍。

在进行职业规划时，需要考虑的因素有以下几个方面。

•自身的兴趣与期望。

•自身特点。

•周边压力因素。

•潜在的职位需求。

23.1.1　自身的兴趣与期望

一个人在制定职业规划时，首先需要考虑的是自身的兴趣与期望，因为兴趣是坚持长期从事一项工作的基础，而期望则是工作的动力源泉。对于游戏行业来说，每个人在制订职业规划时最好提前问自己这样几个问题：

（1）希望指点江山而成为产业的推动者吗？

（2）想让大家分享自己儿时的游戏梦想吗？

（3）想成为史上最优秀的程序大师吗？

（4）想让自己的艺术成为大众所欣赏的游戏艺术吗？

在这些问题的背后隐藏着职业倾向。而是否想有一个用奋斗成就的人生，是否希望阳光工作、健康生活等问题的背后则可能包含着对生活的态度，它直接影响人的创业愿望。

23.1.2　自身特点

通过对自身特点的分析，可以判断出自己是否适合做某些工作，这里的特点包括性格特征、口才、文笔、做事风格、技术特点及知识结构特征等。比如长期文笔迟钝的人可能并不适合做游戏策划工作，因为他们可能无法适应策划工作中大量的文案写作。有意思的是，通过分析自己在BBS论坛上的行事风格可以从侧面得出自身写作愿望的程度，某些人喜欢长期潜水，而另一些人则经常长篇大论地参与讨论。

23.1.3　周边压力因素

除了自身因素外，完成职业规划时也不得不考虑其他因素。有时这些因素的影响力非常大。例如，家庭经济条件的限制可能使某些人会考虑风险小而机会也相对小的工作；父母对孩子的期望也可能直接改变一个人的职业道路；婚姻可能会使就业地域受到限制，而区域经济发展的不平衡可能影响最初的就业地点。

23.1.4　潜在的职位需求

潜在的职位需求是必须提前调查清楚的，否则会大大限制职业规划的选择范围。对于游戏行业、数码娱乐或数字艺术行业来说，潜在的职位存在于以下几个机构群体内。

（1）政府群体：行业的引导与规范职能使政府需要专业人士加入其中。

（2）开发群体：毫无疑问，这是最大的需求群体。

（3）运营与渠道群体：游戏的运营同样需要专业的人才。

（4）媒体及周边：对游戏行业的深度报道与分析需要有相关教育背景的人士。

（5）大学与研究院所：图形、网络、虚拟现实的研究急需大量人才。

职业规划的最终确定需要综合考虑以上全部因素，其结果是多种因素的整合与妥协，需要周详地思考和反复地斟酌。使用再三权衡之后所得出的结论更有可能规划出一条最适合自己走的路。锁定规划目标后，接下来就需要认清职业目标对人的能力需求及自身相对于这些能力需求有哪些不足，继而做出行动，有目的地学习和提高自身的相关技术及能力，奋起直追，弥补差距，适应社会发展并最终引领潮流。

23.2 个人能力培养

在职业规划完成后，需要立即进行个人能力的培养。如果缺乏游戏行业所需的基本能力，所有的规划也只能是纸上谈兵。

23.2.1 几个误区

在个人能力培养方面，很多人都存在以下几个错误的观念。

1. 会玩就会做

常常会遇到一种人，总是说着“我玩过好几百种的游戏”这样的话。事实上，玩游戏和设计游戏是不同的，就算真的玩过数百种的游戏，如果没有做过分析与归纳，那么玩游戏的这个过程只能算是一种娱乐。事实上，游戏项目与其他商业软件的开发过程有很多相似之处，都是复杂而严谨的。而大部分游戏从业人员玩游戏的时间会低于普通玩家。

2. 只需要研究透某项技术就能立足

很多人认为只需要精通某一项技术就能在行业内立足，但这是远远不够的。精通某一项技能也许会让你迈入行业的“门槛”，但随着游戏行业日益成熟，对员工综合职业素质的要求也会越来越高，毕竟任何岗位的工作都不是孤立的。因此，在学习期间不断扩展行业的知识面非常有必要。

3. 到工作中去学习

“到工作中去学习”这句话没有错，但关键是谁会给你工作机会。如果缺乏基本的专业知识和技能，游戏这个永远充满活力的行业不会向你敞开大门，何来“到工作中学习”的机会。

23.2.2 基本素质培养

要顺利进入游戏行业，需要努力培养以下几种基本素质。

1. 沟通与协作

目前，游戏产业已经进入了分工合作时期，因此无论能力高低，任何人都必须适应团队工作模式。若是没有团队合作的观念，没有沟通与协作能力，只能使自己陷入尴尬的境地。在自己的工作范围内尽量发挥自己的实力，在团队合作的时候努力激发其他同伴的能力，才是最好的工作方式。

2. 毅力与持续性

游戏产品研发过程复杂，大体量游戏的研发周期甚至长达数年，漫长枯燥的脑力劳动时刻都在挑战从业人员的毅力。而且随着游戏接近完成，各项工作的压力会越来越重，从业人员必须具备相当强的毅力来持续工作。再者，频繁变动工作将影响个人发展。

3. 关注细节，追求完美

我国古代哲学家老子曾说过："成大业若烹小鲜"，强调做大的事业必须重视每一个细节。在各种技术日新月异、竞争日趋激烈的今天，任何一处细节都可能会触动产品的质量核心，细节已经成为游戏产品竞争的关键，提前养成关注细节、追求完美的习惯有利于职业发展。

4. 广泛的知识面

制作游戏虽然是一项非常专业的工作，但若是一个人除了游戏之外没有其他的兴趣，那么他的视野必然变得非常狭窄。因此除了喜欢玩游戏之外，制作游戏人员最好还要有其他的兴趣，比如体育、音乐、写作、广泛阅读等，这些兴趣不但可以激发更多的游戏创意，也可避免因闭门造车导致产品缺乏生命力和体验度。博闻广记是对游戏设计人员的基本要求，如图 23-1 所示。

图 23-1 游戏开发人员必须拥有广泛的知识面

23.2.3 基本能力培养

相关能力的具备与否决定着能否胜任工作，如果缺乏基本能力，将无法获得工作机会。相对素质培养的长期性，能力是可以通过短期的密集训练得到提高的，对学生而言，把握宝贵的学习时间是能力培养的关键。

关于加入游戏行业必须具备的基本能力问题，本书前面已经有过阐述，归纳起来包括策划人员应该具有故事构建能力、文案写作能力、数值平衡设计能力等。程序设计师应该具备数学理论、图形理论、网络理论、软件工程理论等基础理论背景和编程调试能力、游戏特性实现能力等。美术设计师应该具备色彩理论、动画理论等基础理论背景和各种工具软件使用能力等。运营人员应该具备营销、宣传等操作能力。

23.3 能力的整合与展示

当通过学习具备一定的能力基础后，还需要采用一些方式来展示自己。因为游戏公司比较重视实际工作能力，那么最佳方法就是通过设计一些相对完整的 DEMO（Demonstrate，演示）来展现自己。

23.3.1 技术能力的整合

DEMO 的内容应尽量完整，图形、界面、操作、音效等部分是必须配备的，如果再加上网络功能，生成 Playable 版本，才能真正体现你的实力。如果一个人完成全部功能有困难，也可以采取团队化的方法，通过组队来发挥每个人的特长，共同完成所有工作，当然在最后需要注明每个人负责的范围。在开发过程中，对于某些异常复杂的功能，在注明的情况下可借用第三方的模块，比如物理系统。很多开放源代码项目都整合了第三方模块，可以借鉴其经验。国人游戏工作室的自制游戏《光明记忆》就是使用虚幻 4 引擎打造的，如图 23-2 所示。

图 23-2　国人自制的射击类游戏《光明记忆》

23.3.2 展示与宣传自己

在网络上发表自己的作品，有时会对就业起到意想不到的宣传效果。例如，关卡设计人员的工作是制作游戏关卡，而进入关卡设计领域最好的方法就是展示自己所构造的关卡。许多开发商会定期或者偶尔到他们游戏的专题网站上“转转”，从一批关卡设计天才中寻找有天赋的新人；对于策划、美术、程序来说，多去专业网站、论坛展示自己的作品也会有相应的效果。图 23-3 所示为国内著名的游戏开发社区 http://gameres.com/，初学者可以在上面结识很多业内人员。

图 23-3 国内著名游戏开发社区 http://gameres.com/

如果你有明确的想要入职的公司，无论是什么岗位，最好能够投其所好，提前熟悉和分析该公司的游戏产品，并进行有针对性的训练和能力储备，毕竟开发商喜欢聘用那些对自己公司游戏产品有真正热情的设计者。

23.4 联系工作

当前期准备完成后，就可以正式开始联系工作了。中国的就业市场竞争很激烈，不能盲目找工作，这里也有很多细节需要关注。

23.4.1 信息收集

首先需要收集可能的用人单位信息。随着互联网技术与设施的日益发展，我国已进入资讯高度发达的时代，许多专业招聘网站会经常发布游戏公司的用人需求，这些招聘信息对新人来说具有很好的指导意义。通过对用人需求的了解，就可以根据个人需求进行排序，确定主次目标。当然仅仅进行选择是不够的，还要研究重点单位，包括单位的背景、业务范围、产品特征等。有人曾经在面试时答错了目标单位的产品名称，他当然不可能得到很好的效果。

23.4.2 专业的简历制作

很多人都写过简历，但多数简历或多或少存在问题。职场新人常犯的错误之一就是通过简历将自己包装得多才多艺，以期望尽可能增加企业选择自己的筹码，却忽略了展现自己“专精”的部分。当然，对于很多刚毕业的新人来说，要做到“专精”或拥有一份优质的职业经历并不容易，毕竟这需要一定时间的沉淀和积累，因此请珍惜每一段学习或实践的机会。

正确的做法是，将最能体现自身核心竞争力的内容作为重点，其余内容可视情况简写甚至完全省略。

23.4.3 面试

目前已经有很多材料讨论面试的问题，这里就不再阐述。但需要强调的是，基本商业礼仪和面试技巧对于踏上成功的职业之路具有决定性作用。

23.5 本章小结

本章首先从兴趣爱好、自身特点、周边因素和职位需求几个方面对学生未来职业生涯做出简单的勾勒，再对学生提出了个人素质培养的几点要求，最后介绍了未来就业求职中的一些注意事项。

23.6 本章习题

1. 在进行个人职业规划时，需要考虑哪些因素？
2. 进入游戏行业所需的与技术无关的素质有哪些？
3. 如何在找工作之前宣传自己？
4. 正式联系游戏工作职位时，有哪些注意要点？

第24章 团队协作与项目管理

教学目标

- 了解游戏开发团队的组成
- 了解游戏开发团队的协作管理和士气提升
- 了解游戏项目管理的方法

教学重点

- 游戏开发团队的组成
- 游戏开发团队中的协作管理和士气提升

教学难点

- 游戏项目管理的方法

24.1 团队建设与协作

在游戏产业发展的早期，受硬件条件的限制，游戏产品的体量很小，开发团队人员构成也比较简单，甚至一个人也能承担所有的研发工作。随着硬件条件的不断提升，电子信息技术不断发展，电脑、主机以及手游产品遍地开花，不但种类极其丰富，体量也变得庞大不堪，如今的游戏行业，早已告别了“独行侠”的研发模式时代，而且除了研发流程之外，还要考虑运营和发行的环节。图 24-1 所示为艺夺蒙特利尔工作室《古墓丽影》制作团队的合影，从《古墓丽影 9》开始，包括之后的系列作品均出自这个工作室。

虽然在制作游戏的过程中，可能还有许多因素需要考虑，但是，在开发游戏之前，花一些时间考虑团队的组织是非常必要的。没有任何事情会比一个糟糕的团队成员更让人痛苦了，更有甚者，有些人会从头至尾破坏项目。那么，怎样才能阻止这样的事发生呢？

图 24-1 艺夺蒙特利尔工作室《古墓丽影》制作团队的合影

首先，需要建构起开发团队的金字塔架构，这是游戏制作初期的第一要务。一款游戏的成功与否，关键在于项目管理者能在游戏开发团队中明确指派任务分工，能将一个开发团队中的各种人员分配到最适合的位置。当然，在很多情况下，由于人力资源不足或是受到成本限制，可能会由一个人负责很多工作任务。但无论如何，一个合理的团队配置和体系必须提前建立起来。

24.1.1 团队规模估计

一般一个游戏项目开发小组的团队配置是怎样的呢？首先，影响开发团队人员构成的因素主要有以下几个方面。

1. 项目大小

游戏的大小是直接决定项目组人员多少的决定性因素。毫无疑问，一个简单的休闲棋类游戏所需的开发人员比一款大型多人在线网络游戏所需的开发人员要少得多。

2. 开发时间

对同一个项目来说，参与人数和开发时间大致呈反比关系，但这并不代表团队成员越多越好，过多的开发人员会带来团队臃肿、配合复杂、沟通成本增加等诸多问题。所以最好能根据投资预算、开发周期来配置合理的团队。同时还要做好质量控制、进度控制，比如人员流动对项目开发进度的影响。

3. 资金

研发资金对游戏产品的重要性毋庸置疑。充足的资金可以保证任何时刻都有条件调整开发队伍，从而达到最佳效果。但在资金不是很充足的条件下，就应考虑在核心岗位安排优秀的员工。在项目开发的进程中，团队中的每名员工会对项目产生大小不一的影响。因此，即便普通的工作岗位也要慎重安排人员。

4. 项目本身

项目本身的需求和特点决定了要如何配置团队。作为项目负责人，首先要分析当前项目的特点，如这个项目的优势在哪里？劣势在哪里？需要攻关的问题有哪些？哪个环节最需要高级人才？这些问题会让人力资源需求变得清晰。当然，抛开市场谈项目是空洞的，也是不切实际的。所以，要做到“知己知彼”方能“百战不殆”。

5. 其他因素

除了以上四点之外，还有很多因素能够影响团队。有些岗位的工作非常特殊，就职于这些岗位的人也很特殊。所以，要想彻底地弄清楚需要什么样的人来做某件事，首先要对各个岗位进行了解。需要说明的是，了解一个岗位并不仅仅局限于了解这个岗位是做什么的，还要去了解行业内都是哪些人在从事这些岗位，他们是通过什么样的办法来完成当前岗位工作的。这与第四点完全不同，前者是从工作的角度来看待团队成员，后者则考虑了实际的人际关系、福利待遇等诸多实际问题。抓住员工的心理才能最大限度地激发员工的工作热情，发挥员工的能力。

当然，上面从理论角度简述了配置人员需考虑的因素，如某公司要制作一款中小型ARPG网络游戏，自主研发2D+3D（2D场景+3D角色）引擎，预计开发时间为18个月，那么开发团队基本的人员需求如下。

（1）程序部门。

•主程序员：1人。

•引擎程序员：2～3人。

•服务器端程序员：2～3人。

•客户端程序员：3～4人。

（2）美术及声音部门。

•主美：1人。

•2D美工： 5 ~ 8人。

•3D美工：5 ~ 8人。

•音乐 / 音效：1 ~ 2人。

（3）策划部门。

•主策划：1人。

•执行策划：4 ~ 8人。

•测试员：4 ~ 20人(依游戏而定，可部分兼职)。

（4）管理与支持。

•项目经理：1人。

•网管与维护：1人。

•文员：1 ~ 3人。

24.1.2 团队成长规律

游戏开发项目团队的成长与其他项目一样，一般需要经过四个阶段。

1. 形成阶段

形成阶段促使个体成员转变为团队成员。每个人在这一阶段都有许多疑问：我们的目的是什么？其他团队成员的技术、人品怎么样？每个人都急于知道他们能否与其他成员和谐相处，自己能否被接受。

为使项目团队方向明确，项目经理一定要向团队说明项目目标，并设想出游戏项目成功的美好前景以及成功所产生的益处，要公布游戏开发的工作范围、质量标准、预算及进度计划的标准和限制。项目经理在这一阶段还要进行组织构建工作，包括确立团队工作的初始操作规程，规范沟通渠道、审批及文件记录工作。所以，在这一阶段，对于项目成员采取的激励方式主要为预期激励、信息激励和参与激励。

2. 震荡阶段

在震荡阶段，成员们开始着手执行分配到的任务，缓慢地推进工作。现实也许会与个人当初的设想不一致，如任务比预计更繁重或更困难；成本或进度计划比预计更紧张；成员们越来越不满意项目经理的指导或命令。

震荡阶段的特点是成员们开始遇到各种挫折，会因为暂时的失败而感到愤怒，甚至会产生对立的情绪。这一阶段士气很低，成员可能会抗拒形成团队，因为他们要表达与团队联合相对立的个性。在这一阶段，项目经理要做导向工作，致力于解决矛盾，决不能通过压制手段使其自行消失。这时，对于项目成员采取的激励方式主要是参与激励、责任激励和信息激励。

3. 正规阶段

经受了震荡阶段的考验，游戏开发团队进入了发展的正规阶段。团队逐渐接受了现有的工作环境，凝聚力开始形成。在这一阶段，成员之间信任度逐渐提升，信息交流、观点表达以及合作意识开始有所增强，大家互相交换看法，可以自由地表达个人情感或意见。

在正规阶段，项目经理所采取的激励方式，除表达的权利外，还有两个重要方式：一是提升每个成员的成就感和责任感，引导员工进行自我激励；二是尽可能地多创造成员间的互相沟通与学习的环境，包括聘请行业专家讲解与项目有关的新知识、新技术，满足员工自我提升的需求。

4. 表现阶段

团队成长的最后阶段是表现阶段。这时，项目团队士气旺盛，信心十足，充满责任感与集体荣誉感，急于通过实现项目目标肯定自我，因此这一阶段的工作绩效非常高，即使出现技术瓶颈，也能主动组成临时攻关小组，解决问题后再将相关知识或技巧在团队内部快速共享。

在这一阶段，项目经理需要特别关注预算、进度计划、工作范围及项目进度。如果实际进度落后于计划进度，项目经理就需要协助团队修正已有执行方案，以合理控制项目。在这一阶段，激励的主要方式是危机激励、目标激励和知识激励。

需要强调的是，对于团队建设，要更多地引导团队成员进行自我激励和知识激励。当然，足够的物质激励从始至终都是最有效的激励方式。

激励的结果是使项目团队变得极为富有成效，这种团队具有如下特点。

（1）能清晰地理解项目的目标。

（2）每位成员对角色和职责有明确的期望。

（3）以项目的目标为行为的导向。

（4）项目成员之间高度信任、高度合作互助。

总之，科学地管理团队有助于项目按期、按质完成。

24.1.3 团队协作机制

协作是在公司中每天都发生的事情，是日常工作的一部分，所以为协作建立专门的内部机制是个明智的做法。

在项目进行过程中，协作沟通一直是一个比较大的困难。通常，沟通的主要目的是解决下列问题。

（1）让项目成员准确地了解执行项目的具体方法。

（2）让项目成员清楚地知道项目的整体计划以及每个成员在项目中所承担的具体任务。

（3）让项目成员获得完成其工作所需的必要帮助。

（4）项目经理能够清晰、准确、及时地掌握项目的进展情况以及每个成员的工作进度。

（5）项目计划的必要变更可以让项目团队的所有成员及时了解。

（6）项目的实际执行数据可以被准确地收集并统计汇总作为决策参考。

目前，在项目管理中，最缺乏的就是规范、准确、高效的沟通，这极大地影响了项目经理对项目的管理能力。因此，建立起有效的沟通机制是应用项目管理技术的一个必要前提。建立有效的沟通机制包括设立健全的组织架构、明确分工流程、对文档有明确要求、执行接口责任人制等。健全的组织架构有利于确定信息流通的范围。

内部协调沟通一般通过会议、邮件、内部 BBS、电话等方式进行。

24.2 鼓舞团队士气

一个游戏开发团队最强劲的动力在于每一个成员身上所秉持的理念。游戏开发团队的理念一致，配合以良好的工作环境，可以造就一个工作团队的精神与士气。当拥有了良好的士气，在良好的工作环境下，就能够发挥出团队的最大能量，创作出最优秀的产品。

下面就来看看什么样的环境和方法有利于提高团队士气。

24.2.1 良好的工作环境

从字面上理解，“工作环境”是指人的工作场所。不过从更广泛的含义来理解，工作环境是指工作场所和社会环境，即除了办公场所的硬件条件之外，还包含团队之间的人际关系，也就是一种人与人之间相互信任的关系。

如果团队成员之间保持一种信任友好的人际关系，那么团队的默契与士气便会慢慢形成；如果没有这种良好的工作环境，成员之间就难免发生一些不必要的摩擦，但这些小摩擦有时能毁掉整个团队的士气与精神。因此，一个氛围融洽的团队更容易获得公司领导的信任，在不影响工作进度及成本的条件下，也更容易获得项目开发的自主权，以最大的自由度尽情发挥，尽展所长。

一个士气高昂的开发团队能够影响游戏项目的进度与品质。但是，不要错误地以为某个开发人员的冲动就代表了士气提升。事实上，无论一款游戏的创意多么出色，它仍然脱离不了软件产品的本质和特点，需要遵循严谨的开发规范与流程。项目管理者应该对冲动的做法作出理性辨析，及时劝阻，不能因为担心影响士气而采取默许态度。

如果团队中某个能力很强的开发人员常常以自己喜欢的行为模式做事，而管理者为了确保项目进度，未能及时纠正和制止，甚至默许其他成员模仿该种行为，最终导致个体意见开始左右公司的决策和目标，这会产生极为不利的影响，许多开发团队因此瓦解。如果不在根本上改善这种问题，而仅仅是换上一批新员工，还是会发生同样的问题。甚至在游戏还未开发完成之前，游戏团队就因内耗解散了。

因此，项目管理者应以一种公平的心去对待团队中的每一个人，营造一个良好的工作环境，合理地激发和提升开发团队的凝聚力和工作热情。

24.2.2　控制工作时间

熬夜、加班曾是游戏行业中一个比较普遍的现象，为了确保游戏项目的进度，工作团队无法获得固定的工作时间。这其实是一种极不合理的工作安排，时间一久，必然会导致不良的后果。因为团队成员长期处在高强度的工作节奏下，得不到充分的休息与放松，不断消耗人员的士气与精力，一旦在此过程中发生技术瓶颈，导致项目进度严重滞后，研发团队的精气神可能会跌到谷底，甚至崩溃。出现这种时间控制困境的原因比较复杂，运营成本、市场压力、管理能力等都有可能导致管理者对项目进度、工作时长作出不合理的安排。

严格管制员工的工作时间，可以减轻员工白天承受的工作压力，并且有足够的休息时间之后，第 2 天才会更有精神面对挑战。

综合上述种种问题因素可以看出，一个成功的项目管理者必须要在开发团队内部培养相互信任的态度，在开发团队的士气上也必须严格考量，不要把个人的看法与行为当作是管理一个开发团队的标准，那是非常不理智的。

24.3　游戏项目管理

游戏开发是非常特殊的，但从本质上讲游戏开发还是软件开发。游戏是结合了艺术特征的软件，是提供娱乐服务的软件。这与经济计划软件是专门用来经济交易和计划的软件，专家系统是具有人工智能的软件，驾驶控制软件是指导航空器飞行的软件是一样的。很多游戏开发人员经常将自己的项目与正式的软件开发方法隔离，错误地认为游戏就是艺术，而不是科学，这是十分危险的。游戏开发者需要掌握科学的软件开发方法，采用一种有组织的、可复用的方式，及时地创造出好的游戏。

基本上，一个项目的进度应该是依据现实制定出来的。尽管仍然有程序员整夜加班来保证按时完成项目现象存在，但这是一种不正常的现象。我们应该在进度表适当的地方塞一些空档，以便有充足的时间来应对小的挫折。如果项目有一个平滑的结构，设计和技术设定都能按时完成且非常详尽，那么大的挫折应该不会发生。

24.3.1 制订项目计划

项目计划是项目相关内容的计划书，包括游戏设计、技术设计以及其他设计的计划。项目计划的核心内容是描述什么时候完成什么任务、该任务需要多长的时间、谁来完成这些任务以及各种进度表。项目计划还包括其他一些内容，如里程碑日程、任务依赖关系以及风险管理计划，如图 24-2 所示。这些项目计划中的信息既可以作为交给管理层的项目进度报告，也可以以项目分配的形式向项目组的成员公开。对于项目经理来说，项目计划也用来平衡资源使用、确定项目中重要的开发方法，并起草项目开发应急预案。一个好的项目计划是避免项目突发意外的主要工具。

所有的这些项目信息都会产生一些有价值的项目分析和报告。比如利用 Microsoft Project 或者 Primavera 公司的 SureTrak 工具，可以产生无数个报告和图表来表示各个项目成员的工作分配情况、关键路径、项目开发进度的控制方法以及说明项目状态的其他表示方法。很多项目组都是严格执行项目开发计划，才能顺利保证项目进展，如果只完成项目计划中的一部分工作，对于项目的某个关键阶段来说，就是没有完成工作。有些开发小组认为自己的项目规模很小，不需要制订计划，这是错误的观点。

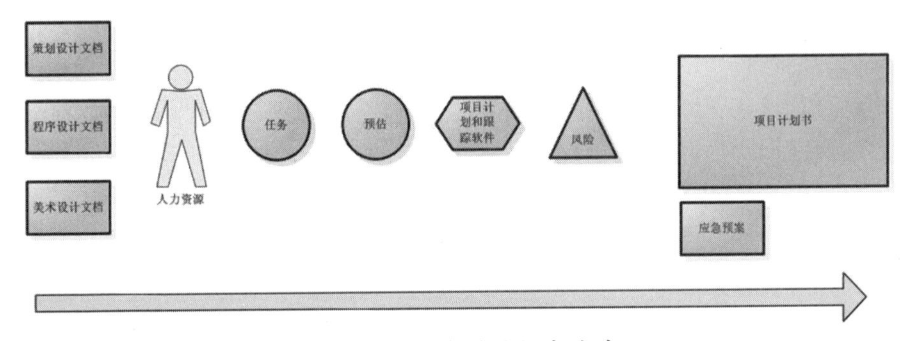

图 24-2 项目计划的组成内容

24.3.2　使用里程碑和检查点

项目计划对项目在时间上作了明确的安排。如果没有一个好的项目计划的话，开发过程中将不得不经常停下来检查状况。在项目计划里包含里程碑和检查点，是避免这种尴尬的有效方法。

里程碑是比较大的检查点，它一般以游戏开发进程中，较明显的阶段来划分，如整体框架的成形、某模块的完成，直到生成最后一版的 DEMO。不同的游戏项目，里程碑的时间间隔不一。对于比较复杂的游戏项目，通常会将间隔控制在 1 ~ 2 个月之间。里程碑的设定要做得很漂亮，就像一整套程序。在每个里程碑上，应该做以下三件事情。

（1）回顾项目最近完成的工作，包括策划、程序以及美术设计。检查已完成的工作是否有任何瑕疵。

（2）把确保没有问题的部分加入到游戏的结构中去，用以测试它们和之前已完成的部分是否存在冲突，确信每个部分都是按照设计正确地完成，同时可以天衣无缝地配合运行。

（3）对照项目计划，检查通过的部分是否与计划中的进度一致。如果一切都按照预定计划前进，项目总体上就是成功的。投资者在看到主要部分在按计划顺利完成的时候，就会对整个项目有信心，这是非常重要的。

里程碑的意义在于可以向投资者证明游戏实际的开发进度和效果，使他们清楚地了解产品在每个里程碑的进展。同时，它也是验证项目质量、控制进度的有效方式。很多游戏公司都会将每年的游戏大展作从展示自己作品的里程碑事件，如图 24-3 所示。

图 24-3　E3 游戏展

相比较里程碑，检查点一般只是由开发团队使用。检查点和里程碑相比，时间设置上更加密集。不同于里程碑的是，检查点要开发人员对已完成的工作做一个快速回顾，以保证所有的事情都按计划的轨道前行。正因为如此，检查点应该设置在开发过程中的某些必经的关键点上。每个检查点都必须认真地检查，一旦发现问题，则必须在项目向前推进之前解决掉。这是因为，如果在开发后期发现一个有问题的检查点，为了解决这个问题要回到这一点并重新开始开发过程，很明显，返工某检查点之前的工作必定会随着开发进程的深入越来越困难。

在每一个里程碑开始的时候都有一个里程碑会议，在这个会议上评审每个人已经完成的任务，并且说明对他们下一阶段工作的期望。在采取这种方法之后，每次开这种会议的时候，可以相互发现不同的看法，继而消除一些片面的误会，因为即使项目在前期进行了详细的设计，由于各人的理解不同，产生误会也是不可避免的。

在这些会议上，项目管理者应查看所有的特性和任务，并且口头说明每一个开发者的责任，确保他们理解自己需要做什么。同样也让他们明白需要早一点完成什么任务；以及哪些任务是在一段时间之后才能继续，不要事先做太多的工作。

里程碑和检查点可以让项目保持在正轨上，但是也要小心使用。太多的里程碑会让开发人员觉得没有办法面面俱到，而太少的里程碑则可能让开发人员遗漏了重要的事情一两个月以后才有可能意识到这一点。对于检查点来说也是一样，如果每两天就设置一个检查点的话，程序员和美术师会觉得负担太重。而如果每两周设一个检查点的话，大家可能早就完成了工作。检查点和里程碑的设置应该令工作完成得高效而又规范。

24.3.3 重视设计文档

作为一种普遍现象，大部分人都不喜欢读那些看起来冗长烦琐的文档，即使这些文档能够告诉他们怎样做才是正确的。程序员们更喜欢立即开始编码，一口气将程序写完，而不去看什么文档。这种藐视设计文档的想法将使项目变得非常危险。

为了防止文档支离破碎，就要将它划分为明确的章节和主题。最好的方式是把它放在公司的内部网上，并且支持搜索和排序功能；甚至可以把章节按部门和权限设置进行分配，使得有些并非所有人都有必要了解的内容不可见。这样可以让人们读到他们想知道的，而不需要他们的脑袋被无关的信息塞满。

团队成员可能会因为无法了解所有信息而表现出不满，作为项目的管理者，应当提醒他关注他所在项目中的工作角色和任务。应当使他明白，对于一个人来说，无用的信息了解得越多，高效率地专注于自己的工作就越困难。

24.3.4　控制特性蔓延

游戏发生特性蔓延往往是由于在游戏开发过程中无法把握游戏最终的可玩性，那些很着急、失去了信息的人们开始给游戏加上各种各样的特性。比如，某人想做一份很好的菜，如果他了解做这份菜需要的调料和配菜，事情会很简单；但如果他缺乏足够的经验和信息，那就可能会把所有的配菜和调料都混杂在一起，扔在锅里。

特性蔓延是很糟糕的事情，因为它可能会造成项目无法结束。任何新提出的特性都应该认真考虑和考察，之后再考虑将它放到进度表中。

避免特性蔓延最佳的方法是特性分级。将特性分为高、中、低三种不同的等级，高等级特性的优先完成，低等级的特性在某些情况下可以放弃，后加入的特性一般向低等级靠拢。用这种方法可以保证游戏的核心肯定能完成，在必须发布的时间不会出现主体缺陷。

当然，如果时间金钱允许，增加特性通常是个好事。例如，加强图形，使用多种界面，多些 NPC，这些都可以作为第二想法加上去，但前提是高等级特性已经完成。

24.3.5　项目测试

游戏开发的基本目标就是尽快开发出游戏的第一次可运行版本，但是在这个过程中一定要保证开发出来的游戏是一个有活力的、健康的软件。如果达到了游戏第一次可运行的目标，几乎所有“可能引起大的惊慌的风险”都被解决了，也就完成了游戏开发的一个原型，并且相当好地完成了编程任务。第一个可运行版本是项目最重要的里程碑。在第一次运行的时候，也许缺陷和漏洞不少，但由于还有后期工作，所以错误很容易被发现并被修改掉。

完全正式的测试阶段并不是从第一个可运行版本开始的，通常情况下，它开始于 Alpha 测试阶段。

1. Alpha 测试阶段

到达 Alpha 阶段是游戏开发过程中的第二重要里程碑。Alpha 阶段意味着程序员不再需要为一些新的游戏特性编写代码，而是关注于完善代码。

想要达到 Alpha 测试阶段，必须保证可以向开发团队以及执行经理宣布已经完成了所有的特性。宣布本身并不困难，困难的是抵制整个团队、测试者以及执行经理想要向游戏中增加新游戏特性的欲望。可能会发生这样的事情：当游戏到了 Alpha 测试阶段，又增加了新特征，导致不能再继续为 Beta 测试做准备，而是只能进行开发，然后再重新进入 Alpha 测试阶段。

2. Beta 测试阶段

在好的 PC 游戏中，Beta 测试是质量保证过程中非常重要的一部分。这种测试方式可能是发现游戏设计缺陷、兼容性问题以及全部漏洞的最严格的方法。在 Beta 测试中，开发者和发行商可以发布整个游戏或游戏的部分 CD 版本或电子版本，选择一定范围内的大众或者 Beta 测试者进行测试。网游界异常火爆的公测实质上就是 Beta 测试，如图 24-4 所示。

图 24-4　游戏公开测试发布会现场

多人游戏通常进行公开的 Beta 测试，比如《雷神之锤》（Quake）和《反恐精英》（Counter-Strike）。在《雷神之锤》中，ID 公司在游戏正式发布之前，发布了游戏的 Beta 测试版本，并进行了六个多月的 Beta 测试，ID 公司得到了几十万份《雷神之锤》（Quake）的测试报告。正因为如此，ID 公司开发出了很多优秀的游戏。

24.3.6　产品的发行

在决定向发行商或运营商交付一款游戏的时候，应该确认游戏能够顺畅地运行。事实上，发行前的最后一刻需要特别小心，因为任何错误几乎都无法挽回。这些错误包括由于修改漏洞而带来的次生漏洞；病毒感染生产母盘；产品说明书中纰漏等。所以，很多开发企业会在最后阶段将各种权限收缩到上层。

24.4　本章小结

本章首先介绍了游戏团队组建的规模和机制，又从项目计划、里程碑、设计文档、特性控制、项目测试、产品发布等环节着手，分别介绍了游戏项目开发和管理的几个关键性步骤。

24.5　本章习题

1. 如何评估实际开发团队的规模？
2. 团队成长需要经过哪些阶段？
3. 通过哪些方法可以提高团队士气？
4. 什么是项目计划？主要包括哪些内容？
5. 什么是里程碑事件？它的作用是什么？
6. 什么叫特性蔓延？如何避免？
7. 游戏测试一般分为哪几个阶段？

第25章 创业与融资

教学目标

- 了解创办工作室和游戏公司的过程

教学重点

- 开发商、运营商、渠道商的区别
- 了解创办游戏公司的历程

教学难点

- 如何创办一家游戏企业

25.1 创业的定位

在游戏产业中，不同的角色起到不同的作用。一般我们见到的有游戏开发商、游戏发行商、游戏运营商和游戏渠道商。创业的定位就是指以什么角度和角色切入到游戏行业中。

首先，需要弄清楚几种产业角色的区别。游戏开发商构造游戏内容并且雇用程序员、美工、设计人员以及音效师。相比较而言，游戏发行商负责制造产品并将其包装，然后开始举办一系列市场宣传活动以促进并支持游戏的销售。而游戏运营商则特指网络游戏的运营推广机构，它负责游戏的策划包装、服务器维护、市场、促进并支持游戏的销售。另外，游戏渠道商负责销售管道的建立、销售终端的维护。

从以上的分析得知，游戏发行商与游戏运营商的工作非常类似，是他们使游戏为广大用户所知，并刺激实际消费。实际上，在单机游戏时代只存在游戏发行商，而游戏运营商是网络游戏出现后，针对网络游戏特点而产生的与游戏发行商类似的机构。

不管是开发商、发行商、运营商或渠道商，只要具有核心竞争力和企业特色，都可以拥有巨大的发展潜力。游戏产业链如图 25-1 所示。

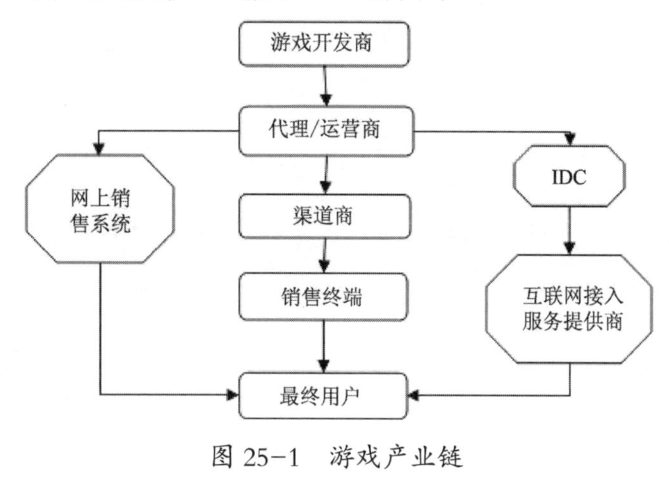

图 25-1　游戏产业链

25.1.1　开发商

出品 Quake 和 DOOM 系列游戏的 ID 公司是目前为止全球最成功的游戏开发企业。该公司自 1991 年成立以来，一直秉承以技术为核心竞争力的理念，结合技术天才约翰 • 卡马克的无限创造力，其引擎及相关游戏创造了一个又一个游戏业的神话。早在 20 世纪 90 年代，DOOM 就实现了共享版三千万套、正式版三百万套的销售记录，但他们没有转变企业发展战略，始终保持着技术创新的经营理念，13 名员工共拥有 13 辆法拉利，这就是顶级开发商的气魄和定力。

25.1.2　发行商或运营商

选择从发行或运营开始也是个不错的主意。美国艺电（Electronic Arts，简称 EA）创立之初的策略是开发与发行并重，不过他们很快发现，自主研发成本过高且风险较大，而代理发行只要掌握稳定的产品线即可长期获利。运营商占据中游这个位置后，上游的开发商要想将自己的产品推入市场，必然要找运营商，这样一来，运营商既掌握了发行渠道，也控制了开发环节。

由研发、发行并重转型至发行为主，或直接以发行起家，积累到一定程度后再反过来组建或收购研发团队——第三波、智冠、精讯等早期的台湾地区游戏公司，正是循着美国艺电的这一策略发展起来的。在中国，盛大、九城等企业同样是由游戏运行业务开创了自己的时代。如图 25–2 所示为各大发行公司在国际游戏展会发布游戏产品。

图 25–2　国际游戏展会上的参展公司

25.1.3　渠道商

任何游戏都需要销售终端去完成最后的销售工作。单凭运营商自身的团队能力、技术和组织是不可能全面控制终端的，那么区域市场的推广工作和完善服务就需要各地的渠道商去完成。渠道商在网游产业里是控制市场和服务终端的不可或缺的环节。

业内习惯把渠道商当作销售商，网络游戏渠道等同于推广和销售产品的通道，但这种说法是片面的。渠道商离客户更近，在市场推广和服务上有着运营商无法企及的优势，所以，可以把渠道从功能上定义为两种：一种是销售型渠道；另一种是推广型渠道。在游戏产业中，很长一段时间，游戏渠道商牢牢掌控着游戏利润分配的话语权，比如对终端依赖性更强的手游市场。国内比较著名的手游渠道商有腾讯游戏、华为、小米、中手游等，如图 25–3 所示。

图 25–3　华为游戏中心线下推广活动

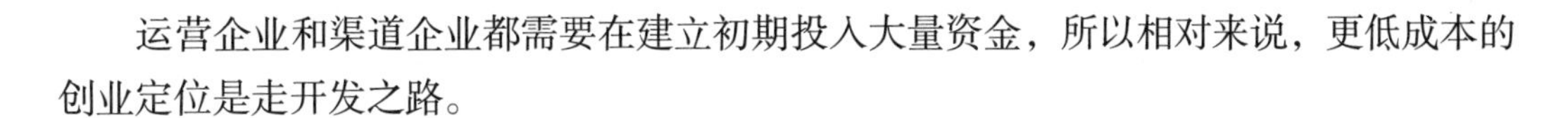

运营企业和渠道企业都需要在建立初期投入大量资金，所以相对来说，更低成本的创业定位是走开发之路。

25.2 创办游戏公司

很多游戏爱好者都希望成立游戏公司，期待着成就如“暴雪”一般的事业。那么，他们需要怎么做呢?

公司是一个完全的经济实体，注册时需要注册资金，而且从一开始就需要消耗资金。公司面临的问题不仅仅是技术，还涉及管理、规划、市场等问题，而一般纯技术研发人员往往缺乏这方面的经验，所以成立公司必须慎重。

25.2.1 产生创业灵感

一个新企业的诞生往往是伴随一种灵感或创意开始的。诺兰•布什内尔在兔岛游艺场工作过，在犹他大学玩过电子游戏机，这使他预见到电子游戏未来巨大的市场潜力，因此他开办了雅达利公司。

亨利•福特从小对机械着迷，七岁福特在学校制造小蒸汽引擎，被村里人叫作“发明天才”；十三岁时，在邻村第一次见到无轨蒸汽机，这个怪物给他的冲击和震动非常大，甚至决定了他的一生研究方向。此后他也朝着这个方向努力。福特在1896年6月4日凌展完成了第一辆四轮汽车的制造。1901年10月10日，他驾驶自己制造的赛车参加赛车比赛获胜。1908年10月，福特研制的T型车问世了。T型车连续生产了十九年，共一千五百多万辆，创下汽车销售的空前纪录，为福特汽车公司赢得巨额利润。二十世纪初，福特公司成为世界最大的汽车公司，福特家族亦成为美国最大的垄断资本财团之一。

农村出身的山德士在65岁时创办了肯德基，他来到肯塔基州的加油站工作，还在旁边开了家餐厅，提供自己烹制的美食。尤其是他潜心研究用秘方制作的炸鸡，其独特的口味深受顾客的欢迎，他跑遍美国，想将炸鸡配方及方法出售给有兴趣的餐厅。两年里，他曾被拒绝1009次。直到第1010次时，山德士终于得到了别人的认可。1952年，设立在盐湖城的首家被授权经营的肯德基餐厅建立；1955年，肯德基有限公司正式成立，紧接着山德士和肯德基在全美家喻户晓；现如今肯德基已是全世界著名快餐品牌。

25.2.2 建立合作班子

企业的创办者不可能万事皆通，他可能是技术方面的天才，但对管理、财务和销售可能是外行；他也可能是管理方面的专家，但对技术却一窍不通。正在凸现的创业时代可以肯定不是一个大批出产个人英雄的时代，尽管我们曾经在媒体上看到把丁磊等同于网易和把王志东等同于新浪，但这只不过是一种吸引注意力和宣传企业的需要而已。当前的创业时代将是一个人类开始合作共存的时代。

一个平衡而有能力的创业团队，应当包括拥有管理和技术经验的经理和财务、销售、工程以及软件开发、产品设计等其他领域的专家。建立优势互补的创业团队是人力资源建设的关键。团队是人力资源的核心，“主内”与“主外”的不同人才，耐心的“总管”和具有战略眼光的“领袖”，技术与市场方面的人才都是不可偏废的。组织创业团队时还要注意一个人的性格与看问题的角度，如果一个团队里能够有一个总能提出建设性建议的成员和一个能不断发现问题的批判性成员，对于创业将大有裨益。

创业核心成员还有一点需要特别注意，那就是一定要选择对项目有热情的人加入团队，并且要使所有人在企业初创期有长时间工作的准备。任何人才，不管他(她)的专业水平多么高，如果对事业的信心不足，将无法适应创业的需求，而这样一种消极的因素，对创业团队所有成员产生的负面影响可能是致命的。为了建立一个精诚合作、具有献身精神的班子，第一位创业家必须让其他人相信跟他一起干是有益的。创业初期，整个团队可能需要每天工作 16 个小时，甚至在睡觉的时候也会梦见工作。

建立一个由各方面的专家组成的合作班子，对创办企业是十分必要的。

25.2.3 企业初步定型

企业初步定型阶段的主要目标是通过获得现有的关于顾客需求和潜在市场的信息，决定着手开发哪种新产品。在硅谷，这个阶段的工作通常是在某人的家里或汽车房里完成的。

如普卡特和惠利特(HP 公司创始人)就是在他们公寓后边的车库里开始其创业生涯的，苹果公司的乔布斯和沃兹尼克也是在其车库里开始其创业生涯的，如图 25-4 所示。当有人第一次造访 Yahoo 工作间时，只见“杨致远和他的同伴坐在狭小的房间里，服务器不停地散发热量，电话应答机每隔一分钟响一

图 25-4 乔布斯的车库

下，地板上散放着比萨饼盒，到处扔着脏衣服”。在这个阶段，创业者们一般每天工作10 ~ 14小时，每周工作6 ~ 7天。这期间，创业者往往没有任何报酬，主要靠自己的积蓄过活。风险资本公司很少在这个阶段就向该企业投资，在这个阶段，支撑创业者奋斗的主要动力是创业者的创业冲动和对未来的美好向往。

25.2.4 寻找资本支持

大多数创业班子没有足够的资本让一个新企业快速发展壮大，他们必须从外部寻求风险资本的支持。创业家往往通过朋友或业务伙伴把企业计划书送交给一家或多家风险资本公司。如果风险投资者认为企业计划书有前途，就与这个企业班子举行会谈。同时，风险投资者还通过各种正式或非正式渠道，了解这些创业家以及他们的发明创造。风险资本公司往往是2 ~ 5家进行联合投资。在硅谷，风险资本界就像一个乡村俱乐部，如果一项特别有吸引力的投资只由一个风险资本家单干，那会被认为是贪婪自私的行为。

在寻求资本支持的道路上，能打动风险投资者的就是向他们展示对创业计划的信心和热情，而这些要通过大量的正规文档来体现。以下是寻找资本支持的必备资料。

1. 企业计划书

一份企业计划书，既是开办一个新公司的发展计划，也是风险资本家评估一个新公司的主要依据。一份有吸引力的企业计划书能使一个创业家认识到潜在的障碍，并制定克服这些障碍的战略对策。

2. 项目展示文档

项目展示文档可能就是公司的第一个产品。项目展示文档往往就是项目立项书，在它的首要任务是以一个漂亮而华丽的说明向预期的投资者展示项目。这些投资者可能是一个游戏运营商或者风险投资家，不管怎样，他们都期望有一个很好的演示能确认你想做的游戏会是最棒的。

项目展示文档里不要涉及技术细节，但要扫过其表面。如果提供给投资商完全无用或者他们不关心甚至不懂的信息的话，说明的价值将很快从他们眼中消失。如果可能，可以将项目展示文档制作成PowerPoint幻灯片，当面向投资人讲解。一个Playable(可玩)的DEMO也能够打动投资者的心，让他们可以更清楚地了解为什么要投资。

最后，相比其他文档，投资者更乐于见到盈利的财务报表。

3. 商业材料和市场文档

商业材料和市场文档主要关于项目计划和市场信息。即便在游戏开发完成后，这些文档对于开发商、市场代理、广告公司也都非常有用。

25.2.5 企业开张

如果创业者的企业计划书(一般是经过某种修正之后)得到认可，风险投资者就会向该创业者投资，这时，创业者和风险投资者的“真正”联合就开始了，一个新的企业也就诞生了。之所以说创业者和风险投资者的联合是“真正”的联合，是因为风险资本者不仅是这个新成立公司董事会的成员，而且可能要参与新企业的经营管理。帕洛阿尔托的财产经营公司经理皮彻•约翰逊说：“风险资本者的作用就像牧师，对创业者起了一种心理按摩师的作用。”旧金山的风险投资家比尔•汉布雷克特是37个风险企业董事会的成员，他说：“我们不仅把骰子投出去，我们还吹它们，使劲地吹。”当新公司的规模和销售额扩大时，创业者往往要求风险资本者进一步提供资金，以便壮大自己，在竞争中占上风。随着时间的推移，风险减少，常规的资金来源(如银行)就会大举进军高技术公司。这时，风险资本者开始考虑撤退。

刚开始经营游戏开发公司的时候，需要与其他商务实体有往来，并且需要在开发游戏的过程中管理一些资金。因此，公司需要一个律师和一个会计。律师可以在进行合同谈判的时候帮忙，会计可以建立公司账簿，当然也会帮助公司计算税款。

25.2.6 上市

风险投资在将公司逐步培育成熟的过程中，就要考虑退出的问题，而退出途径不外乎三种：上市、私下股权转让和破产清算。在这三种方式中，要在类似的环境下实现风险投资收益的最大化，上市无疑是风险投资退出的首选方式。

在公司开办五、六年后，如果获得成功，风险资本者就会帮助它“走向社会”，办法就是上市，将它的股票广为销售。这时，风险资本者往往收起装满了钱的钱袋回家，到另一个有风险的新创企业去投资。大多数风险资本者都希望在五年内能得到相当于初始投资10倍的收益。当然，这种希望并不总是能实现的。在新创办的企业中，大约有20% ~ 30%会夭折，60% ~ 70%会获得一定程度的成功，只有5%的新企业大发其财。

不过，一旦风险基金所投资的企业上市获得成功，投资者往往可以获得远远高于一般商业的利润，回报率可高达几倍甚至几十倍，上百倍。尽管一般投资10个风险项目中有5个失败、2个保本、3个成功，但能以成功的高额利润抵偿失败的风险损失，并总体获得30%或更高的平均回报率。

25.3 本章小结

本章首先介绍了开发商、运营商和渠道商的区别和关联，然后介绍了创办游戏公司的核心步骤。

25.4 本章习题

1. 游戏行业中，创业者如何定位公司在行业中的角色？
2. 如果创办自己的游戏公司，需要考虑哪些因素？
3. 一般游戏公司的创立和发展大致有哪些阶段？